U0374530

大学通识课系列教程

# 建筑艺术赏析

## （第2版）

邱德华　董志国　胡　莹　编著

苏州大学出版社

**图书在版编目(CIP)数据**

建筑艺术赏析 / 邱德华,董志国,胡莹编著. —2版. —苏州:苏州大学出版社,2018.1(2025.7重印)
大学通识课系列教程
ISBN 978-7-5672-2169-7

Ⅰ.①建… Ⅱ.①邱…②董…③胡… Ⅲ.①建筑艺术-鉴赏-世界-高等学校-教材 Ⅳ.①TU-85

中国版本图书馆CIP数据核字(2017)第160233号

**建筑艺术赏析(第2版)**
邱德华 董志国 胡 莹 **编著**
责任编辑 薛华强

苏州大学出版社出版发行
(地址:苏州市十梓街1号 邮编:215006)
广东虎彩云印刷有限公司印装
(地址:东莞市虎门镇黄村社区厚虎路20号C幢一楼 邮编:523898)

开本889mm×1194mm 1/16 印张14 字数311千
2018年1月第2版 2025年7月第7次印刷
ISBN 978-7-5672-2169-7 定价:39.00元

苏州大学版图书若有印装错误,本社负责调换
苏州大学出版社营销部 电话:0512-67481020
苏州大学出版社网址 http://www.sudapress.com

美是到处都有的。对于我们的眼睛，不是缺少美，而是缺少发现。

——〔法〕罗丹

我们可以不欣赏绘画，不欣赏芭蕾，也可以不读诗歌，但我们不能不去看建筑，甚至使用建筑。我们的居住、工作或旅游，不论我们愿意还是不愿意，主动还是被动，总是时时刻刻在与建筑打交道，因为我们无时无刻不看到建筑，并且置身于建筑之中，包括古代的、现代的，中国的、西方的，各种民族风格特色的建筑。建筑与我们每个人息息相关。

当我们看一座建筑或置身于一幢建筑之中时，当我们在感受建筑本身的高矮宽窄、明暗大小等带给我们不同的心理感受之时，往往不可避免地同时看到和感受到建筑之内和之外的一切，读到许多由时间线索穿缀的人物和故事，也就是我们通过建筑读出了一段立体文化史。建筑不仅仅是凝固的音乐，也凝固了整个文化：将一个时代的文化思想、审美理想、价值观念、政治文化、制度文化以及生产和生活习俗凝结成为一个整体。正如法国伟大作家维克多·雨果(Victor Hugo，1802—1885)所说：建筑是石头的史书，人类没有任何一种重要的思想不被建筑艺术写在石头上……人类的全部思想，在这本大书和它的纪念碑上都有其光辉的一页。

在全球化和中国快速城市化进程中，我们目睹了雨后春笋般的高楼大厦鳞次栉比地矗立在地平线上，我们体验到城乡面貌日新月异的变化，同时我们也体会到“奇奇怪怪建筑”带来的争议。作为高等教育的一部分，我们也深感大力普及建筑审美常识、全面加强建筑艺术教育以及提高建筑师自身的艺术修养，已经成为面临的迫切任务。作为艺术教育分支之一的建筑艺术教育也自然进入我们的视野，并日益显示出其重要性和迫切性。

建筑艺术教育是以建筑艺术作为媒介的教育实践活动，而这种媒介是直接诉诸视觉、触觉的三维空间的可供人类栖居的建筑艺术作品。建筑艺术教育培养受教者的审美能力、提高受教者的审美境界、塑造受教者的审美心理结构，能够有效地培养受教者对建筑的序列组合、空间安排、造型样式、质地色彩、装修饰物的美以及包含在其中的比例尺度、对称均衡、节奏韵律等形式美的法则的感知能力。建筑艺术教育在形式的意象中所包含的文化知识内容、哲理内容、思想道德内容，是受教者形成高尚的道德精神的重要条件，能够帮助受教者走向与自然、与社会的和谐交融，在审美中将精神力量与感性世界合为一体，在感性的时空中求得伦理精神的超越。

早在两百多年前，德国美学家弗里德里希·席勒(Friedrich Schiller,1759—1805)就曾说过："通过既有生活又有形象的艺术培养人的美的心灵和健全的人性，然后才能克服当前社会的腐朽与粗野，以及现代人的分裂现象，为将来全人类的和谐做准备。"在高等教育快速发展的今天，人们越来越认识到高等教育在培养大学生健全人格方面的重要性。中共中央、国务院1999年颁布的《关于深化教育改革全面推进素质教育的决定》中规定："高等学校应要求学生选修一定学时的包括艺术在内的人文学科课程。开展丰富多彩的课外文化艺术活动，增强学生的美感体验，培养学生欣赏美和创造美的能力。"可见，加强学生艺术教育是深化教育改革，全面推进素质教育，培养高素质人才的重要任务和迫切要求。

从美学的角度和认识的规律上讲，艺术是相通的，懂得欣赏建筑艺术，也提高了欣赏其他艺术的能力，从而提高自身艺术欣赏能力，因此建筑艺术教育对美的心灵的潜移默化的塑造是显而易见的。

本书从建筑艺术欣赏的角度，以平实的语言，兼顾不同专业学生的特点，将建筑艺术的基本知识、建筑美学的特征和基本规律通过列举的实例加以分析，突出建筑艺术赏析的系统性、知识性和趣味性，希望能提高受教者的建筑艺术赏析能力。

本书各部分内容编写分工为：第一章、第二章、第六章由邱德华编写，第三章、第五章由董志国编写，第四章由胡莹编写。全书由邱德华统稿。

本书在撰写、编辑及出版过程中得到了苏州大学出版社薛华强老师的悉心指点和关照，在此深表谢意！同时对为本书提供资料的作者们一并致谢！

由于作者水平有限，书中缺点和错误在所难免，恳请专家、同行和读者批评指正。

# 目录

## 建筑艺术赏析

# 建筑与建筑艺术

艺术的序列通常从建筑开始，因为在人类所有各种多少带有实际目的的活动中，只有建筑活动有权利被提高到艺术的地位。

——〔俄〕车尔尼雪夫斯基

## 第一节　建　　筑

### 一、建筑是什么

建筑对我们每个人来说似乎是再也熟悉不过的事物了，从草原上的蒙古包到黄土高原上的窑洞，再到江南水乡的民居等，或许大家都这样认为：建筑就是房子。但是当我们接触建筑，尤其是认为建筑是艺术的一个组成部分时，就会发现，这种观点是很不确切的。房子是建筑物，但建筑物不仅仅是房子，它还包括不是房子的其他一些东西。例如纪念碑（图1-1），它是建筑物，但不能住人，也就是说不是房子。再比如巴黎埃菲尔铁塔、北京妙应寺白塔（图1-2）、南京栖霞寺舍利塔（图1-3）等，也都属于建筑物，但同样

图1-1　北京人民英雄纪念碑

也都不能说是房子。这个看似简单的问题,要真正回答却很难,正如法国启蒙主义哲学家狄德罗(Denis Diderot,1713—1784)所说:“人们谈论得最多的东西,每每注定是人们知道得很少的东西。”建筑也同样如此。

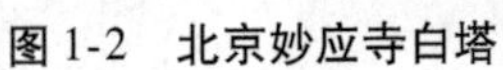

图1-2 北京妙应寺白塔

图1-3 南京栖霞寺舍利塔

我们虽然对于什么是建筑这个问题还比较混沌和朦胧,但对以上这些对象不是房子而属于建筑物这一点,也许已有所理解了。那么,这些对象要成为一个集合,总得有一些共同的特征。这些共同的特征,正是我们所要讨论的问题——什么是建筑。关于什么是建筑,至今学术界仍在争论着;然而,学术界各种对建筑的解释,从不同的角度也多少反映出建筑的基本性质和特征。

(一)建筑是空间

原始人类为了避风雨、御寒暑和防止其他自然灾害或野兽的侵袭,需要有一个赖以栖身的场所——空间,这就是建筑的起源。近现代国内外许多建筑师常常引用中国古代哲学家老子《道德经》里的一段话:“埏直以为器,当其无,有器之用;凿户牖以为室,当其无,有室之用。故,有之以为利,无之以为用。”意思是说:开凿门窗造房屋,有了门窗和四壁的中间空间,才有房屋的作用。所以“有”(门窗、墙、屋顶等实空间)所给人们的“利”(利益、功利),是须靠“无”(空间、虚空间)起作用的。其用意就在于强调建筑对于人来说,具有使用价值的不是围合空间的实体的壳,而是空间本身。当然要围成一定的空间就必然要使用各种物质材料,并按照一定的工程技术方法建造,但这些都不是建筑的目的,而是达到目的的手段。

房子是空间,这对于我们来说是比较好理解的,而那些不属于房子的纪念碑、塔等属于建筑的东西也是空间又怎样来理解呢?纪念碑作为空间来说,是与房子相反地存在的,房子是由实的空间(如墙、屋顶等)包围或构成虚的空间,即室内空间,而纪念碑则是实空间的碑体在中间,虚空间在其四周,或者说它反包围或构成周围的虚空间(图1-4)。北京天坛中的圜丘,是用三层坛台构成它的上部空间。有的塔是空心的,人可入内,还可以爬到塔的上层向外观望,如上海的龙华塔、杭州的六和塔、苏州的北寺塔(图1-5)等;有的塔是实心的,如北京的妙应寺白塔、南京的栖霞寺舍利塔等。但不论是实心还是空心,塔作为一个整体,可看成是实的体和它所限定的周围的虚空间。由此可见,建筑是空间,这个说法能够包含属于建筑的所有对象。这里的建筑空间论,既包括实空间又包括虚空间,而且这虚空间是人活动的场所,实空间是为产生虚空间而采用的手段。

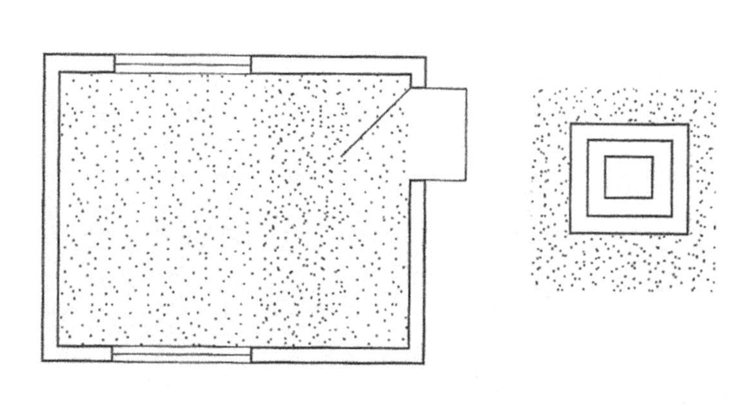

图 1-4　建筑的空间

图 1-5　苏州北寺塔

然而,我们只是说建筑是实空间和虚空间的合成,也许还是不够全面的,因为它还没有涉及建筑的一些重要内涵,人在这种空间中活动的性质和特征还未表述出来。建筑不仅提供一定的物质空间,而且还要考虑到人的精神上和审美上的感受。例如,一般的居住建筑、公共建筑和工业建筑都必须同时满足人们对它提出的物质功能和精神感受两方面的要求,并且以这两方面的因素作为基本内容而谋求与之相适应的建筑形式。

（二）建筑是凝固的音乐

在现代主义建筑以前的西方建筑界,往往把建筑说成是“凝固的音乐”。建筑和音乐的关系,早在古希腊时期就被毕达哥拉斯(Pythagoras,约前 572—前 497)注意到了。文艺复兴时期的意大利建筑师阿尔伯蒂(Leon Battista Alberti,1404—1472)说:“宇宙永恒地运动着,在它的一切运动中自始至终贯穿着类似性,所以我们应当从音乐家那里借用一切有关和谐的法则。”18 世纪德国哲学家谢林(Schelling,1775—1854)又补充说:“音乐是流动的建筑。”对建筑的这些认识,无疑是把建筑作为一种艺术来看待了。

在西方古典艺术中,建筑艺术具有举足轻重的地位。古希腊著名的帕提农神庙(图 1-6)、伊瑞克先神庙(图 1-7)等,难道不能被称为艺术品吗? 古罗马的大斗兽场、万神庙、君士坦丁凯旋门等,难道不能被称为艺术品吗? 中世纪的巴黎圣母院、罗马圣彼得大教堂、莫斯科华西里·伯拉仁内大教堂(图 1-8)、伦敦圣保罗大教堂(图 1-9)等,这些灿烂的西方古典建筑,也都称得上是精美的艺术品。甚至许多著名的现代建筑,如法国的朗香教堂、美国的流水别墅、澳大利亚的悉尼歌剧院等,也算得上是现代艺术作品。在中国也是如此。秦始皇时所造的阿房宫,虽然早被楚霸王项羽付诸一炬,但它留在人们心目中的形象是极美的:“……蜀山兀,阿房出。覆压三百余里,隔离天日。骊山北构而西折,直走咸阳。二川溶溶,流入宫墙。五步一楼,十步一阁。廊腰缦回,檐牙高啄。各抱地势,钩心斗角……”(杜牧《阿房宫赋》)。现存的许多传统建筑,更以实物形象说明了这一点。中国古代许多著名的建筑,如北京故宫、天坛、圆明园(图1-10)、山西晋祠等,也都是建筑艺术中的精品。中国的近现代建筑中也有许多称得上是艺术佳作的,如南京中山陵(图1-11)、国家体育场“鸟巢”、上海金茂大厦(图1-12)、北京国家游泳馆“水立方”(图1-13)等。

图1-6 古希腊帕提农神庙

图1-7 古希腊伊瑞克先神庙

图1-8 莫斯科华西里·伯拉仁内大教堂

图1-9 伦敦圣保罗大教堂

图1-10 北京圆明园

图1-11 南京中山陵

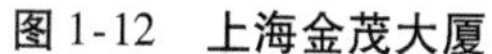

图 1-12　上海金茂大厦

图 1-13　北京国家游泳馆“水立方”

建筑是艺术，这是毫无疑问的，但是，我们却不能说建筑就是艺术。从逻辑上说，一方面，建筑和艺术是一种交叉关系，即建筑除了它的艺术属性之外，还有其他性质特征；另一方面，艺术除了建筑这个门类以外，当然还有其他门类，如绘画、雕塑、音乐、诗歌、戏剧、电影等。然而，在古代西方特别是工业革命以前，由于过分强调建筑艺术的一面，反而束缚了人们的手脚，阻碍了建筑其他性质特征的发展。自从 18 世纪下半叶工业革命开始以来，人们在生产、生活及其他许多的社会性活动方面，对建筑提出了更多的新要求，而那些墨守成规的古典建筑艺术范例，却越来越阻碍建筑的发展。在这种矛盾面前，人们开始对传统的建筑形态产生厌恶的情绪。因此，从 19 世纪下半叶开始，欧美的许多发达国家，从理论到实践，开始对建筑进行新的认识和探索。

（三）建筑是住人的机器

著名的现代建筑大师格罗皮乌斯（Walter Gropius，1883—1969）提出：建筑，意味着把握空间。另一位有名的现代建筑师勒・柯布西耶（Le Corbusier，1887—1965）也提出：建筑是“住人的机器”。这些见解，意味着人们对建筑有了新的认识。建筑，首先应当是给人们提供活动的空间，而这些活动包括物质活动和精神活动两个方面。所以美国著名建筑师赖特（Frank Lloyd Wright，1867—1959）认为，建筑，是用结构来表达思想的科学性的艺术。他承认建筑是一种艺术，但建筑又具有构成建筑物的科学性和人们使用建筑物的合理性。不难看出，现代建筑把建筑艺术看成不是独立的纯粹的艺术，而是把这种艺术也包含在供人使用这一范畴，即满足人们的精神活动。正如古代的工艺美术和现代的实用美术，前者仅仅是孤立的一个艺术对象，它的实用性是次要的；后者则是从应用出发，然后在形式上重视艺术造型。这种艺术性的目的，作为产品来说，其意图也就在于销售；而作为器具来说，则为了使人愉悦。可以说，现代建筑就是遵循对建筑的这种认识来处理建筑形式的，这是时代潮流之所致。

意大利建筑师奈尔维（Pier Luigi Nervi，1891—1979）认为，“建筑是一个技术与艺术的综合体”。美国建筑师赖特认为建筑是用结构来表达思想的，有科学技术因素在其中。这些论点，

图 1-14　罗马小体育馆

说到底仍把建筑看作一种艺术，无非由于现代建筑的科学技术特征强烈，甚至科学技术直接参与到艺术之中，所以才有这些新的提法。奈尔维为1960年的罗马奥运会设计的大、小两座体育馆都是落地穹顶，预制构件拼装的屋顶有非常美丽的花纹。大体育馆的支座是倾斜的变截面柱，富有雕塑感。小体育馆外观轻盈秀巧，建筑结构浑然天成(图1-14)。

经过以上分析，我们似乎已粗略地体会到建筑是一种什么样的对象了。在我们日常生活中，人们说到“建筑”往往是指这栋或那栋房子。在汉语中，“建筑”这个词是模糊的、多义的，所以比较含混，可理解为名词，如某某建筑项目、某某建筑物，也可理解为动词，具有营建、建造之意。在英语中，“建筑”一词的含义比较明确，Building是指建筑物或构筑物，而内涵比较宽泛的“建筑”一词，则使用Architecture，也往往说成“建筑学”。

## 二、建筑的基本构成要素

建筑一般是指建筑物和构筑物的通称。建筑物是供人们在其中从事生产、生活和进行其他社会活动的房屋或场所，如写字楼、住宅、工业厂房、博物馆、体育场馆等。构筑物是仅仅为满足生产、生活的某一方面需要而建造的工程设施，如烟囱、堤坝、水塔、水池等。

在建筑的发展历史中，不同时代、不同地区、不同民族创造了各式各样不同风格的建筑。然而，不管是最原始、最简单的建筑，还是现代的、最复杂的建筑，从根本上来说都由三个基本要素构成，即建筑功能、建筑技术和建筑形象。

### (一) 建筑功能

人们建造房屋总是有其具体的目的和使用要求的，也就是说，建筑功能是人们对建筑的具体使用要求，是建筑的实用性。例如，生产性建筑应满足不同的生产要求；学校建筑以满足教学活动要求为目的；居住建筑应满足人们的居住要求；园林建筑供人游览、休息和观赏；纪念碑可以满足人们的精神生活要求；等等。

建筑功能包括使用功能和基本功能两个方面。使用功能是指建筑满足特定的使用要求。不同类型的建筑满足不同的要求，例如，建造工厂是为了生产需要，建造住宅是为了居住需要，建造影剧院是为了文化生活需要等。基本功能是指建筑满足使用者基本的生理需求，如采光、通风、隔声等。

自古以来，建筑的样式和类型各不相同，造成这种情况的原因尽管是多方面的，但是功能在其中无疑起着相当重要的作用。建筑不仅用来满足个人或者家庭的生活需要，而且还要用来满足整个社会的各种需要。由于社会向建筑提出各种不同的功能要求，于是就出现了许多不同的建筑类型。建筑由于功能的千差万别，反映在形式上也必然是千变万化的。

对建筑功能的要求是建筑的最基本要求，是决定建筑性质、类型的主要因素。人们对建筑功能的要求不是一成不变的，随着社会生产力的发展，人类的生产、生活等活动不断变化和发展，对建筑功能提出了新的要求。例如，近代资本主义大生产的出现使社会生产力的发展突飞猛进，于是伴随着机器生产就出现了规模巨大的新型工业厂房。特别是由于在生产力飞跃发展的基础上人类物质生活和精神生活发生了巨大变化，于是对建筑提出了许多新的、前所未有的功能要求，正是在这些功能的驱使下，才相继出现了诸如核电站、万人体育馆、超高层建筑(图1-15)等新的建筑类型。

图1-15 美国希尔斯大厦

建筑功能的变化和发展带有自发性，由于功能在建筑中占有主导地位，因而功能在与空间形式之间的对立、统一的矛盾运动中经常处于支配地位，并成为推动建筑发展的动力。建筑中的功能因素回答的正是社会发展所提出的各种要求，社会的发展和人们的新需求意味着建筑功能的发展，意味着建筑空间形式一定要适合于功能的要求，意味着原有的空间形式之间必然要从相对统一而逐渐发展成为冲突、对抗。随着这种矛盾的日益尖锐，最终必将导致对于旧的空间形式的否定，从而产生新的空间形式。

（二）建筑技术

建筑技术是建造房屋的手段，是建筑发展的重要因素，包括建筑材料、建筑结构、建筑施工和建筑设备等方面的内容，是建筑实施的基本手段。正如意大利建筑师奈尔维所说，“良好的技术对于良好的建筑来说，虽不是充分却是必要的条件”。

建筑师总是在建筑技术所提供的可行性条件下进行艺术创作的，因为建筑艺术创作不能超越当时技术上的可能性和技术经济的合理性。古埃及人如果没有几何知识、测量知识和运输巨石的技术手段，埃及金字塔是无法建成的。人们总是尽可能使用当时可资利用的科学技术来创造建筑艺术。随着生产和科学技术的发展，建筑材料、施工机械、结构技术，以及人工照明、防水、防火技术的进步，各种新材料、新结构、新工艺、新设备不断涌现，使建筑不仅可以向高空、地下、海洋发展，而且为建筑艺术创作开辟了广阔天地。先进的建筑技术又使大型复杂结构得以实现，更好地满足了人们对各种不同功能的要求。例如，钢材、水泥和钢筋混凝土的出现，解决了现代建筑中的大跨度和高层建筑的结构问题。

建筑材料是构成建筑的物质基础，它的性能直接制约建筑的发展，建筑新材料的不断涌现推动建筑的发展。建筑材料使用从土木、石材到钢筋混凝土、玻璃、陶瓷等的过程，也是建筑艺术发展和进步的过程。

建筑结构是通过一定的技术手段，运用建筑材料构成的建筑骨架，是形成建筑物空间和实体的根本保证。建筑技术的发展要以结构理论、结构计算为依托，结构理论、结构计算手段和方法的进步推动了建筑从古代朴素的木骨架到当代的钢筋混凝土框架的发展，建筑结构的进步又推动了建筑功能、形式的发展。新型建筑结构是以新型建筑材料为物质基础，新型建筑材料还推动着结构理论和施工技术的发展。

建筑施工是建筑得以实现的重要手段，施工工艺、施工技术的进步，施工设备、施工组织管理等也是和建筑发展相辅相成的。

建筑设备是保证建筑达到某些功能要求的技术条件，包括给水排水、电气、暖通、空调、通信、消防等。建筑设备的发展为建筑向高空、大跨度、智能化发展提供了基础。

（三）建筑形象

建筑形象是建筑物的外观或内部（包括建筑体型、立面形式、建筑色彩、材料质感、细部装饰等）在人脑中的综合反映，也就是客观的建筑外观给人的主观感受。它是考虑建筑功能、建筑技术、自然条件和社会文化等诸多因素的综合艺术体现。建筑形象可以给人以某种精神享受和艺术感染力，满足人们精神方面的要求，常见的建筑形象包括宏伟、庄严、朴素典雅、生动活泼等。

建筑艺术要研究建筑形式美的规律与特征以及美学理论，空间和实体所构成的建筑形象，包括建筑的构图、比例、尺度、色彩、质感及空间感，以及建筑的装饰、绘画及庭院、家具陈设等。建筑形象主要通过视觉给人以美的感受，这是和其他视觉艺术相似的。建筑形象可以像音乐一样唤起人们某种情感，例如创造出庄严、雄伟、幽暗、明朗的气氛，使人产生崇敬、自豪、压抑、欢快等情绪。汉代萧何建造未央宫时说："天子以四海为家，非壮丽无以重威。"

建筑形象是建筑艺术性的反映，建筑不仅要满足使用上的要求，而且要在精神上给人以美的感受。因此，建筑既是物质产品，又具有精神方面的要求，表现出某个时代的生产力水平和文化生活水平以及社会精神面貌。不同时期和不同地域、不同民族的建筑有不同的建筑形象，从而形成不同的建筑风格和特色。

建筑功能、建筑技术和建筑形象三要素是辩证统一的，它们相互制约、互不可分，在一个优秀的建筑作品中，这三者应该是和谐统一的。建筑功能是建筑的目的，通常是主导因素，是第一性的；建筑技术是达到建筑目的手段，同时又有制约和促进作用；建筑形象是建筑功能与建筑技术的综合表现，优秀的建筑作品能形象地反映出建筑的性质、结构和材料的特征，同时给人以美的享受。

## 三、建筑的属性

建筑有着十分丰富的内涵，这些内涵可以用它的诸属性建立起一个系统。建筑的基本属性大体有以下几个方面：

（一）建筑的时空性

建筑作为客观的物质存在，一方面是它的实体和空间的统一性，另一方面是它的空间和时间的统一性，这两方面组合为建筑的时空属性。

1. 建筑的空间性

建筑是空间存在，是实的部分和空的部分的统一。人们使用建筑物，虽然使用的是它的空的部分，实的部分只是它的外壳；但如果没有这个实的外壳，“空”的部分也就不复存在。因此，研究建筑应当把实体和空间统一起来研究，这就是建筑空间的限定和组合。

建筑空间的限定组合的方式有很多种，例如用墙或者其他面积性材料把所需的空间围合起来，就构成房间，这种空间的限定方式称为“围”。又如将屋顶、楼板或者其他面积性材料实体，置于所需的空间上，其下部就成了一个建筑空间，如房子入口的雨篷、园林中的亭子等，这种空间的限定被称为“覆盖”。可以想象，当我们把“围”和“覆盖”合起来限定空间，那么就形成一个最为完整的房间了。

除了以上这两种方式以外，建筑空间的限定组合方式还包括凸起、凹进、架起和实体表面肌理变化等。例如纪念碑，它是由实体（碑）和它周围的空间构成“建筑”的。其周围的部分，由于碑的存在而与其他远离这个实体（碑）的空间在人的心理上就有了区别。这种空间的限定称为“设立”。

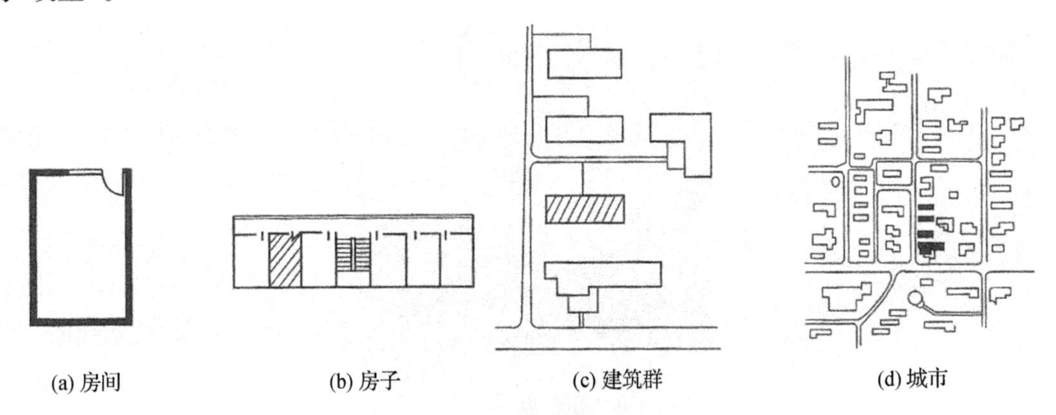


图 1-16　建筑空间的形成

建筑的空间是有层次的。房间，是建筑的最小单元，几个这样的单元组合起来，就成了房子，几个房子又可组合成建筑群或构成里弄、街坊，然后几个建筑群或街坊组合起来便构成城市（图 1-16）。这时，建筑便失去了其一般含义，即不属于建筑范畴，而属于城市的范畴。例如，一个教室，是学校建筑的最小单元，那么几个这样的教室，加上走廊、楼梯间、办公室、卫生间、过厅等，组合起来就成了教学楼，然后几个教学楼，加上宿舍、食堂、礼堂、办公楼、实验室、图书馆等，就成了学校，再由许多不同功能的建筑群，如住宅区、商业区、工厂、文化建筑、交通建筑、行政建筑等，加上室外空间，诸如广场、道路、公园、绿地及其他场所等，组合起来就构成了城市。从空间来说，建筑无疑是从最小的单个空间（房间）起，直至城市这样层层组合的空间。有人说，城市好像是一个放大的建筑物，车站、机场、码头等是它的“出入口”，广场是“院子”或“过厅”，街道是它的“走廊”。我们应当建立起这样的系统性的空间层次性的认识。这样的认识，对研究建筑艺术是很有必要的，因为一个建筑物，不论其规模大小，都不应当被看作一个孤立的对象，而是与周围环境和其内部构成有机的关联，应当注意它在大范围中的作用，以及注意它内部的小范围的组合“元件”。

2. 建筑的时间性

建筑的空间性是直观的，建筑的时间性是抽象的，因而建筑的时间性似乎要比建筑的空间性难理解一些，建筑似乎是一个与时间无关的、“凝固”不变的东西。恩格斯说过：一切存在的基本形式是空间和时间，时间以外的存在和空间以外的存在，同样是非常荒诞的事情。建筑作为“凝固”不变的东西，似乎与时间无关，其实不然。

首先，建筑的存在有时间性。世界上所有的建筑，不论年代长短，都是有寿命的。古代建筑虽然留存至今，但大多数古典建筑已完成了自己的“使命”而成为历史遗迹，如伊斯坦布尔的圣索菲亚大教堂，当时是拜占庭的东正教教堂，后来变成了伊斯兰教的清真教堂，现在是历史博物馆。有的古建筑被烧毁、拆除了，或者因为自然、社会的原因而遭破坏，也有的被改建了。即使有些建筑非常“长寿”，似乎“永恒”，如埃及的金字塔、古希腊的神庙等，但这些建筑在形象上也毕竟不复当年了。金字塔前面的大斯芬克斯的鼻子没有了，大多数古希腊神庙都已坍塌，尚存的也是残破不全了。

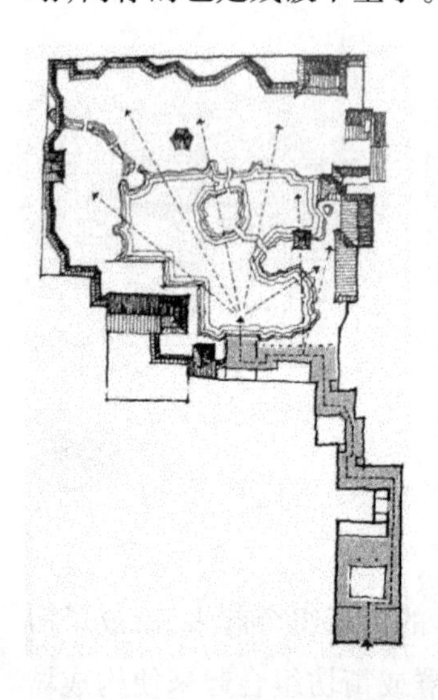

图 1-17　苏州留园

其次，对建筑的使用始终是在时间的存在中进行的。以园林建筑的游赏为例，就可以说明这一点。人们游赏苏州的留园（图 1-17），先进入大门，经过一段曲折而富有变化的空间，然后来到“古木交柯”和“绿荫”处；在此做短暂的逗留、欣赏，然后转过两个弯，进入留园主要的景点空间，即由大水池和涵碧山房、明瑟楼等组成的空间；接着，绕过水池往五峰仙馆、鸳鸯厅等处，到达冠云峰、冠云亭、冠云楼等建筑所组成的另一个主要的景点空间；最后经过鹤所、曲溪楼等处，转到出口。不论游程的长短、游得细致还是泛泛而游，都需要花时间。因此，在设计空间的同时，还须注意时间的概念，因为时间在建筑空间的使用中有相当重要的作用。

再次，建筑的使用功能有可能随着时间的流逝而变化。如伊斯坦布尔的圣索菲亚大教堂三次使用功能的变迁就是实例之一。北京的故宫，过去是明清两朝的皇宫，今天则成了博物馆;上海外滩的汇丰银行(图1-18),最早是一家外国人开设的银行,后改为上海市人民政府,现在为浦东发展银行的总部。这种随着时间的变化而改变使用功能的建筑物,在建筑历史上是司空见惯、不胜枚举的。

最后,对建筑的审美是有时间因素的。人们经常说的"时代感"或"时代美",也就意味着产品的美感是要"过时"的。有些建筑形式,当初曾轰动一时,但过了三年五载人们就不再感兴趣;古代建筑虽然至今仍然对我们产生着魅力,但在我们的审美心理上已经以现代尺度和价值去品评它了。例如佛塔,古代对它的审美多是从宗教出发的,但今天我们欣赏佛塔形象,几乎完全是从它的形式美出发了。又如江南水乡民居,在古代固然是美的,所谓"小桥流水人家",但以今天的眼光来看,它的适用性降低了,它的审美性反而增强了。本来不属于形式美的一些东西,如山墙、柱子、门窗、台阶等,多为实用性的,今天却具有了它的审美价值而降低了它的实用价值。今天我们欣赏这种水乡建筑的美,如苏州、绍兴一带的江南水乡(图1-19),已经把它升华为绘画式或摄影式的美学对象了,画家对它青睐,摄影师对它倾慕,旅行家更是慕名前往,一睹为快。

图1-18 上海外滩原汇丰银行

图1-19 苏州山塘街

（二）建筑的技术性

建筑的存在是实体和空间的统一,其中实体是人类利用各种建筑技术造出来的,是形成空间的必要手段。人类凭着自己的聪明才智,构建自己的生活环境。人构筑建筑物,与动物营巢筑窝完全不同,正如马克思所说:"蜘蛛的活动与织工的活动相似,蜜蜂建筑蜂房的本领使人间的许多建筑师感到惭愧。但是,最蹩脚的建筑师从一开始就比最灵巧的蜜蜂高明的地方,是他在用蜂蜡建筑蜂房之前,已经在自己的头脑中把它完成了。"原始社会的建筑虽然很简陋,却是"人的建筑",它是通过思维而不是本能构成的。我国西安附近的半坡村原始社会遗址(图1-20),据考古分析,这些建筑就是原始人利用自然材料,按自己的生活活动需要构筑而成的,斜坡屋顶既不会倒塌,又可以排雨水;屋顶上开有洞口,可以通风和排烟气,也可以采光,但雨却进不来(在侧面开口)。室内地面的中间略凹,是生火的火塘,可以取暖和烧烤食物。出入口做门,可以开启,这样既方便出入,又能防御敌兽侵袭。这种房子,看起来很简陋,但我们应当把

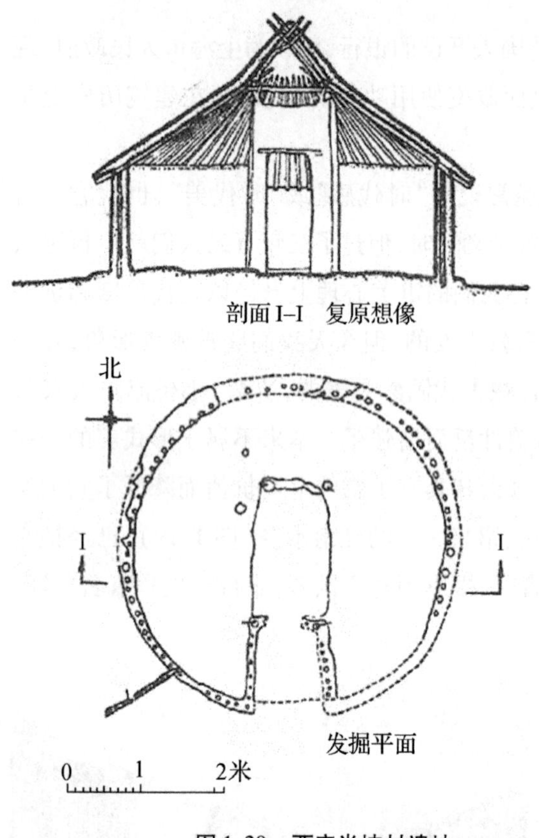


图1-20 西安半坡村遗址

它看成是建筑的起源形态，特别是在构筑技术上。原始人凭经验，凭口传身授，把这种建筑工程技术一代代地传下去，并且不断改进和完善。今天我们所看到的建筑物，从其构成的性质来说是与原始时期的建筑一样的，所不同的就是人的需求的进步和物质技术的进步。

现代建筑在工程技术上当然要比原始社会的建筑复杂得多。大体说来，建筑的工程技术包含着这样几个方面：建筑结构与材料、建筑物理、建筑构造、建筑设备与建筑施工等。

（三）建筑的艺术性

建筑的艺术性是建筑的基本属性之一，建筑有别于其他诸如绘画、音乐、雕塑等艺术，它是以其形体和它们所构成的空间等给人以精神上的感受，满足人们的审美要求。建筑是人类文化的物质载体，既是物质产品，又是艺术创作。建筑的艺术性多是指建筑形式或建筑造型通过视觉给人以美的感受，唤起人们的某种情感。巴黎圣母院的正立面，美在整体和各个部分之间的比例的恰当，美在形式的变化与统一（门窗）；北京天坛祈年殿的美，美在外轮廓的完整性，美在色彩的和谐性；悉尼歌剧院的美，是造型和形式的组合之美；华盛顿国家美术馆东馆的美，是形体切割、组合、对位和虚实关系之美。德国文学家歌德把建筑比喻为“凝固的音乐”，也正是表述了建筑的艺术性。

建筑的形式美有它自己的许多特征。意大利文艺复兴时期的艺术大师帕拉第奥（Andrea Palladio，1508—1580）认为，美产生于形式，产生于整体和各个部分之间的协调。建筑物因而像个完整的、完全的躯体，它的每一个器官都和整个躯体以及周围的器官相适应。尽管古代建筑和现代建筑有很大的不同，世界各地的建筑形式各异，但它们在形式的美学法则上却是共同的。现代建筑大师赖特也认为建筑应当是“有机”的，建筑虽然是一个实用的对象，但建筑的艺术有相对的独立性，有自己的一套规律或法则。

但是建筑又不同于其他艺术门类。它不像音乐家的演奏那样能够纵情发挥，又不能像画家那样挥洒自如。它需要大量的物质材料和技术条件，大量的劳动力和集体智慧才能实现。它的物质表现手段规模之大为任何其他艺术门类所难以比拟。这些条件导致建筑美学的变革相对迟缓。建筑艺术还常常需要运用绘画、雕刻、工艺美术、园林艺术等艺术形式，创造室内外空间艺术环境。因此，建筑艺术是一门综合性很强的艺术。

（四）建筑的社会文化性

建筑是社会文化的物质载体之一，建筑活动的产品——建筑单体、建筑群乃至城市是社会物质文明、精神文明的集中表现。建筑是一种社会文化，是社会文化的容器，也是社会文化的一面镜子，映照出人和社会的发展。

图 1-21　藏族碉楼式民居

图 1-22　蒙古包

建筑的社会文化属性的第一个特征是建筑的民族性和地域性。不同的民族，有不同的建筑形式。中国是个多民族的国家，除了汉族以外，还有许多少数民族，他们的建筑与汉族建筑就有明显的差别，如藏族的碉楼式民居（图 1-21）、傣族的竹楼、蒙古族的蒙古包（图 1-22）等。除了民族含义之外，还有与民族有密切关系的宗教特征。建筑既表现着宗教，又表现着信仰这种宗教的民族。如西方天主教的哥特式建筑（图 1-23），东正教的圆顶式建筑，以及伊斯兰教建筑（图 1-24）和佛教建筑（图 1-25）等，着重表现的是民族特征。

图 1-23　德国亚眠主教堂

地域性是指不同的地区，由于气候、地理等条件的不同，建筑材料来源的不同，从而形成建筑形式的地域差别。同一个民族，由于地域条件不同，其建筑形式也不一样。我国的东北、西北和华北地区，气候较寒冷，所以建筑都比较厚重；江南和南方地区，气候温和湿润，则建筑轻巧而开畅。有些地区雨水稀少，则建筑物的屋顶比较平缓，如甘肃、陕西及东北一带的建筑，屋顶往往做得比较平，称为屯顶。而像欧洲北部的一些传统建筑，由于那里多雪，为避免积雪太厚，所以屋顶做得比较尖。

建筑的社会文化属性的第二个特征是建筑的历史性和时代性。建筑历史总是与人类的历史发展同步，美国著名学者和作家房龙（Hendrik Willem Van Loon 1882—1944）在《人类的艺术》中指出：各种风格，不论建筑也好，音乐也好，绘画也好，都一定代表某一特定时代的实践和

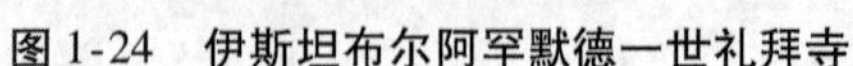

图 1-24　伊斯坦布尔阿罕默德一世礼拜寺

图 1-25　柬埔寨吴哥窟

生活方式。不同历史时期的建筑形态,有较大的差别。例如,古代罗马和中世纪建筑形象明显不同,古罗马建筑的门窗是圆拱形的,而中世纪则多为尖拱形。后来的文艺复兴时期的建筑,虽然也用圆拱形门窗,但与古罗马的又有所不同。

时代性是建筑发展的潜在动力,新技术、新材料、新工艺等的发展为建筑打上了时代的烙印。一般来说,在同一时代,不同艺术门类之间是彼此相通的,如现代主义建筑强调体量对比,造型简洁,讲究空间结构,这和当时的抽象雕塑、绘画、文学、音乐等是一致的。现代建筑反映出的时代特征就是节奏感更快。20 世纪初期的一些建筑,距今虽然不到 100 年,但现在看来则明显地感到“过时”了,这种“过时”主要体现在功能和形式上。

# 第二节　建筑艺术

## 一、建筑艺术的概念

古罗马建筑师维特鲁威(Marius Vitruvius Pollinis,前 84—前 14)在《建筑十书》里,早就把“美”与坚固、适用并列为建筑的三要素。美国建筑百科全书对“建筑”(Architecture)定义的描述是“……具有功能的、坚固的、经济的、美观作用的单体建筑、建筑群体以及其他构筑物的艺术和科学”。

我国《辞海》中关于“建筑艺术”的定义是:通过建筑群体组织、建筑物的形体、平面布置、立面形式、结构方式、内外空间组织、装饰、色彩等多方面的处理所形成的一种综合性艺术。

从以上权威论述中可以看出,“建筑”和“建筑艺术”的概念是相互跨越的,没有单纯的“建筑”,也没有单纯的“建筑艺术”。美国著名建筑师菲利普 · 约翰逊(Pillip Johnson,1906—2005)就说过 “建筑就是艺术”,并认为建筑艺术是“母亲”艺术,是其他一切艺术的守护神。

在远古时代,当人们只要求遮蔽风雨、防御野兽、栖身洞穴时显然是无所谓“建筑艺术”的。

但是随着人类社会的发展，社会生产力水平的不断提高，古代人类不仅拥有了可供居住的房屋，还拥有可供集会、交易、娱乐、教育、宗教等各种不同使用要求的建筑，建筑开始有了不同的特点和形态。此时，由于不同时代、地区、民族、国家文化的差异，以及建筑拥有者、建筑设计者、制造工艺、建筑材料的不同，建筑出现了风格上的差异，产生了不同类型的建筑和建筑艺术。

当人类社会进入 19 世纪以后，资产阶级革命为资本主义生产力的发展扫除了政治障碍，工业革命使生产力得到了突飞猛进的发展，科学技术随着生产力的发展而飞速进步。随着资本主义各国在工业、交通、商业方面的大发展，城市人口膨胀，大城市增多，处处都有大量建造房屋的需求。同时建筑类型也大大增加，如各种工业厂房、铁路建筑物、银行、保险公司、百货商场、博物馆、体育馆等，有的是完全新型的，有的过去虽有，然而功能、性质却发生了显著变化。在建筑技术方面，新型建筑材料如钢铁、水泥、玻璃等的大量使用，引发了建筑的革命性，正如我国著名土木工程专家李国豪(1913—2005)说的："每当出现新的优良建筑材料时，土木工程就有飞跃式的发展。"有了技术的支持，令世界震惊的两个划时代的建筑出现了，一个是为 1851 年万国工业博览会设计建造的伦敦"水晶宫"(图 1-26)，另一个是为纪念法国大革命 100 周年举办的巴黎世界博览会而设计建造的巴黎埃菲尔铁塔。这两个分别标志着跨度和高度的建筑的出现，预示着一个以新观念、新技术、新形象为标志的全方位的建筑艺术新时代的到来。

图 1-26 伦敦水晶宫

随着全球化和城市化进程的加快，狭义的建筑观念受到挑战。建筑的空间扩大到建筑自身以外，从建筑到庭院，从建筑到广场，从建筑到街道，从建筑到建筑群体，也就是说，建筑已经是城市的有机组成部分，要从城市的角度去规划、布局、设计建筑，这样建筑就融入了城市，融入了城市景观与城市生态之中，也就形成了广义的建筑艺术。

纵观历史，我们发现建筑是那么的不可思议，那么的凝重，那么的辉煌；"建筑学"这一传统学科，远比人类历史所记载的更加久远和复杂；"建筑艺术"不可避免地要成为与每个人有关的艺术。"建筑艺术"是不朽的艺术，是历史文化最权威的见证者，是民族和国家的标志。

## 二、建筑艺术的基本特征

### (一) 建筑艺术的综合性

公元前 1 世纪，古罗马建筑师维特鲁威把建筑中的诸多因素概括为"适用、坚固、美观"三大要素。这个综合性的观念一直沿用至今。

“适用、坚固、美观”这三大要素在不同时代、不同地区、不同项目中有所侧重和变化。比如在运用或解释时,把“适用、坚固、美观”改为“适用、坚固、经济、美观”等,强调了建筑中经济的重要性。但是,不管是三要素还是四要素,都说明这些建筑要素是一个整体,是建筑和建筑艺术综合性的特征与表现。同时,这个三要素原则还告诉我们建筑的美观与建筑艺术的产生和审美是以适用、坚固、经济为基础与前提的,也就是说,建筑的美观与建筑艺术的创造和审美,要受到适用、坚固、经济等方面条件的制约。可见,建筑艺术是受多方面条件制约的,也是多方面条件的综合反映。

一方面建筑要受到自身的适用、坚固、美观要求的制约,另一方面还要受到建筑自身之外的诸多因素的制约和影响。比如,建筑所在地区的自然气候条件,会对建筑外观产生很大的影响,寒冷地区的建筑显得比较封闭、厚重,而四季如春地区的建筑就显得开敞、飘逸。建筑材料的选择和运用,将直接反映出建筑的风格和品位,古代西方建筑材料以石材砌筑为主,其风格与木结构为主的中国传统建筑迥然不同。

建筑艺术的综合性特征除了表现为建筑艺术是诸多要素的综合结果外,还明显表现在,建筑艺术往往与雕塑、绘画等艺术门类融合在一起。回顾历史,我们可以发现,早在3200多年前,在埃及的卡纳克神庙建筑方面(图1-27),无论是墙面还是柱子上,几乎全部有浮雕和高浮雕,有人物有花草,形象生动而富有色彩;而西方古典柱式建筑的“山花”部分常常嵌着精美的群雕,气势恢宏,雕塑与建筑浑然一体。而建筑中的壁画或出现在墙壁上或出现在天花上,古今中外皆然。正是这些精美的雕塑和绘画作品与建筑空间细部处理的配合,发挥着综合的艺术感染力,从而使很多著名建筑魅力长存,载誉史册。

图1-27 埃及卡纳克神庙

图1-28 阿联酋迪拜塔

在诸多综合性因素中,建筑的物质技术条件是带有根本性的,是推动建筑、建筑艺术发展的根本动力和基础。古罗马在技术上追求巨大跨度和空间并取得了突破,其最根本的技术保证是对当地富有的火山灰混凝土的应用。那巨大跨度的拱顶教堂,那惊心动魄的罗马斗兽场,那直径达到43.3米的单一圆形空间的万神庙,为人类建筑史增添了永久的辉煌。20世纪60

年代以后，发达国家对钢筋混凝土、钢结构在结构理论和施工应用上都有所突破，高层建筑和超高层建筑如雨后春笋般拔地而起。依靠这些技术，雄心勃勃的建筑师们发挥着他们最大胆的想象和最富激情的创造，一个接一个的"第一"从图纸走向现实。进入21世纪的中东城市迪拜就是一个典型（图1-28）。

（二）建筑艺术的地域性

人类的聚居是地区性的，人类社会的经济、生产也是地区性的，人类创造文化也就必然从地区性开始，这也就决定了建筑艺术必然有着地域性的特征。

我国民居建筑由于地区特点，形成了千差万别、丰富多样的建筑风格。民居建筑中，合院（三合院、四合院）住宅可能是最为普通的类型，北京的合院住宅平和协调，尺度亲切（图1-29）；山西、陕西一带由于地区气候条件的原因，院落空间趋于狭窄禁闭，半坡屋顶给人以深刻印象；到了江浙皖一带，宅墙高筑，庭院深深，粉墙黛瓦，一派清秀（图1-30）；而到了闽粤一带则空间复杂，那些圆形"土楼"（图1-31）更是风格别具，同时建筑的外装饰也渐趋浓郁，翘起的屋脊，潇洒的拉弓墙，给闽粤民宅的地区特点抹上浓浓的一笔。

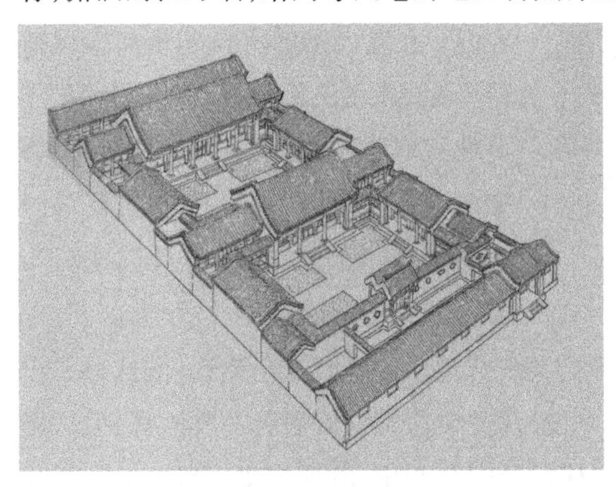

图1-29　北京四合院

图1-30　皖南民居

图1-31　福建土楼

图1-32　日本京都桂离宫

我国少数民族地区的民居建筑艺术不仅更具有地区特色，而且差异极大，比如广西、云南地区的傣族干栏式住宅，为了避免受到潮湿气候的影响，改善隔热通风条件，充分利用当地建筑材料，支架在地面以上，屋顶体量硕大，以草木为主，轻盈秀美。而位于青藏高原的藏族民居就大不一样了:封闭的建筑平面,外墙坚实且略呈倾斜,有能晾晒粮食的平屋顶,梯形的藏式装饰,形成了藏族民居建筑的独特风采。

从世界范围来看,地区性的特征更是明显。首先,东西方的差异就带有根本性。西方传统建筑主要以石材为基本材料,风格坚实封闭;而东方的传统建筑,主要是以木材为基本材料,风格轻盈灵巧。就是同属木构架建筑体系的中国和日本,也表现出不同的风格。中国木构架建筑比例严谨,尺度柔和,传达着一种和谐的儒家中庸之美;而日本的木构建筑,既精巧洒脱,又对比强烈,反映了日本民族特有的“场所”精神。如日本的桂离宫(图1-32),掩映在绿树丛中的古色古香的庭院式建筑,充分显示了日本古建筑和谐的风格。

图1-33 法国凡尔赛宫

西方古典建筑源于古希腊、古罗马,它们的经典传遍世界,然而这些经典来到不同地区,从意大利来到法国、比利时以至荷兰,也发生了不同的变化,经典的艺术效果各有不同的特色表现。在意大利的罗马一带严格保持着传统,讲究比例严谨,尺度宏伟,加上柱式和拱券的配合运用,建筑风格雄浑、严谨,气势恢宏。由于古罗马时代雕塑艺术的发达,古罗马的建筑与雕塑的完美结合令人叹为观止,有一位学者从罗马归来说,罗马不动的人(指雕塑)要比运动的人还多。虽然这是笑话,但从另一个侧面说明雕塑是古罗马建筑的一大特色。对法国来说,其古典建筑也沿用着古典语言,但法国在运用过程中有了自己的创造,比如拱券的运用与柱式的配合变化,屋顶与建筑形体的配合与变化等,使法国的古典建筑显得辉煌、华丽、浪漫,充满了诗意和人情味(图1-33)。

“现代主义”建筑在20世纪初悄悄地来到了这个世界,并在20世纪三四十年代形成了所谓的“国际式建筑”。“现代主义”建筑思潮经过1928年“国际现代建筑大会”(CIAM)的倡导和传播,在西方发达国家很快发展起来。看起来“国际式建筑”似乎是一统天下了,但事实上,“现代主义”建筑从一开始就是以区域性为特征而发展起来的。欧洲大陆以工业生产突飞猛进的德国、法国为主要区域,并在20世纪初出现了“现代主义”建筑的创始人和代表人物,如格罗皮乌斯、密斯·凡·德·罗(Ludwig Mies van der Rohe,1886—1969)、勒·柯布西耶等建筑大师。欧洲大陆的现代主义建筑,主要体现了当时的“功能主义”思潮,其理性、简约和有效性的特点符合工业化发展道路,成为欧洲建筑风格的新潮流。北欧地区的现代主义建筑充满了轻快、含蓄的气质,精巧的木材加工,表现出该地区特有的人文气息,其中以芬兰建筑师阿尔托(Alvar Aalto,1898—1976)为代表,建筑中充满着地域特色,具有人情味和诗意(图1-34)。传播到南美的现代主义建筑则表现出强烈的几何形态,通透、轻盈、简洁,其中巴西现代主义建筑大师奥斯卡·尼迈耶(Oscar Niemeyer,1907—2012)的作品尤为突出(图1-35)。而传播到亚洲地区,以日本和中国而言,由于社会发展的复杂和动荡,现代主义建筑风格表现出强烈的民族性和折中主义色彩(图1-36)。

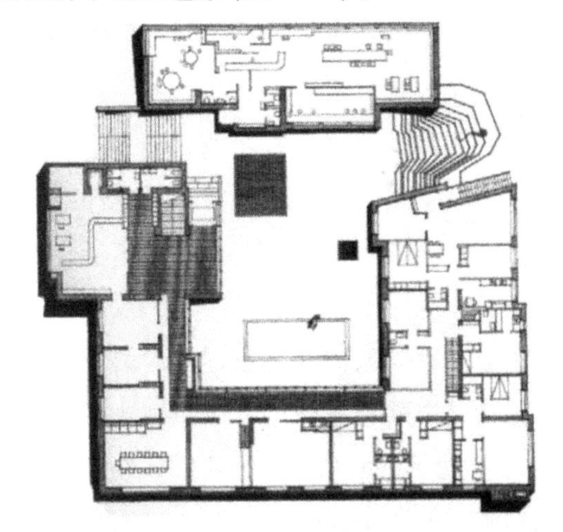

图1-34　芬兰珊纳特塞罗市政中心

图1-35　巴西议会大厦

图1-36　上海美琪大戏院

(三)建筑艺术的时代性

艺术具有时代特征,艺术作品应该能够反映时代精神,这是任何艺术作品都不可或缺的普遍现象。建筑艺术也是如此。人类历史的辉煌和沧桑,都能从人类所创造的建筑中找到痕迹。

建筑艺术的时代性特征有着多种多样的表现方式。有的直接表现为统治阶级的统治工具,有的直接反映了统治阶级的世界观和价值取向。各种哲学流派,各种社会思潮,都会在建筑艺术上强烈地表现出来,历史的变迁,历史上重大事件的发生,以至于某些代表人物的言行等,都会在建筑艺术中找到自己的影响或直接表现。正像勒·柯布西耶在他的宣言式的小册子中说的那样:“我们的时代决定了自己每天的风格……”

每当我们见到或者说到古埃及的金字塔,就会联想到古埃及的“法老”神权统治时代,它那种与天地共存、神秘莫测、尺度巨大的艺术处理,不仅震慑和降服了古代的奴隶,而且也使今天的人们为其旷世不朽的艺术魅力而折服。凡是到过巴黎的人们,无不对巴黎的城市格局,庄严宏伟的广场、街道,精致的历史古典建筑赞不绝口,同时我们也会发现,巴黎的辉煌大部分是自17世纪以后路易十四和路易十五时代法国绝对君权的产物,其中宫廷建筑,尤其是巴黎郊区的凡尔赛宫,淋漓尽致地表现了一代君王恣情纵欲、奢华铺张的生活。那由五颜六色光亮华贵的大理石、金玉满堂的烦琐装饰构成的室内环境也可以说与那个时代脂粉奇香的贵妇人颇为匹配。从凡尔赛宫我们看到了那个时代建筑艺术的精神追求和价值取向。

随着19世纪社会生产力的高度发展,随着人文思想的进步和工业革命的到来,建筑、建筑艺术发生了翻天覆地的变化,一个伟大的时代开始了。在这个时代里存在着一种新的精神,勒·柯布西耶在20世纪初就强烈呼唤着一个全新的建筑艺术时代的到来,这一代精英建筑大师创造了几乎风行了一个世纪的现代主义建筑艺术。

其一,现代主义建筑强调了要走工业化的道路,也就是说建筑的建造过程要像类似机械产品的生产方式那样,能快速地、大量地、重复地建造,从而达到经济有效的社会目标。格罗皮乌斯在《全面建筑观》中说过:“我们正处在全部生活发生大变革的时代……我们的工作最要紧的是跟上不断发展的潮流。”其二,现代主义建筑特别强调“功能”,认为这是建筑设计的重点和基本依据,因此“功能主义”也就成了“现代主义”建筑和建筑艺术的理论基础。密斯说过:“我们的实用性房屋(building)值得称之为建筑(architecture),只要它们以完善的功能表现真正反映所处的时代。”其三,现代主义建筑提倡建筑艺术的创新和简约。正像勒·柯布西耶在《走向新建筑》中所说的那样:“工具是人类进步的直接表现,是人类的必然合作者,也是人类的解放者。我们把过了时的工具如土炮、马车、老火车抛到了垃圾堆里……由于工具的不良而生产了坏的产品是不可原谅的……必须扔掉旧的工具,再换上一个新的。”另一位现代主义建筑的创始人格罗皮乌斯这样写道:“洛可可和文艺复兴的建筑样式完全不适合现代世界对功能严格要求和尽量节省材料、金钱、劳动力和时间方面的要求……新时代要有自己的表现方式。现代建筑师一定能创造出自己的美学章法。通过精确的不含糊的形式、清新的对比、各种部件之间的秩序、形体和色彩的匀称与统一来创造自己的美学章法。”有的建筑师甚至提出现代建筑艺术拒绝一切装饰。密斯·凡·德·罗的名言“少就是多”就是对“简约”所做的最好解读,他设计的纽约西格拉姆大厦就是一个实例(图1-37)。因此,事实上“创新”成为现代主义建筑发展的动力之一,“简约”成为现代主义建筑艺术风格的基本格调。可以说以上三种理念,充分反映了20世纪的时代精神,而现代主义建筑艺术从这些理念中找到了自己的生命力。

图1-37　纽约西格拉姆大厦

（四）建筑艺术的象征性

艺术表现形象和情节，艺术表现现实和历史，艺术表现精神和思想，这是各门类艺术形式的基本特征和基本功能。然而具体到某一艺术门类，其表现形式和特点就大不一样。可以说建筑艺术就是一门和其他艺术在表现形式上大不一样的艺术。

文学、诗歌艺术可以叙事和抒情；绘画、雕塑艺术可以描绘塑造各种人物形象和场景；电影、戏剧艺术可以再现历史，重塑悲欢离合的无限想象；音乐艺术仅凭借七个音符，就可以把人们带进深奥莫测、细腻无尽的幻觉世界之中，让人们的心灵得到一种上天入地、千军万马自由驰骋的美的境界。而只有建筑艺术，它与人物的具体形象无关，它是一种用纯抽象的艺术手法，去象征某些精神的含义，以达到某种期望的艺术效果。德国古典哲学家黑格尔在他的名著《美学》中这样说道：建筑并不创造出本身就具有精神性和主体性的意义，而且本身也不能完全表现出这种精神意义的形象，而是创造出一种外在形状只能以象征方式去暗示意义的作品。所以这种建筑无论在内容上还是在表现方式上都是地道的象征性艺术。

按照黑格尔的美学分析，我们可以这样来理解建筑艺术的象征性特征：建筑艺术不能（也不必要）创造出人本的艺术形象，它只能以象征的方式去暗示和隐喻某种社会意义与精神内涵。建筑在符合科学技术的规律下，在满足了人们使用要求的目的后，才能以象征的方式创造出真正的建筑艺术。当然，对那些纪念性建筑和某些有特殊要求的建筑来说并不完全如此。因此，建筑艺术是象征性的艺术，是一种用象征的方式或象征的手法来进行创作的艺术。

所谓象征，就是当建筑以其空间、形式、装饰、色彩来表达建筑的某些内涵、意愿、意境时，采用一种间接的、折射的、类似的、模拟的、象形的艺术手法，亦即有所谓的“隐喻”和“显喻”之说。一般来说，建筑艺术的象征应该是隐喻的，显喻常常会招致失败。西方古典建筑从古希腊开始就有非常成功的隐喻手法，如古希腊的柱式。据古罗马建筑师维特鲁威的记述，古希腊的多立克柱式象征着男人躯体的强壮、有力；爱奥尼柱式则象征着女性身躯的纤细和婀娜多姿，以及女性卷垂发式的特质。这是一种成功的曲折、暗示、隐喻的象征手法。这种典型的西方柱式手法流传几千年而不衰，也为全世界所接受。在西方现代主义建筑中有两个实例最有力地说明了隐喻的象征手法具有无限的魅力。一个是20世纪50年代，建筑大师勒·柯布西耶设计的法国朗香教堂（图1-38）；另一个是20世纪50年代由丹麦建筑师伍重设计的悉尼歌剧院（图1-39）。这两座名垂青史的建筑都以其奇妙的隐喻手法取得了很好的艺术效果。不恰当地追求象征意义，生搬硬套某种社会人文意象，或者直接搬用人类社会生产生活的实物，或直接引用动植物的形象等“显喻”手法，在建筑艺术中是不宜提倡的（图1-40）。20世纪上半叶，苏联曾设计建造了著名的“红军大剧院”，其设计思路就是生搬硬套“革命”含义，把建筑平面设计成五角星形状，给演出使用造成了极大的不便。20世纪60年代，我国建造的长沙火车站为了表达革命的“星星之火，可以燎原”，把车站中央大厅的塔顶设计成火炬的形象，并为避“东风”“西风”的争议，设计的火焰是冲天燃烧（图1-41），这种“显喻”的手法，在建筑艺术中有待商榷和斟酌。

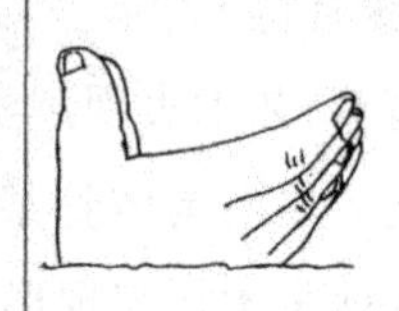

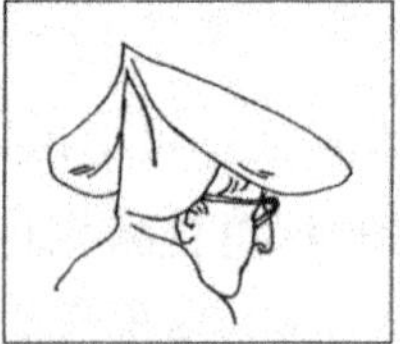

图 1-38　法国朗香教堂

图 1-39　悉尼歌剧院

图 1-40　河北三河市天子大酒店

图 1-41　长沙火车站

20 世纪 60 年代以后，由于后现代主义思潮的盛行，在建筑艺术的创作中一度盛行“显喻”的象征手法。后现代主义代表美国建筑师迈克尔 · 格雷夫斯（Micheal Graves, 1934—2015）在 1987 年设计、1991 年建成的美国迪斯尼世界天鹅旅馆和海豚旅馆两座建筑上，把尺度巨大、刻画生动的“天鹅”，置于大楼中央，巨大的“海豚”有四五层楼之高且鲜艳夺目、形象逼真，给入住宾客一种如梦如幻之感。当然，从这两座旅馆所在的地点来看，这种大胆搬用动物形象的艺术手法也算是与迪斯尼娱乐文化保持一致。更有甚者，就是盖里（Frank Gehry，1929—）于 1987 年在日本神户港水边设计建成的“渔夫餐厅”，一条巨型的鱼跃然而起，这是餐厅建筑吗？就餐者到此就餐定会大惑不解。

从建筑艺术的历史发展中，我们可以发现，建筑艺术的象征性主要是一种抽象性的象征，是一种偏理性的象征，一种智慧的象征，而要取得成功的艺术效果，主要应该采用“隐喻”的艺术手法。南京中山陵是中国近代伟大的政治家、革命先行者孙中山先生的陵墓及其附属纪念性建筑群。整个墓区平面如钟形，取“木铎警世”“唤起民众、以建民国”之意。整个陵墓建筑都是用青色的琉璃瓦，象征青天（图1-42）。

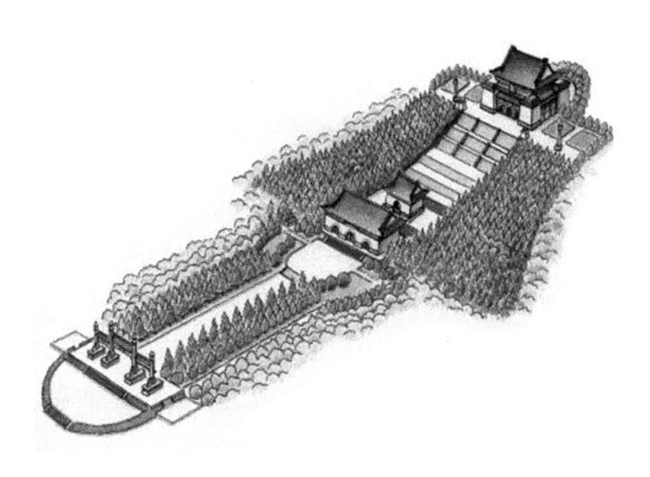

图1-42　南京中山陵

（五）建筑艺术的个性化

艺术作品，无论是建筑艺术作品，还是其他门类艺术作品，要想取得感人的艺术效果，要想载入史册，都离不开个性化的魅力。没有个性就没有艺术，美国著名建筑师路易斯·康（Louisi Kahn，1901—1974）说得好：“每个人的梦都是独特的。”

建筑历史告诉我们，在18世纪工业革命以前，建筑个性化的现象不太明显。在西方，以古希腊古罗马柱式和府邸建筑为基础的古典建筑体系，虽然创造了无数优秀的不朽的建筑作品，但其程式化程度很高，缺乏个性表现。在东方，木构建筑体系辉煌了数千年之久，同样表现出极强的程式化。然而工业革命以后，建筑艺术的个性化程度与日俱增，日益成为建筑艺术的重要属性和特征。

所谓个性化，就是建筑师在进行建筑创作时，在作品中表达出来的方方面面的个人特点和特色。比如，独特的价值取向将会在构思上独树一帜；独特的素养和性格将会在建筑的空间组合与造型风格上千人千面，无一相同；独特的受教育过程和处事习惯，将会在建筑的细部和材料的使用上别出心裁。只要我们跟踪考察一下建筑师的创作历程和作品，就会发现他们的作品一般来说都会呈现出独特的持久的艺术特色、特点和风格。某些建筑师的创作被社会所接受，得到强化以后并渐渐形成所谓的风格或流派，从19世纪以来，随着各种艺术思潮的兴起和强化，在一些发达国家出现过各种建筑理论的流派。建筑艺术发展到20世纪，呈现出多元化和多样化的局面，建筑形态千姿百态，建筑流派五花八门，形成了建筑文化多元化的新格局。

由此可见，个性化是建筑艺术发展的强大动力，是建筑艺术作品丰富多彩的主要原因。然而我们不能说，有个性的作品就一定是好作品。在建筑创作中，有的建筑师为了张扬个性，不顾科学规律肆意扭曲形体；有的建筑师不惜浪费人力物力，追求大空间、大形体、大标志，竭力夸大所谓视觉效果；有的建筑师不管社会接受程度，把建筑物设计成支离破碎、残缺不全、千疮百孔的颓废形象。这样的“个性”并不是建筑艺术所需要的个性。我们所提倡的个性应该是科学的、健康的、智慧的。

## 三、建筑艺术的基本语汇

### （一）空间与形体

毫无疑问，营造空间是建筑的根本目的，建筑艺术也就是在营造建筑空间时所形成的艺术。建筑空间是建筑艺术的载体，建筑空间也是建筑艺术的主角。为什么说建筑空间是建筑艺术的主角呢？主要是因为人们要使用的不是别的，正是建筑的空间。建筑空间是我们人类的家园，是人类赖以生存、生活的环境，是人类进行创造并寄托精神世界的场所，我们只有在建筑空间中才能领略和欣赏到建筑艺术的伟大成果。

建筑空间，是人们凭借一定的物质材料从自然空间中围隔出来的，但一经围隔后，这种空间就改变了性质——由原来的自然空间变为人造空间。人们围隔空间主要有两重目的：一是为了满足一定的功能使用要求；二是为了满足一定的审美要求。就前一种要求而言，就是要符合功能的规定性，也就是所围隔的空间必须具有确定的量（大小、容量）、确定的形（形状）和确定的质（能避风雨、御寒暑，具有适当的采光通风条件）；就后一种要求而言，就是围隔空间要符合美的法则——具有统一和谐而又富有变化的形式或艺术表现力。

建筑空间可以分为两大类型，即内部空间（室内空间）和外部空间（室外空间），而由内部空间和外部空间相互延伸、交会、融合所形成的空间，我们称之为第三种空间类型——灰空间。内部空间主要是指由建筑实体围合起来的室内空间，这是建筑艺术的精华所在，通过空间的形态和尺度、空间的变化与分隔、空间的采光方式与光影处理、空间实体的装修与空间中的家具和艺术品的陈设等手段得以表现。室内空间具有全方位的语汇，用以表现建筑艺术的意向和文化内涵。而外部空间主要是由建筑与建筑、建筑与附属建筑，以及城市附属设施、绿化水体、山脉等构成。这样的外部空间，经过艺术加工，形成了具有无限魅力的艺术语汇，如城市广场，街道空间，行政、金融、文化中心建筑群，古代宫殿建筑群等。

马克思主义哲学把内容和形式看成是辩证的，并认为事物的形式是由它的内容决定的。表现在建筑中主要就是：建筑功能要求与之相适应的空间形式。建筑空间形式首先必须满足功能的要求，除此之外还要满足人们审美方面的要求。尽管建筑空间语汇如此神奇，如此风情万种，但是离开了建筑实体，空间也就无所谓存在，所以要想取得建筑空间，就必须要有建筑实体，而建筑实体最动人的语汇就是建筑的形体。

一般来说，建筑形体的形成是由四个因素决定的。第一是建筑功能的要求。建筑功能对建筑形体是一种制约性的关系，不同的功能要求是形成不同建筑形体的基础，特殊功能要求的建筑常常具有特殊的建筑形体，一座剧场和一座办公楼的形体就不会是一样的。第二是建筑物所在地段、地形环境条件的要求。地形与环境特点既对建筑物的形体有所限制，又对建筑物的形体设计带来无限创意。例如从澳大利亚悉尼歌剧院的地段与环境特点来看，就不能不为它在建筑艺术上的成功而喝彩，它在建筑形体上的绝妙创意更使人为之折服。第三是科学与技术方面的可能性与要求。一般来说，建筑物的形体不能违反地心引力，不能违背工程技术的一般规律，要考虑到风力和地震（尤其是高层建筑）等自然条件的要求，要让建筑形体适应所用建筑材料的特性。第四是社会人文方面的要求。业主的喜好，社会的价值和审美取向，时尚、流行以及社会的约定俗成都会在建筑的形体上留下痕迹。

（二）色彩与质地

人们常说，我们生活在一个五彩缤纷的世界里，事实上，五彩缤纷主要来自我们周围的建筑，建筑物让人们看到了一个有色彩的世界，对人来说，色彩是建筑艺术最直接、最敏感的艺术语汇。

建筑色彩的形成来自两个方面，一方面是自然的，另一方面是人工的。所谓自然的，是指所看到的建筑色彩是所用材料的自然本色，比如北京四合院的灰砖，是黏土砖的自然本色；用石料加工砌筑的建筑，我们看见的也是自然本色，有的是浅灰色，有的是暖灰色，有的是深灰色。这些建筑的色彩含蓄、协调。所谓人工的，是指所看到的建筑色彩是相关材料经复合（或加入颜料）、加工后的饰面材料的色彩（如油漆、抹面、面砖、钢板、合金板等）。这些材料的色彩可以多种多样，琳琅满目，但如果在建筑上使用不当也容易造成艺术上的失误。为强调街道的热闹和欣欣向荣，大面积建筑使用了艳丽的色彩，给人以无法摆脱的暴躁感；有的建筑使用的色彩种类过多，造成视觉的混乱，使人产生不安的心情；有的建筑使用不合适的色彩，如原色和冷色（甚至黑色），给人以冷漠的语汇，使人产生疏远的心境。

建筑艺术的色彩语汇应该和建筑的功能特点、建筑的性格以及建筑的文化精神内涵相吻合。比如图书馆、博物馆建筑就适宜采用比较稳重、成熟、单纯的色彩语汇，如灰色调系列（图 1-43），居住建筑就适宜多用温馨、典雅、文静清淡的色彩系列，而商业建筑则可以采用相对热烈、丰富多彩的色彩语言（图 1-44）。

**图 1-43　苏州博物馆**

色彩是建筑物最直接、最敏感的艺术语汇，这是说，当建筑物在 50 米以外的距离时，我们感受到的是建筑物的色彩，而当我们逐渐走近建筑物时，建筑物的质地将传达出更多的艺术语

图 1-44　上海南京路

汇。如果你走在上海外滩,你会发现很多西方古典风格的大楼,其首层或二层的外墙都是用粗大的石块砌筑,给人以坚实稳定的感受,传达其业主财大气粗、坚如磐石的自信,这种粗壮石材砌筑的形象被很多银行大楼所效仿(图 1-45)。我们再细看一下美国国家美术馆东馆的外墙,就会被那种优雅的、经过严格加工的粗细纹理恰当的石材所感动,这种加工细腻的石材质地传达出一种艺术殿堂高贵神圣的风度。石材的质地具有高贵的品质,各种建筑物争相使用,但天然石材价格昂贵。在一般的水泥面层上涂刷一种仿石涂料也会具有一般石材的感觉,而且价格低廉,这也不失为一种艺术语汇,更有不少建筑赤裸着混凝土的表面,呈现着一种多层次规则有序的表面,那些机械加工(指混凝土模板)的规则也是一种质朴的美。中国第一个普利策建筑奖获得者王澍设计的宁波博物馆内外墙上使用了竹条模板混凝土和大量宁波老建筑上拆下来的旧砖瓦,仔细看还能发现砖瓦上当年烧制时留下的符号(图 1-46)。当代建筑很重视建筑物质地的美学,无论是混凝土也好,金属表面也好,玻璃也好,同样可以向人们传达出质朴的美感和丰富的艺术语汇。

图 1-45　上海外滩

图 1-46　宁波博物馆

### (三) 光影与细部

造型艺术存在于光影之中,没有光影就没有造型艺术,建筑艺术也不例外。勒·柯布西耶在《走向新建筑》中说道:“建筑是对在阳光下的各种体量做精练的、正确的和卓越的处理。我们的眼睛天生就是为观看光照中的形象而构成的。光与影烘托出形象……”光与影能传达出众多的建筑艺术语汇。

西方古典建筑对光影的艺术处理曾经达到很高的水准。古希腊古罗马时期，西方古典建筑的经典“五柱式”之所以能成为古今中外建筑师的必读范本，成为西方古典建筑之标志，除了其有着优美的比例和清晰精确的细部外，其光影效果传达出的语汇之细腻、丰满、生动也让人着迷。古罗马万神庙的穹顶中央为一直径8.9米的圆洞，人们可以通过它看到蔚蓝的天空，光线从穹隆外照到神庙中，人的渺小与神的伟大形成鲜明的对比，成为古典建筑中对光影处理的典范(图1-47)。古希腊古罗马建筑对光影艺术的贡献是出类拔萃的，它们流芳百世，成为西方建筑文化的基石。

图1-47　古罗马万神庙

建筑室内的光影艺术效果，常常是通过采光窗口的处理得到的，西方古典教堂建筑常用的各种各样多彩的玻璃镶嵌在窗口；而中国古代的门窗与窗扇都有丰富的图形，阳光照射时，投射在地面上的光影效果耐人寻味。

20世纪初，绘画雕塑艺术领域中的“立体主义”流派对建筑艺术影响颇大。尽管现代建筑从技术的角度对建筑进行“革命”，但“立体主义”的影响从未间断。现代主义建筑大师勒·柯布西耶就是典型人物之一。他的作品法国朗香教堂是一个在“立体主义”艺术思潮影响下设计而成的，在建筑艺术空间处理与造型上、在处理建筑室内外光影效果的语汇上具有独特性，成为现代主义建筑中的一个标志性作品。

在现代建筑的发展过程中，不断涌现出优秀作品，不少作品在光影处理上颇有造诣，其中有两个作品值得我们关注。一个是美籍华裔建筑大师贝聿铭先生于1968年开始设计、1978年建成的美国国家美术馆东馆。其引人注目的特色之一就是馆中央的共享空间，其顶部全部为采光玻璃顶，俗称“光庭”，由于中庭穿插着各层之间的交通平台和天桥，使得中庭的光影变化扑朔迷离，彰显出艺术殿堂的温馨气息。这个拥有独特光影效果的客厅震慑着每个参观者，令他们终生难忘。另一个是日本当代著名建筑师安藤忠雄(Ando Tadao，1941—　)的“光之教堂”。这是一座小小的位于住宅旁的教堂，矩形的教堂一头是入口，一头是祭坛，祭坛尽头的混凝土墙面被一条顶天立地、左右贯通的窄窄的十字形的玻璃采光带所分割，面朝祭坛的人们被这个十字形光带所笼罩，室外的光线在室内墙面的衬托下分外明亮，随着时间变化，投射在教堂内的光影徐徐移动，教堂内的气氛神秘而静谧。而十字形光带的形象，似抽象地象征着宗教的神圣符号(图1-48)。

建筑光影所表达的语汇尽管变化多端，但是也比较抽象，而建筑细部所表达的语汇可能更为丰富，更容易为人们所接受。建筑细部是建筑艺术最直接的表达语言，是建筑风格最直接的

图1-48　光之教堂

标志，因此我们可以认为建筑细部是建筑艺术的灵魂所在。现代主义建筑大师密斯·凡·德·罗曾经说过一句话："上帝在建筑细部之中。"这句话虽然调侃，但其意义十分深刻。

建筑细部并没有专指某个部位，一般地说是指在科学地处理建筑物技术要求时，表现在建筑形式(包括室内)各个关键并经过刻意加工的部位。那么什么是建筑形式上的关键部位呢？比如建筑的墙面，其关键部位是指墙面与地面的交接处，墙面与墙面的相交处，墙面的转折处，墙角、墙面到顶部的交接处；又如，墙面的所开洞口(门窗等)，窗有窗的处理，窗台有窗台的处理，窗沿有窗沿的处理，门洞口则有门洞口的处理；如果是柱廊，则柱子的关键部位是柱与梁的交接处、柱头；如果是拱廊，则是拱断面、拱心石等部位。所以，所谓的关键部位主要是指建筑造型中不同方位、不同维度、不同形态、不同材料构件的交接部位，对这些部位的加工(包括装饰)就是建筑的细部。

装饰对建筑来说是美化的手段之一，装饰恰当是锦上添花，装饰不当则是画蛇添足。无论是西方古典建筑，或者是中国传统建筑，装饰都是重要的建筑手段，它可以使建筑更具特色，更具亲和力，更具人文色彩。然而在20世纪初，奥地利建筑师阿道夫·路斯(Adolf Loos，1870—1933)却站出来说，在建筑上添加细部装饰那就是犯罪。那个时期的未来主义学派也公开宣称：装饰必须摈除。他们的观点显然是偏激的，不符合建筑艺术发展的道路和历史事实。当然，20世纪以来，在现代主义建筑兴起以后，装饰处理逐渐转化为对材料和细部的精致加工，转化为对几何图形的建筑部件的精确处理。有的建筑流派，如后现代主义和新装饰主义依然热衷于装饰手法的使用。后现代主义建筑的代表人物罗伯特·文丘里(Robert Venturi，1925—　)这样说过："我们现在的定义是：建筑是带有象征性标志的遮蔽物。或者说，建筑是带上装饰的遮蔽物。"美国建筑师罗伯特·斯特恩(Robert Stern，1939—　)提出的后现代主义的三大特征之一就是采用装饰。

# 建筑艺术的空间与审美

建筑师通过使一些形式有序化，实现了一种秩序，这秩序是他的精神的纯创造；他用这些形式强烈地影响我们的意识，诱发造型的激情；他以他创造的协调，在我们心里唤起深刻的共鸣，他给了我们衡量一个被认为与世界的秩序相一致的秩序的标准，他决定了我们思想和心灵的各种运动；这时我们感觉到了美。

——〔法〕勒·柯布西耶

## 第一节　建筑空间的艺术表现

建筑空间是人类从事建筑活动的根本目的，是人类赖以生存和进行劳作的主要场所，也是人类进行建筑艺术创作的基本舞台。建筑的根本目的就是对“空间”的追求，因此“空间”也就成为建筑艺术的主体，是建筑艺术表现的重要载体和场所。

### 一、建筑空间形态的艺术表现

建筑空间形态主要由建筑的使用功能、构成建筑空间的物质和社会人文条件这三个方面的因素决定的。

建筑的使用功能要求不同就产生了不同的空间形态，一个电影院的空间绝对不会与一座体育馆的空间形态相同。两千多年前，古罗马建筑师维特鲁威在论述建筑时就把“适用”列为建筑三要素之一。在以后的各个不同历史时期，尽管对建筑三要素的强调有不同的侧重，但是谁都不能抹杀功能在建筑中所处的地位。到了近代，随着科学技术的发展和进步，新建筑运动应运而生，为了适应新的社会需要，再一次强调功能对于建筑形式的影响和作用，美国建筑师沙利文(Louis Sullivan,1856—1924)提出的“形式由功能而来”的观点,正是这方面的集中体现。就是在经历了半个多世纪的今天,尽管有人不时地批评、指责现代建筑在理论和实践方面所存在的片面性,甚至公然宣布“现代建筑已经死亡”,但不可否认的事实是,“形式由功能而来”给予近现代建筑发展的影响是巨大而深刻的。

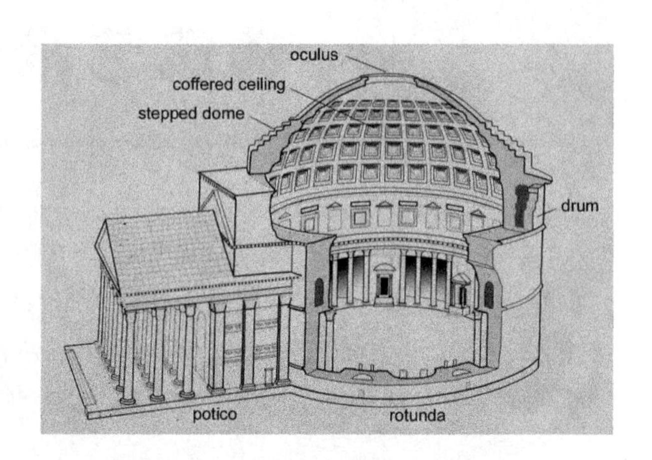


图 2-1　古罗马万神庙

图 2-2　意大利米兰大教堂

构成建筑空间的物质因素,包括围合和覆盖空间的结构形式、施工技术、保温隔热防水材料与技术等。建筑空间是人们凭借一定的物质技术手段从自然空间中围隔出来的,因此物质技术条件是建筑空间艺术创作的重要保证。与功能相比,物质的要求虽然居于从属地位,但这个因素并不是可有可无的。古代建筑师在创造结构时从来就是把满足功能要求和满足审美要求联系在一起考虑的。例如古罗马建筑所采用的拱券和穹隆结构,不仅覆盖了巨大的空间从而成功地创造了规模巨大的浴场、法庭、斗兽场等以适应当时社会的需求,而且凭借着它创造出光彩夺目的艺术形象(图 2-1)。欧洲中世纪的哥特式建筑也是如此,它采用了尖拱拱肋和飞扶壁结构体系,既满足了教堂建筑的功能要求,又极为成功地发挥了建筑艺术的巨大感染力(图 2-2)。近现代科学技术的伟大成就为建筑创作提供了更为宽广的途径和方法,不仅对于建筑使用功能的要求更为经济、有效,而且建筑艺术的表现力也有了更大的可能性。巧妙地利用这些可能性必将创造出丰富多彩的建筑艺术空间。尽管古罗马人在万神庙中就创造了直径达 43.3 米的建筑的辉煌纪录,但由于只能使用当时所谓的混凝土新技术,其空间的尺度仅此而已。而今天,由于可以使用金属空间结构,其空间大小能把一个运动场和可以容纳几万人的看台全部覆盖。日本建筑师丹下健三(Kenzo Tange,1913—2005)设计的第 18 届奥运会主体育馆——东京代代木体育馆(图 2-3),达到了材料、功能、结构、比例、历史观的高度统一。

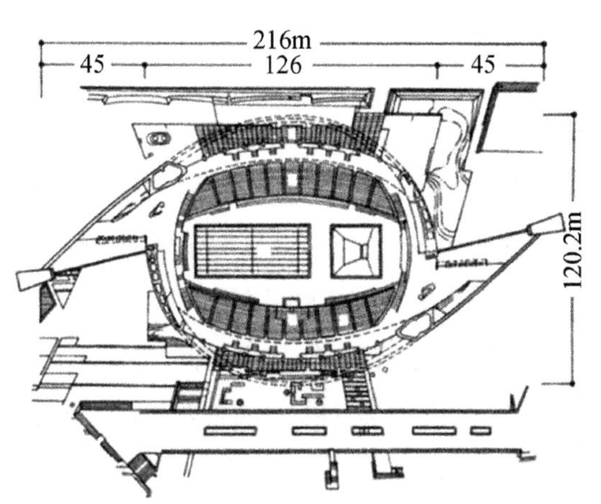

图 2-3 东京代代木体育馆

社会人文条件方面的因素包括社会的价值取向、项目业主的要求和意愿等。人类建筑活动总是和一定社会生产力发展水平以及经济、政治、文化发展状况紧密联系的,因此,人文条件也是决定建筑空间形态和个性化的因素。每个民族因各自的文化传统不同,在对待建筑空间形态上也有各自的标准和尺度。

最基本的建筑空间可以分为室内空间和外部空间,室内空间又可分为单一空间和复合空间两种基本形态。单一空间就是一座建筑只有一个主要空间,其艺术表现也是以这个主要空间为主的,如一座电影院以观众厅作为主要空间,一座体育馆以比赛大厅作为主要空间。古罗马万神庙是以圆形的神堂为主要空间。单一空间的建筑,由于主要空间是其各方面的中心,在建筑艺术表现上就成为主要形式。一般来说,单一空间常常有正方形、长方形、多边形、圆形等基本几何形平面和体形。如果在功能和社会人文方面没有特殊的要求,这种空间常表现出一种匀质性的特点,如一个体育馆、一个展示建筑,其空间的艺术也就表现在它为了围合覆盖所运用的结构形式和表面材料上,意大利建筑师奈尔维设计建成的罗马小体育宫就是一个典型的作品。这个圆形的单一空间采用的结构形式是钢筋混凝土网格穹形薄壳,在落地时由叉形拱支撑,结构形式的美成为这个圆锥空间的漂亮外衣。

复合空间一般比单一空间有着较强的艺术表现力,它有多样变化的形态,可以有强烈对比的形态,也可以有较大尺度的空间形态等。概括起来,“复合空间”一般有以下几种形态:

第一种形态是“流动空间”。人类为了获取空间采用了各种手段,获得空间后千方百计要对外开口,以获取空气和阳光,千方百计要将空间与另外的空间联系起来,这样就出现了所谓的“流动空间”,也就是空间需要和室外沟通,不仅是和空气与阳光沟通,而且在视觉上也得到充分的沟通。这种意图在“现代主义”建筑兴起以后得到了充分的实现。1929 年现代主义建筑大师密斯设计的巴塞罗那世界博览会德国馆,其空间设计采用了虚实相间、先抑后扬、转折连贯、一气呵成等艺术手法,整个建筑空间充分流动,亦里亦外,加上建筑材质的纯净明亮和局部有效的点缀,使这座建筑不仅成为密斯设计生涯的里程碑,而且也成为“现代主义”建筑的标志性作品。

图 2-4　美国古根海姆博物馆

第二种形态是“共享空间”。一般来说,“共享空间”多出现在多层或高层公共建筑中。比如规模较大的多层商场,为了缓解顾客的心理疲惫和减小空间的单调感,常常出现所谓的中庭——共享空间,各层的顾客都可以看到不同楼层的热闹人群,共享空间顶部的阳光射入,使共享空间气氛大为活跃。20 世纪是“共享空间”盛行的世纪,从宾馆到商场,从博物馆到办公楼,“共享空间”到处可见。

图 2-5　美国古根海姆博物馆中庭

美国建筑大师赖特设计的纽约古根海姆博物馆(图 2-4)位于美国纽约市中心中央公园一侧,是赖特一生中最引人注目、最具个性色彩的建筑作品,除了该建筑构思奇妙、外形独特之外,就是它有一个不同凡响的“共享空间”。该建筑的主要展厅是一个圆形的陀螺状空间,上大下小,极富动态,一层层盘旋而上的展廊围绕着一个抛物面的“共享空间”,空间感妙不可言,也启发了无数年轻建筑师的灵感。六层以上尺度巨大的采光玻璃顶,气势宏大(图 2-5)。美国建筑师约翰·波特曼(John Portman,1924—　)是这样感受和分析古根海姆美术馆的成功之处的,他说:“过去凡是人们参观博物馆,总发现自己从一个封闭的房间走到另一个房间,因此都急于想走出来,而古根海姆在这方面十分成功。你可以舒舒服服走着,一点也不疲惫、不厌烦。古根海姆美术馆的设计收到这样好的效果,其原因就在于共享空间的想法。”

波特曼不仅仅被古根海姆博物馆感动了,而且从中得到了创作灵感,并在 20 世纪 60 年代以后,出色地设计出了众多的共享空间,使他在人们心目中成为一个专搞共享空间的建筑大师。位于美国旧金山的凯悦饭店是旧金山艾姆巴卡迪罗中心的五大建筑之一(图2-6),四座高层办公室与配套商业建筑,通过架空人行道系统连成一个现代化的商业中心,凯悦饭店是这个中心的结尾。由于建筑群体组合的需要,凯悦饭店三角形的建筑形体出现了一面呈山坡形的造型,从而出现了巨大的三角形共享空间(图2-7)。高十七层的三角形空间通过一线天式的顶部采光,显得幽深静谧,扣人心弦,人们从艾姆巴卡迪罗广场进入时顿感换了人间。空间内各种服务设施齐全,通过"波特曼电梯"(即观光电梯)观光者可直达楼顶的旋转餐厅,空间内静态的背景音乐和动态的观光电梯交织成一幅悠闲的人间画卷,共享空间的艺术魅力尽现其中。

图2-6　美国旧金山凯悦饭店

图2-7　美国旧金山凯悦饭店中庭

第三种形态是"灰空间"。"灰空间"是建筑中泛指的一种空间概念,它是指从一个空间转到另一个空间的过渡空间,或者一个空间旁的延伸拓展空间。"灰空间"在20世纪八九十年代曾风行一时,其主要原因是日本著名建筑师黑川纪章(Kisho Kurkawa,1934—2007)设计了位于城市中心区道路转角的日本福冈银行总部大楼(图2-8),曲尺形的平面围向路角,但在十层以上又呈长方形平面,挑出部分由路角的楼梯间和风道支撑,从而形成了路角十层高的巨大"灰空间"。这样的空间亦里亦外,似里似外,它两侧是室外,顶部却又有覆盖,充满变化,这就是一个充满生气,既是建筑空间,又是城市空间的"灰空间"。

图2-8　日本福冈银行总部大楼

黑川纪章于1979年设计的日本琦玉现代美术

馆(图 2-9)和 1984 年设计的日本名古屋美术馆(图 2-10)都有一个明显的特点,就是建筑的实体与空无格架的相伴,虚空的格架形成了一种"灰色"的异样的艺术趣味。

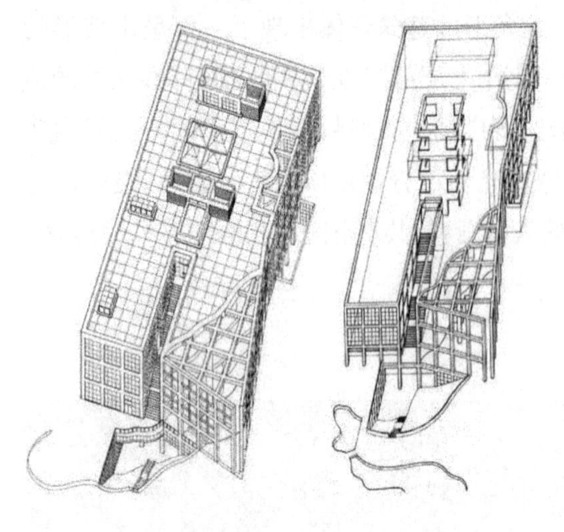

图 2-9　日本琦玉现代美术馆

图 2-10　日本名古屋美术馆

第四种形态是"一体化空间"。顾名思义,也就是说大小不同的空间,为了某种需要,经过处理把它们统一起来,形成了"一体化空间"。法国建筑师保罗·安德鲁(Paul Andreu,1934—　)设计并已建成的中国国家大剧院(图 2-11)就是一个典型的"一体化空间"的建筑。实际上国家大剧院内有三个规模和使用功能不同的演艺空间,另外还有其他的辅助空间,为了让这些不同功能和形态的空间有一个统一的整体形象,就产生了如今这个圆卵形的"一体化空间"。

图 2-11　中国国家大剧院

## 二、建筑空间组合的艺术表现

单一空间的建筑艺术表现力虽然不乏经典,但常常缺少变化和丰富性。复合空间的建筑表现力虽然强一些,但如果缺乏组合也成不了好的作品。建筑空间的感染力不限于人们静止地处于某一固定点上,或从某一个单一的空间之内来欣赏它,而是贯穿于人们连续行进的过程之中。因此,建筑空间组合是建筑艺术表现力的基础和源头,一个具有独特空间组合的建筑作品一定会是一个成功的作品。

空间组合的手法繁多,综合起来主要有以下几种:

第一种空间组合手法是"集中式"组合。这种组合的特点是:主要空间常位于建筑中心,其他次要空间在其周围或一侧。西方的传统教堂建筑,现当代的剧场、音乐厅、体育馆或者展览建筑等,基本上是"集中式"组合的建筑。建于1869年的奥地利维也纳金色大厅是世界上最著名、最古老的音乐厅之一,整个建筑以演奏厅为主要空间,四周布置各种辅助空间(图2-12)。

第二种空间组合手法是"线列式"组合。这种组合是建筑中均质空间常用的手法,如办公建筑、教育建筑、展览建筑等。这种组合方式常是一字形排开,但时而突出时而收进,时而挺直时而曲折,看似平凡,变化随意。20世纪60年代在美国宾夕法尼亚大学建成的理查德医学研究中心(图2-13),是美国著名的建筑师路易斯·康设计建成的具有世界声誉的标志性建筑,它的空间形态和建筑造型及细部处理无不具有轰动性效果,曾引起全世界建筑师的关注和兴趣。虽然它的空间组合只是简单的"线列式组合",但由于其空间和形体配合得当,空间体形节奏重复有序,虚实对比恰当,加之强烈动人的建筑轮廓,取得了很好的建筑艺术效果。

图2-12 维也纳金色大厅

图2-13 美国宾夕法尼亚大学理查德医学研究中心

第三种空间组合手法是"辐射式"组合。这种组合形式在现代建筑总体布局中经常使用,在单体建筑中有的是从一个中心枢纽向外做线列辐射,如三叉形的办公楼或宾馆(图2-14)、公寓建筑,有的反其道而行之,中心是广场等室外空间,向外辐射的是联系各种建筑物的通道,使城市空间紧凑而有动态。

第四种空间组合手法是"网格式"组合。网格是自然界物质存在的一种形式,经纬相交,因此网格成为建筑空间组合的一种基本方式。网格具有严密的规律性,显现着一种理性的表情。我国古代城市就是一种网格空间,空间结构泾渭分明,网格可以拓展,也可以不断生长。

20世纪60年代荷兰兴起的"结构主义"建筑思潮,提倡的空间组合手法之一就是"网格"。"结构主义"思潮的代表建筑师赫尔曼·赫兹伯格(Herman Hertzberger)设计的荷兰阿培尔顿

(Apeldoorn)中央贝赫保险公司总部大楼(图2-15),采用对角开放的矩形结构单元作为办公空间的细胞,形成一个矩形群岛,岛之间用桥联系起来。每个单元内可以通过家具摆放灵活使用,相邻单元还可以组成不同规模的办公空间。这种平面和空间组织具有高度灵活性和对变化的适应性,体现了他所说的相似结构的可识别性,以及个人对集体空间的解释。

图2-14 北京国际饭店

图2-15 荷兰阿培尔顿中央贝赫保险公司总部大楼

图2-16 承德避暑山庄

第五种空间组合手法是"院落式"组合。人们希望拥有建筑空间,也希望拥有院落空间,因此有房有院就成为人类对建筑空间的基本要求。我国古代的合院建筑如此,帝王的宫殿也是如此,如承德避暑山庄(图2-16)。现代建筑采用以院落为核心的空间组合也比比皆是,苏州博物馆新馆就是一例(图2-17)。

第六种空间组合手法是"综合化"组合。前面提到的五种组合手法都是比较单一的组合手法,而一个成功的作品往往采用"综合化"的组合手法,不拘一格,随机应变。

图2-17 苏州博物馆

## 三、建筑空间处理的艺术表现

无论建筑是单一空间,或者是经过组合后的复合空间,如果缺少必要的艺术处理,建筑的艺术表现力也就无从谈起。对建筑空间进行艺术处理的手法很多,因人而异,一般来说应该掌握以下几个特性:协调性、丰富性、动感、主题性、个性和生态化。我们可以从建筑空间艺术处理的手法特性去理解和欣赏建筑空间。

在这些特性方面最难做到的是"个性","个性"能使艺术有特色,"个性"能使艺术动人。尽管时光飞逝,但是赖特的古根海姆美术馆的共享空间永远令人难以忘却。空间中充满了赖特的洒脱个性和灵秀气质。再看波特曼的旧金山凯悦饭店中庭空间,这个充满生机的共享空间正是波特曼个性的全面发挥。波特曼的中庭空间是欢乐的交响乐,他调动了所有的艺术处理手段,而且善于运用大自然的生态因素,如流水、喷泉、树木、花草。正像他所说的:"我运用大自然的因素,把人造的环境和人们的心灵联系起来……"他强调了空间中的动感因素,并首创在大空间中运用观光电梯,收到了很好的艺术效果,正像他说的:"人们跨进普通电梯后都不愿继续交谈,而在玻璃电梯中却都想继续说话。这是因为人们共享了有趣而有人情味的感受。"波特曼这种空间处理使他所设计的共享空间不仅具有很好的艺术价值,而且也有很好的商业价值,雅俗共赏,受到人们的欢迎。

20 世纪 60 年代以来,追求建筑空间的生态化成为一种新趋势,除了对阳光、空气、温度、湿度等方面的科技设施进行处理外,对视觉、感觉、文化等方面的处理也已是普遍现象。加拿大伊顿商业中心,其内部公共通道上除了通透的玻璃顶,使阳光尽情透入外,还栽有大量的树木,设有水池、喷泉、绿化,还有使人意想不到的大量的飞鸟,这些飞鸟给整个空间带来了极为生态的感觉。马来西亚建筑师杨经文(Ken Yeang,1948—　)在 1992 年参加的日本奈良"世界建筑师展"展览会上,推出了他的"东京—奈良之塔"生态高层建筑后,又不遗余力地设计建成了不少生态高层建筑,如位于马来西亚吉隆坡的梅拉纳大厦(图 2-18)。

图 2-18　马来西亚吉隆坡梅拉纳大厦

## 第二节　建筑艺术的形式美规律

归根到底，建筑艺术就是建筑空间、形式的秩序化，空间和形式有了秩序，也就有了艺术、有了美。正如勒·柯布西耶所说的：优美的形象，形体的变化，几何规律的一致，达到了能给人以协调的深刻感受，这就是建筑艺术。建筑空间作为一种实用空间与视觉空间的结合体，除了要具有满足使用功能的属性外，还应该以追求审美价值作为最高目标。审美标准具有十分浓厚的主观性，使得建筑空间呈现千变万化的形式，因此只有充分把握建筑空间的视觉条件和心理因素，才能得出具有普遍指导意义的形式美的原则。

在现实的实践中，由于美学本身的抽象性和复杂性，人们不可避免地存在对美学规律的种种疑虑和模糊认识，把形式美规律和人们审美观念的差异、变化与发展混为一谈。形式美规律和审美观念是两种不同的范畴，前者是指具有普遍性、必然性和永恒性的法则；后者则是随着民族、地区和时代的不同而变化发展的。前者是绝对的，后者是相对的，绝对寓于相对之中，形式美规律应当体现在一切具体的艺术形式之中，尽管这些艺术形式由于审美观念的差异而千差万别。

整个自然界，包括人类自身都具有和谐、完整、统一又不失单调的本质属性，反映在人的思维意识中，就会形成所谓美的概念标准。这种概念无疑会支配人的一切创造活动，尤其是艺术创造，因而既富有变化又不失秩序的形式能够引起人们的美感。在组织上具有规律性的空间形式，能够产生井然的秩序美感，而秩序的特征取决于规律的模式，规律愈为单纯，表现在整体形式上的条理也愈为严谨。

20 世纪初的新建筑运动以来，由于功能、技术、材料的发展，在建筑领域引起了一场深刻的、革命性的变革，古典建筑形式几乎完全被否定。人们自然会提出：经历几千年历史考验，被公认为美的古典建筑形式既然遭到了否定，那么取代古典建筑形式的新建筑是不是也具有美的形式？如果说新建筑也美，那么新老建筑形式之间是否存在一种统一的美的标准尺度？如果根本不存在一种统一的美的标准尺度，那么似乎就没有美的法则可以遵循。反之，如果说美具有自己的客观标准，那么又怎样解释新老建筑形式之间何以差别这么显著，有的甚至截然对立，然而都能引起人的美感。

在新建筑运动的萌芽时期，认为新建筑不美的观点是存在的，甚至到今天还有这种观点。一方面，来自社会上的习惯势力和某些思想守旧的保守主义者，他们把古典建筑当作美的至高无上的典范，用这种观点看待新建筑当然是不美的。另一方面，主要是针对新建筑运动倡导者过分强调功能、技术对于形式的决定作用，以至于使建筑形式冷酷、枯燥，缺乏人情味。这种批评确实指出了某些功能主义建筑在理论和实践上的片面性。但是，以新建筑运动为发端的西方近现代建筑，绝不是只考虑功能、技术而不考虑建筑形式的处理。所不同的是，他们认为建立在古典建筑形式上的那套审美观念和发展变化了的功能要求、物质技术条件很不适应，为了适应发展和变化，必须探索与上述条件变化相适应的新的建筑形式。从他们所强调的“艺术与技术——新的统一”的口号来看，他们并不否认美或者艺术，而只是主张审美观念应当随着时代和客观条件的发展而变化。比如，近现代建筑完全摆脱了古典建筑形式比例的羁绊而无拘无束地运用多种对比强烈的比例关系，成功地塑造了许多动人的建筑形象。这些都说明了人们的审美观念确实是随着时代的发展而变化，不能用一成不变的尺度来衡量。

尽管很多人认为，形式美的规律无章法可依，但正如格罗皮乌斯所说“构成创作的文法要素是有关韵律、比例、亮度、实的和虚的空间等的法则”，如果说建筑艺术也有它的语言的话，那么它的词汇和文法就是与审美有密切联系的基本范畴和问题。

## 一、比例与尺度

任何物体，不论是什么形状，都必然存在着三个方向——长、宽、高的度量，比例就是研究这三个方向度量之间的关系问题。两千多年前，古希腊数学家欧几里得（Euclid，约前330—前275）指出，比是两个相似事物的量的比较，而比例则是指两个比的相等关系。在《现代汉语词典》中，比可以解释为比较、较量，也可解释为“比较同类数量的关系”。可见，比例就是要素本身、要素与要素之间、要素与整体之间在度量上的一种制约关系。

一切造型艺术，都存在着比例关系是否和谐的问题，和谐的比例可以引起人的美感。公元前6世纪，希腊毕达哥拉斯学派在人们对客观世界认识还处于朦胧状态下企图在自然界杂多的现象中找出统摄一切的原则或因素。在这个学派看来，万物最基本的因素是数，数的原则统治着宇宙中的一切现象。他们认为美就是和谐，试图从数量上来研究和谐的组合，并推广到建筑、雕塑等造型艺术中去，探求什么样的数量比例关系才能产生美的效果。著名的“黄金分割”就是由这个学派提出来的。他们在研究长方形的最佳比率时，经过反复探索、比较，终于得出其长宽比为1.618∶1时最理想，这个比率也被称为“黄金比”（Golden Ratio）（图2-19）。

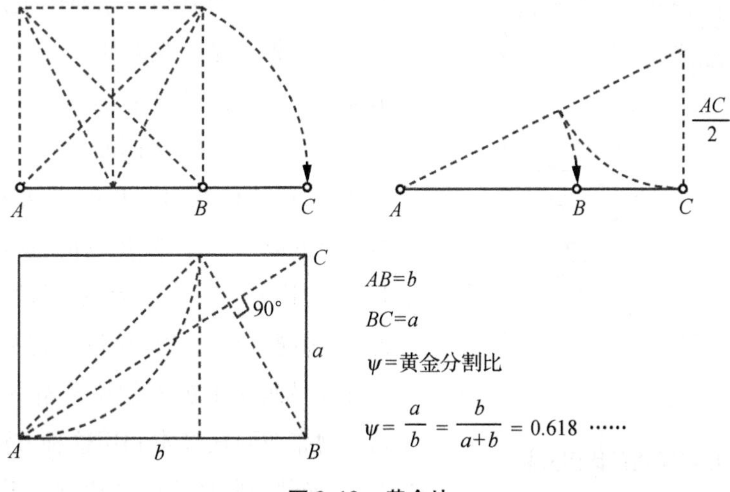


图2-19　黄金比

在建筑设计领域,建筑从整体到局部都会遇到这样的问题:大小是否合适?高低是否得当?宽窄是否恰当?这些其实都是度量上的制约关系,即比例问题。空间的尺寸也有比例的关系,如一个房间的高度与宽度的比例是否合适。比例合适,则给人以舒适感;比例不合适,则令人感到压抑。建筑造型更有比例关系,如一个造型的大小在墙面上所占的比例、位置是否恰当。因此,在建筑空间和建筑外观中,各要素自身的尺寸关系,以及各要素之间和建筑整体的尺寸关系就是比例关系。所谓推敲比例就是通过反复斟酌而寻求度量之间的最佳关系。

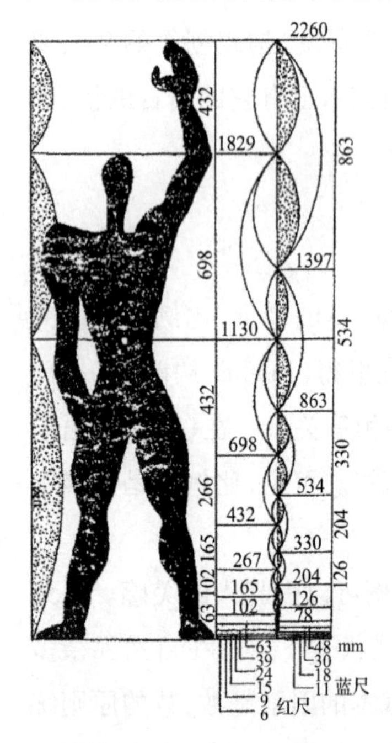


图 2-20 “模数”体系

现代主义建筑师勒·柯布西耶借助于黄金分割与人体尺度提出了一种独特的“模数”体系(图 2-20)。他的研究结果是:假定人的身高为 1.83 米,举手后指尖距地面为 2.26 米,肚脐至地面高度为 1.13 米,这三个基本尺寸的关系是:肚脐高度是指尖高度的一半,由指尖到头顶的距离为 432 毫米,由头顶到肚脐的距离为698 毫米,两者之商为 1.616,再由肚脐至地面距离 1130 毫米除以 698 毫米为 1.618,恰巧这两个数值一个接近、一个等于“黄金比”。并由此不断进行黄金分割,于是把得到的两个系列数字,一个称为红尺,另一个称为蓝尺,然后利用这些尺寸来划分网格,形成一系列长宽比率不等的矩形。由于这些矩形都因为黄金分割比而保持着一定的制约关系,因而相互间必然包含着和谐的因素。

除了纯理论的探讨外,自古以来还有很多专家和学者曾以各种不同的方法来分析研究建筑中的比例问题。其中最流行的一种看法是:建筑物是整体,特别是它的外轮廓线以及内部各主要分割线的控制点,凡是符合圆、正三角形、正方形等具有简单而肯定比率的几何图形,就可能由于具有几何制约关系而产生完整、统一、和谐的效果。根据这一观点他们运用几何分析的方法来证明历史上某些著名建筑,凡是符合上述条件的均因具有良好的比例而使人感到完整统一(图 2-21)。用这种几何分析的方法来解释古典建筑的比例问题,是有一定道理的,也包含着一些合理的因素,比如若干个矩形,若对角线相互平行或垂直,由于同是相似性而可以达到和谐的道理,则是十分浅显而易于被人们所理解的。直到近现代,勒·柯布西耶还经常利用这种方法来调节门窗与墙面、局部与整体之间的比例关系,并借此而收到

图 2-21 巴黎凯旋门比例分析

良好的效果。

然而，对于建筑，单纯使用某些具有固定数字的比例关系显然是不可能解释一切的，包括黄金分割比。事实上根本不存在某种“绝对美”的抽象比例，良好的比例关系不单是直觉的产物，而且还是理性的。我们虽然欣赏到一些优秀建筑的比例关系，但是依旧回答不了为什么这些比例是美好的，什么样的比例可以得到美的效果，所以我们还只能运用一般化的评价方法，如“优美”“合适”“恰当”“协调”等。

建筑空间的使用功能对于比例关系的影响是不容忽视的。美不是事物的一种绝对属性，它离不开目的性。建筑空间的使用是有目的的，一个建筑空间的长、宽、高尺寸，很大程度上是由功能决定的，而这种尺寸则影响到建筑空间的形状和比例。比如把一个可容纳 300 人的报告厅改为 300 人的教堂，虽然不会妨碍其容纳的人数，但宗教建筑的庄严、神圣的氛围会荡然无存。在推敲空间比例时，如果不考虑建筑功能的要求，把该方的房间拉得过长，或把该长的房间压得过方，不仅会造成不适用，而且也不会引起人的美感。

不同的建筑材料具有不同的力学特征，因而产生的建筑形象具有不同的比例关系，例如中国传统建筑大多采用木构架，由于材料的受弯性能较好，因而柱子比较纤细，开间较为宽阔（图 2-22）。而西方古典建筑多采用石材，其受弯性能远不如木材，因而柱子相对粗壮，开间相对狭窄（图 2-23）。现代建筑广泛采用钢筋混凝土等力学性能好、可塑性强的建筑材料，常常可以形成不同的比例关系。西方古典建筑的石柱和我国传统建筑的木柱，应当各有自己合乎材料特性的比例关系，这样才能使人产生美感。如果脱离了材料的力学性能而追求一种绝对的、抽象的美的比例，不仅是荒唐的，而且也是永远做不到的。

图 2-22　山西五台山南禅寺大殿

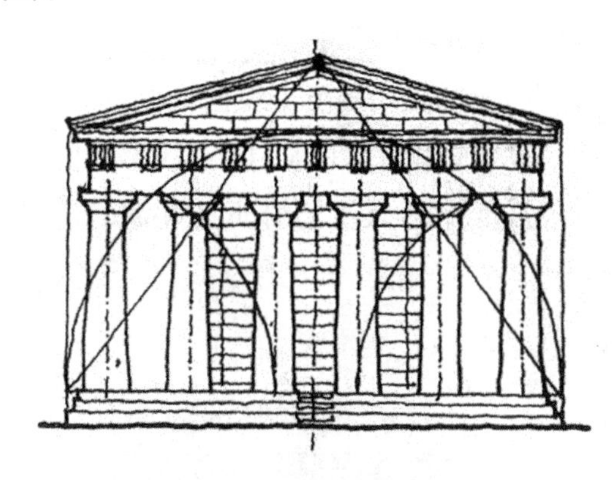

图 2-23　古希腊波赛顿神庙立面

对于同一种建筑材料，如果采用不同的结构形式，也会产生不同的比例关系，如西方古典建筑大多使用石材，古希腊建筑使用梁柱结构体系而古罗马采用了拱券技术，因而两者在建筑空间和造型上形成了不同的比例关系。

不同地区、不同民族由于自然环境、社会条件、文化传统、风俗习惯等的不同，在长期历史发展过程中，会形成不同的审美观念，因此也会创造出富有独特比例关系的建筑形象，这也是世界各地建筑风格千差万别的原因之一。

总之，构成良好比例的因素是极其复杂的，它既有绝对的一面，又有相对的一面，企图找到一个放在任何地方都适合的、绝对美的比例，事实上是做不到的。

和比例关联十分密切的另一个审美范畴是尺度。所谓尺度，是指建筑物整体或局部与人之间在度量上的制约关系，不只是指建筑的尺寸，而主要是指建筑尺寸的感知和对尺寸的处理。单纯的几何图形没有尺寸感，只有进行尺度处理以后才能被人们所感知。比例主要表现为各部分数量关系之比，是相对的，可不涉及具体尺寸。尺度则不然，它涉及真实大小和尺寸，但是不能把尺寸的大小和尺度的概念混为一谈。尺度一般不是指要素真实尺寸的大小，而是指要素给人感觉上的大小印象和其真实大小之间的关系。从一般道理上讲，这两者应当是一致的，但实际上可能出现不一致的现象。如果两者一致，则意味着建筑形象正确地反映了建筑物的真实大小；如果不一致，则表明建筑形象歪曲了建筑物的真实大小。这时可能出现两种情况：一是大而不见其大，即实际尺寸很大，但给人的印象并不如真实的大；二是小题大做，即本身并不大，却以装腔作势的姿态故意装扮成很大的样子。对于这两种情况，通常都称之为失掉了应有的尺度感。

一般来说，人们对于周围的事物都存在一定的尺度感，如劳动工具、生活用品、家具等，为了方便使用都必须和人体保持相应的大小和尺寸关系，人们对于这些事物的尺寸和它们所具有的形式形成一种固定的对应关系，从而形成一种正常的尺度观念。对于建筑来说，人们往往无法简单地根据生活经验做出正确的判断和把握，造成这种现象的原因主要是由于建筑不同于一般的生活用品，它的体量相对较大，人们难以以自身的大小与之做比较，从而也就失去了敏锐的判断力。另外，建筑具有丰富的内涵，在建筑中有许多要素都不能简单根据功能这一要素来决定其大小和尺寸，例如，作为通行的门，本身只要略高于人体高度，满足通行需要就可以了，但有些位置的门则出于其他原因的考虑设计得很高大，这些都会给辨认尺度带来困难。

尺度感知和理解是人们对建筑感知的基础，因此有的学者认为尺度感是建筑艺术的第一要素。尺度感好、尺度精细、尺度协调的建筑才是好的建筑。

图2-24　巴黎凯旋门

一般来说，尺度感可以分为三种类型：自然的尺度、超人的尺度和亲切的尺度。自然的尺度就是试图让建筑物表现它本身自然的尺寸，是观看者就个人对建筑的关系而言，能度量出他本身正常的存在。自然的尺度显然在世俗的日常工作房屋中可以找到，如一般的住宅、商业建筑、工厂等。所谓亲切的尺度感指这些建筑各部分都接近人体的尺度，恰当运用的尺度能使人对建筑产生亲切感。

所谓超人的尺度感指那些空间巨大、超越人体的巨大形体的建筑，如那些巨大的体育建筑、会展建筑以及各种纪念性建筑等，这些建筑因为某些物质和精神因素的需要，夸大了建筑的尺度。巴黎凯旋门（图2-24）夸大了某些比例和整体尺寸，同时对局部细节做了精细的处理，达到了既宏伟又亲切的艺术效果。超人的尺度只要能够显示出加工的规律就容易为人们所理解和接受。

尺度处理就是要引入那些与人体有关的建筑要素和对各种要素进行协调的艺术处理。尺度处理的简单方法是借助于建筑中一些恒定不变的要素，如栏杆、踏步、坐凳、家具等，或者，借助于建筑的某些定型的材料或构件，如砖、瓦、滴水等，利用这些熟悉的建筑构件去和建筑物的整体或局部做比较，人们就会对建筑尺度产生感知和理解。

对尺度感知和理解的另一途径是依靠局部衬托。建筑物的整体是由局部组成的，局部对于整体尺度的影响很大。局部愈小，愈反衬出整体的高大。在建筑创作实践中，某些高大的建筑物，由于设计者没有意识到这一点，不自觉地加大了细部尺寸，其结果反而使整个建筑显得矮小。

在一般的建筑设计中，建筑师总是力图使建筑物反映出其真实的尺度。而对于某些特殊类型的建筑，如纪念性建筑，往往通过手法上的处理获得一种夸张的尺度感，以达到某种目的（图2-25）；与此相反，对于另外一些类型的建筑，如庭园建筑，则希望给人以小于真实的感觉，从而获得一种亲切的尺度感（图2-26）。这两种情况虽然感觉与真实之间不完全吻合，但是为了达到某种艺术意图还是允许的。

图2-25 巴黎德方斯大门

图2-26 苏州网师园

## 二、均衡与稳定

对于视觉艺术来说，视觉对象在视觉中的均衡感，是对艺术作品最基本的要求，建筑艺术也是如此。处于地球引力场内的一切物体，都摆脱不了地球引力的影响，人类的建筑活动从某

图2-27　山西应县佛宫寺木塔

种意义上讲就是与重力做斗争。古代埃及的金字塔，以人们难以置信的艰苦代价把一块巨石叠放在另一块巨石之上，从而建造起高达146.5m的方尖锥形金字塔。罗马建筑师的功绩不仅在于创造了宏大的拱和穹隆，而且还在于创造了多层结构，从而建造了像大斗兽场那样的宏伟建筑。为了进一步摆脱重力的羁绊，中世纪建筑师不仅建造了高耸入云的尖塔，而且还创造了极其轻巧的尖拱拱肋和飞扶壁结构体系，并借助它们建造了无数既宏伟又轻盈的高直式的中世纪教堂。在中国，我们的祖先则以木构架建造了高达九级的山西应县佛宫寺木塔（图2-27）。从这些历史的回顾中不难看出，迄今保留下来的这些建筑遗迹，从某种意义上讲，可以把它们看成是人类战胜重力的纪念碑。

自然界的一切事物如果要保持平衡和稳定，必须具备一定的条件，如像山那样上小下大，像树那样向四周伸出很多枝杈，像人那样具有左右对称的体形，像鸟那样有双翼等。自然界这些现象反过来给人以启示，凡符合上述条件的，就会使人产生均衡感和稳定感，反之就形成倾覆、不安定的感觉。除自然的启示外，人类还通过自己的建筑实践证实了上述均衡与稳定的原则，并认为凡是符合这一原则的，不仅在使用上是安全的，而且在感觉上也是舒服的；反之，如果违背这些原则，不仅在使用上可能不安全，而且在感觉上也不舒服。于是人们在建造建筑时都力求符合均衡与稳定的原则。例如埃及的金字塔，呈下大上小、逐渐收缩的方尖锥体，这不仅是当时技术条件下的必然产物，而且也是和人们的审美观念相一致的。

从人类感官直觉上来讲，均衡有动态和静态之分。静态均衡是指在相对静止的条件下取得的平衡关系，在建筑设计中大量采用的是静态均衡。静态均衡有两种基本形式，一种是对称形式，另一种是非对称形式。对称的形式天然是均衡的，加之本身又体现出一种严格的制约关系，因而具有一种完整的统一性。人类在很早就开始采用这种形式建造建筑物，古今中外无数著名建筑都是通过对称形式而获得完整统一的建筑形象的（图2-28）。与对称的形式相比，不对称的均衡虽然相互间的制约关系不像对称形式那样明显、严格，但要保持均衡本身也形成了一种制约关系，而且非对称的形式所取得的视觉效果更为灵活和富于变化（图2-29）。

一般来说“对称”是最为均衡的，也就是说，一幢建筑、两幢建筑乃至若干建筑群，在中心轴线的布局上左右相同则为“对称”。“对称”可以使人感觉到庄重的美、平衡的美。“对称”比较容易得到均衡感，但建筑不可能都是对称的，在城市建筑群中更不可能都是对称的，同时，太多的对称容易使人感到视觉与审美疲劳。那么不对称就不能得到艺术的均衡感了吗？不是的，不对称的建筑和建筑群同样可以获得均衡的艺术感受,甚至可以说不对称的建筑与建筑群更为生动和有趣。

图 2-28　北京紫禁城

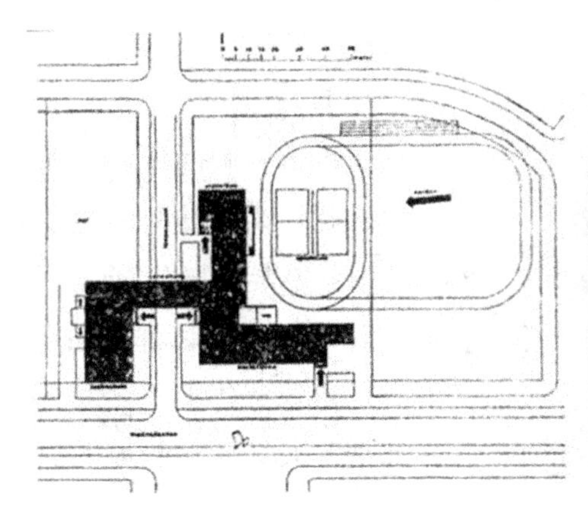

图 2-29　德国包豪斯校舍

针对非对称均衡的手法,德国建筑大师格罗皮乌斯在《新建筑与包豪斯》一书中指出:现代结构方法中越来越大胆的轻巧感,已经消除了与砖石结构的厚墙和粗大基础分不开的厚重感对人的压抑作用。随着它的消失,古来难于摆脱的虚有其表的中轴线对称形式,正在让位于自由不对称组合的生动而有韵律的均衡形式。这表明:随着科学技术的进步和人们审美观念的变化,尽管对称形式的均衡曾在历史上风行一时,但至今已很少被人们所采用。

不对称建筑能取得良好均衡艺术效果的经典实例是很多的。1923 年建成的,由瑞典建筑师 R. 奥斯特柏格(Ragnar Ostberg)设计的斯德哥尔摩市政厅(图 2-30),既尊重古典建筑但又不受其限制,而将历史上的多种建筑风格与手法融合在一起,创作了这座体形高低错落、虚实相谐的水边建筑。高低塔楼与体块穿插布局,既多样又生动,并且达到整体平衡的艺术效果,成为 20 世纪初新建筑运动中的典范。

除静态均衡外,自然界中还有很多现象是依靠运动来求得平衡的,如旋转着的陀螺、展翅飞翔的鸟、行使的自行车等,一旦运动状态终止,平衡的条件也随之消失,因而这种均衡被称为

图 2-30 瑞典斯德哥尔摩市政厅

动态均衡。如果说建立在砖石结构基础上的西方古典建筑更多的是从静态均衡来考虑问题,那么近现代建筑师还往往使用动态均衡的方式思考问题。

同时,近现代建筑理论非常强调时间和运动这两方面因素,也就是说,人对于建筑的观赏不是固定于某一个点上,而是在连续运动的过程中来观赏建筑。从这种观点出发,必然认为像古典建筑那样只突出地强调正立面的对称或均衡是不够的,还必须从各个角度来考虑建筑体形的均衡问题,特别是从连续行进的过程中来看建筑体形和外轮廓线的变化,这就是格罗皮乌斯所强调的"生动而有韵律的均衡形式"。

图 2-31 中国中央电视台大楼

和均衡相关联的审美范畴是稳定。如果说均衡所涉及的主要是建筑构图中各要素左与右、前与后之间相对轻重关系的处理,那么稳定所涉及的则是建筑整体上下之间的轻重关系处理。人们受自然界的启发形成了下大上小、上轻下重的稳定原则,然而随着科学技术的进步和审美观念的变化,人们不仅可以建造出超过百层的摩天大楼,而且还可以把古代奉为金科玉律的稳定原则如下大上小、上轻下重颠倒过来,从而建造出许多底层透空、上大下小,如同把金字塔倒转过来的新奇的建筑物,这也带来了审美观念的变化。由荷兰建筑师库哈斯(Rem Koolhass,1944— )设计的中国中央电视台大楼就是一个典型的例子(图 2-31)。

## 三、韵律与节奏

韵律本是用来表明音乐和诗歌中音调的起伏和节奏感的,有些美学家认为诗和音乐的起源与人类本能地爱好节奏与和谐有着密切的联系。亚里士多德认为:爱好节奏和谐之类的美的形式是人类生来就有的自然倾向。自然界中许多事物或现象,往往由于有规律地重复出现或有秩序地变化而激起人们的美感，并使人们有意识地加以模仿运用，从而出现了以具有条理性、重复性、连续性为特征的韵律美。例如把一颗石子投入水中，就会激起一圈圈的波纹由中心向四外扩散，这就是一种富有韵律感的自然现象。除自然现象外，其他如人工的编织物，由于沿经纬两个方向互相交错、穿插，一隐一显，也同样会给人以某种韵律感。

在视觉艺术中，韵律是任何物体诸要素呈系统重复的一种属性，而这些要素之间具有可以认识的关系。在建筑艺术中，这种重复当然一定是引起视觉的可见元素的重复，如光线和阴影、不同的色彩、支柱、洞口等。在建筑空间中运用韵律的原则，使空间产生微妙的律动效果，既可以建立起一定的秩序，也可以打破沉闷的气氛而营造出生动活泼的环境氛围。

韵律变化按照形式特点可分为以下四种类型：

（一）连续的韵律

以一种或几种要素连续、重复地排列而形成，各要素之间保持着恒定的距离和关系，可以无止境地连绵延长。例如古罗马的长达数千米的输水道，以不同大小的半圆形拱券重复连续排列（图 2-32）。

图 2-32　古罗马输水道

（二）渐变的韵律

连续的要素在某一方面按照一定的秩序而变化，如逐渐加长或缩短、变宽或变窄、变密或变稀等。例如中国传统建筑中的古塔，逐渐收缩的层层出檐不仅具有渐变的韵律，而且丰富了建筑物的外轮廓线（图 2-33）。

（三）起伏的韵律

渐变的韵律如果按照一定规律时而增加、时而减少，或具有不规则的节奏感，即为起伏的韵律，这种韵律较为活泼而富有运动感（图 2-34）。

图 2-33　西安大雁塔

图 2-34　新德里大同教礼拜寺

图 2-35　北京天坛祈年殿藻井

（四）交错的韵律

各组成部分的要素按照一定规律交织穿插而成，即为交错韵律。例如天坛祈年殿藻井，利用木结构特点，以组成扩大的圆环与辐射两种形式要素交织成完美的图案，兼有渐变与交错两种韵律的特点（图 2-35）。

韵律来自重复，重复产生韵律。古希腊、古罗马神庙的柱廊，罗马大斗兽场的连续拱廊，以及高直建筑的飞扶壁和束柱尖拱都是重复的韵律。文艺复兴时期的建筑更多地出现了横向韵律和垂直韵律交错重叠的更为复杂和丰富的韵律。

重复也可以是不断变化着的重复，从而产生各种可能性的韵律，这也是当代各种曲线形建筑和变异软体建筑的源头。美国建筑师盖里设计建成的美国洛杉矶迪斯尼音乐厅（图 2-36），有着花开般韵律的自由形态，给人以无限美好的浪漫风采。

图 2-36　美国洛杉矶迪斯尼音乐厅

韵律美在建筑艺术中的体现极为广泛、普遍，不论是中国建筑还是西方建筑，也不论是古代建筑还是现代建筑，几乎处处都能给人以美的韵律节奏感。

## 四、主从与重点

在自然界中，植物的干与枝、花与叶，动物的躯干与四肢（或双翼）都呈现出一种主与从的差异，它们正是凭借着这种差异的对立，才形成了一种统一协调的有机整体。古代希腊朴素的唯物主义哲学家赫拉克利特（Heraclitus，约公元前 540—前 480）认为："自然趋向差异对立，协调是从差异对立而不是从类似的东西产生的。”差异，可以表现为多种多样的形式，唯独主从差异对于整体的统一性影响最大。各种艺术创作形式中的主题与副题、主角与配角、重点与一般等，都表现为主与从的关系。

在一个有机统一的整体中，各组成部分是不能不加以区别而一律对待的。它们应当有主与从的差别；有重点与一般的差别；有核心与外围组织的差别。否则，各要素平均分布、同等对待，即使排列得整整齐齐、很有秩序，也难免会流于松散、单调而失去统一性。在由若干要素组成的整体中，每一要素在整体中所占的比重和所处的地位，将会影响到整体的统一性。倘使所有要素都竞相突出自己，或者都处于同等重要的地位，不分主次，反而会削弱整体的完整统一性。

在建筑设计实践中，从平面组合到立面处理，从内部空间到外部体形，从细部装饰到群体组合，为了达到统一都应当处理好主与从、重点和一般的关系。体现主从关系的形式是多种多样的，归纳起来大致有三种手法。

第一种是以均衡对称的形式把体量高大的要素作为主体而置于轴线的中央，把体量较小的从属要素分别置于四周或两侧，从而形成四面对称或左右对称的组合形式。四面对称的组合形式，其特点是均衡、严谨，相互制约的关系极其严格。如意大利文艺复兴时期建造的圆厅别墅，以高大的圆厅位于中央，四周各依附一个门廊，无论是平面布局还是形体组合，都主从分明，具有高度的完整统一性。但正是由于这一点，它的功能局限性也是十分明显的，因而在实践中除少数建筑由于功能要求比较简单而允许采用这种构图形式外，大多数建筑均不适合采用这种形式。这种手法在中西方的古典建筑中经常使用（图2-37）。

图2-37　德国乌尔姆主教堂

对称的形式，除难以适应现代建筑功能要求外，即使从形式本身来看也未免过于机械死板、缺乏生气和活力。随着人们审美观念的发展和变化，尽管从历史上看有许多著名建筑都因对称而具有显而易见的统一性，但到了近现代很少有人像以往那样热衷于对称了。当然，这并不意味着近现代建筑根本不考虑主从分明的关系。

图 2-38 芬兰赫尔辛基火车站

第二种是采用“一主一从”的形式,使从属部分在一侧依附于主体,从而取得主从分明的效果。近现代建筑,由于功能日趋复杂或地形条件的限制,采用对称构图形式的不多,为此而多采用一主一从的形式使次要部分从一侧依附于主体(图 2-38)。

第三种是突出重点,也就是有意识地突出其中的某个部分,并以此为重点或中心,而使其他部分明显地处于从属地位,这也同样可以达到主从分明、完整统一的效果。例如建筑师常常使用的“趣味中心”或者“视觉中心”,其实正是上述手法的一种体现。所谓“趣味中心”,就是指整体中最引人入胜的重点或中心。一幢建筑如果没有这样的重点或中心,不仅使人感到平淡无奇,而且还会由于松散以致失去有机统一性。

在群体组合中,怎样才能把几幢建筑组合成为一个有机统一的整体呢?从历史和现实的情况来看,采用左右对称构图形式的较为普遍。对称的构图形式通常呈一主两从的关系,主体部分位于中央,不仅地位突出,而且可以借助两翼部分次要要素的对比、衬托,从而形成主从关系异常分明的有机统一整体。我国传统建筑的群体组合,通常采用左右对称的布局形式,把主要建筑放在中轴线上,然后把两幢次要的建筑置于中轴线两侧,于是三幢建筑主从分明,从而形成有机统一的整体。西方古典建筑群以及近现代建筑群的组合也有采用这种方法来分清主次从而达到统一的。凡是采用对称布局的,虽然其形式可以有很多变化,但就体现其主从关系来讲,所遵循的原则基本上是一致的。

## 五、多样与统一

不论是传统建筑还是现代建筑,尽管在形式处理方面有极大的差别,但凡属于优秀作品,必然遵循着一个共同的形式美基本原则——多样统一。所谓多样统一也称为有机统一,就是在统一中求变化,在变化中求统一。任何造型艺术,都由若干部分组成,这些部分之间应该既有变化又有秩序。如果缺乏多样性的变化,则流于单调;而缺乏和谐与秩序,则势必显得杂乱。由此可见,欲达到多样统一以唤起人们的美感,既不能没有变化,也不能没有秩序。至于主从、对比、韵律、比例、尺度、均衡等,都不过是多样统一在某一方面的体现,如果孤立地看,它们本身都不能被当作形式美的规律来对待。

任何艺术上的感受都必须具有统一性,这早已成为一个公认的艺术评论原则了。假如一件艺术品,整体上杂乱无章,局部支离破碎、相互冲突,那就根本算不上什么艺术品,一件艺术作品的重大价值,不仅在很大程度上依靠不同元素的数量,而且还依赖于艺术家把它们安排得统一,或者换句话说,最伟大的艺术,是把最繁杂的多样变成最高度的统一,这已经为人们普遍所承认。

由于种种原因,实际建筑必然是千人千面各不相同的,而且每座建筑创作也是由各种部件、多个空间组成的,"多样"是建筑创作中的必然现象。

如果对"多样"不进行处理,一座建筑甚至一个城市必将混乱杂陈。混杂不可能产生艺术,单个作品也好,一个城市也好,只有通过"统一"的处理,才能让建筑和城市具有艺术感染力。要达到"统一"的艺术效果,最主要的一条原则是"主从分明",也就是说在组合空间和组织形体、形式时,要突出主体,要使主体明显地表现出自己的特点,附属部分要与主体一致,并显现出从属的感觉,和主体有呼应的效果。我们只要从空中俯瞰一下北京紫禁城,就可以发现,故宫的建筑群是一个完美的主从分明而又协调统一的伟大艺术作品。中轴线(主要轴线)上主体部分三大殿高昂突出,空间宽大,两侧东西路空间密集于从属地位,而紫禁城四角角楼和各主要门楼既有守卫功能,又起到与主体呼应的艺术效果。

在现代建筑中,为使单体建筑和建筑群达到统一的艺术效果,其手法不拘一格,渐呈多样性和简约化。比如建筑外形使用同一材料,并保持同一颜色,运用同一种细部处理,同一种建筑手法和装饰都可以比较容易达到统一的艺术效果。

以上分析了建筑艺术形式美的规律以及与形式美有关联的若干基本范畴——比例、尺度、主从、均衡、韵律等。过去人们常常有一种模糊的概念,即把形式美和艺术性看成一回事,这显然是不正确的。形式美只限于抽象形式本身外在的联系,即使达到了多样统一,也还是不能传情的,而艺术作品最起码的标志就是通过艺术形象来唤起人的感情上的共鸣,所谓"触物生情"或"寓情于景"就是这个意思。

古今中外,具有强烈艺术感染力的建筑多得不胜枚举,不同类型的建筑由于性质不同有的使人感到庄严,有的使人感到雄伟,有的使人感到神秘,有的则使人感到亲切、幽雅、宁静,这些不同的感受和情绪,都是直接借助独特的建筑形象的激发而产生的。借物质的、抽象的形式——而不是具体的形象——的某些特征来传递一种信息,是建筑艺术有别于其他艺术最根本的特征。这种信息是由设计者发出的,并通过一定的建筑形式而及于观赏者,如果这种信息能够被观赏者所感应、所接受、所理解,那么设计者和观赏者之间就会产生共鸣,这种共鸣正是艺术感染力的一种表现。共鸣的程度愈大,感染力就愈强。

任何艺术创作都十分强调立意,所谓"意",就是这里所说的信息。创作之前如果根本没有一个艺术意图,就等于没有发出信息,试问没有信息拿什么去感染观赏者呢?当然,有了正确、高尚的艺术意图之后,还有待于选择表现形式。这里则要求建筑设计者有熟练的技巧和素养,否则还是无法把意图化为具体的建筑形象。此外,还要考虑到社会上大多数人的欣赏能力,如果脱离了大众的接受能力,即使发出了信息,也还是不会引起共鸣。

# 西方传统建筑艺术

建筑艺术产生于文明的最基本的动力，它最优秀的作品必定反映了自己所处的时代。

——〔德〕密斯·凡·德·罗

## 第一节　西方建筑艺术的源头

建筑活动是人类开始由采集转为狩猎及种植并出现群居生活的产物。随着原始人的定居，开始有了村落的雏形，还出现了不少宗教性与纪念性的原始建筑，这可以说是建筑艺术的最初形态。人类大规模的建筑活动是从奴隶制社会以后开始的。古埃及是世界上出现最早的奴隶制国家之一，是世界文明最早的发祥地之一，也是西方建筑艺术的源头。古代埃及由于奴隶制中央集权的出现，使得召集具有专门技术的工匠和众多奴隶从事建筑活动成为可能。除了世俗建筑以外，服务于法老的宫殿、陵墓和庙宇成为主要建筑，像人们所熟知的金字塔、神庙等。

作为西方建筑艺术的摇篮，古希腊建筑艺术深深地影响着西方两千多年的建筑历史。古希腊建筑至今仍是西方各种建筑风格的基础，在人类建筑史上占有重要的地位。古罗马在吸取和继承古希腊建筑艺术的基础上，建造了大量的公共建筑，为实用建筑艺术耕耘出一片沃土，对后世产生了巨大的影响。

### 一、古埃及建筑艺术

古埃及是世界文明古国，公元前4000年建立了奴隶制国家。古埃及的领土包括上、下埃及两部分，上埃及是尼罗河中游峡谷，下埃及是尼罗河口三角洲。

古埃及建筑历史有三个主要时期：

第一,古王国时期——公元前27世纪至前22世纪。氏族公社的成员是主要劳动力,建造了庞大的金字塔,反映着原始的拜物教,纪念性建筑物是单纯而开阔的。

第二,中王国时期——公元前22世纪至前16世纪。手工业和商业发展起来,出现了一些有经济意义的城市。新宗教形成了,神庙从埃及国王法老的祀庙脱胎而出形成基本形制。

第三,新王国时期——公元前16世纪至前11世纪。这是古埃及最强大的时期,频繁的远征掠夺了大量的财富和奴隶。最重要的建筑物是神庙,它们力求神秘和威严的气氛。

古埃及的建筑艺术主要体现在规模宏大的建筑群方面。在这些建筑群里的巨型建筑物中,最具代表性的就是金字塔和太阳神庙。距开罗城南80公里,沿尼罗河岸有80余座金字塔。这些有着伟岸身躯,富于神秘色彩的金字塔,至今仍保守着自己的秘密,对自己的历史和功能缄默不语,它们仿佛是宇宙坠落的巨石散落在尼罗河附近的沙漠中。几千年来,以其庞大的几何形身躯,巍然屹立在一望无垠的大漠之上,无论是严寒酷暑还是沙暴地震,都奈何不了它们半分。然而,从中显示出的却是埃及建筑艺术的悠久历史,凸显的是古代埃及光辉灿烂的历史文明。

古埃及人为什么要建造如此庞大的金字塔呢?这与他们的生死轮回观念有很大关系。当时的埃及人普遍认为人可以长生不死,而法老理所当然灵魂不灭。传说法老去世后将乘坐圣船在太阳的活动周期即日出日落中完成他的旅行,并与天神相会。随后,法老来到杜瓦特世界,披荆斩棘,历经千辛万苦而获得新生。既然灵魂还会回来,那么他的身体就显得极为重要,于是木乃伊就被谨慎保存,并把石棺深深埋藏在金字塔的最底层。古埃及人天生是石建筑的能工巧匠,随着石作技术的不断发展与完善,金字塔的造型也由最初的单层发展为多层阶梯形,再由阶梯形发展成光滑的正四棱锥体,最终呈现在我们面前的就是举世闻名的吉萨金字塔群和狮身人面像司芬克斯(图3-1)。

图3-1 古埃及狮身人面像

在吉萨高地上耸立的金字塔群中,最吸引人的三座大金字塔像三颗熠熠闪光的明星,第一座是法老胡夫的金字塔,第二座是胡夫的儿子卡夫拉的金字塔,第三座是胡夫的孙子孟卡拉的金字塔。胡夫祖孙三代三座金字塔构成了吉萨金字塔群的核心。胡夫金字塔建于公元前2570年左右,距今已有4580多年的历史,是埃及现存金字塔中最大的一座。以胡夫金字塔为中心,周围有一系列附属建筑,有规律地占据相应的位置,形成一组规模庞大的建筑群体。胡夫金字塔的外部形象是一个巨型实心锥体,塔的外侧光滑、倾斜,中央塔体为石灰岩,塔身高达 146.5 米,塔基的形状是正方形,每边长 230.6 米;四个光滑的斜面几乎是等边三角形,与地面的夹角均为 51°52′。塔体由 230 万块石头砌筑而成,每块石头平均重达 2.5 吨,有的竟重达 15 吨。

卡夫拉金字塔建于公元前2530 年左右,高度比胡夫金字塔略低。由于它占据着吉萨金字塔群最中心的位置,保存得相对完整,因此它的建筑形式看起来更加完美,更加壮观。尤其是在其东面,雄踞着一尊巨大的狮身人面像,为卡夫拉金字塔赢得了显赫的名声。狮身人面像原本是卡夫拉金字塔脚下连绵起伏的整块山石,是天才的艺术家发现并雕琢了它,使它获得了人类的智慧和狮子的勇猛与力量。在空旷的沙漠地带,巨大的狮身人面像与冷漠的金字塔成了鲜明的映照,形成了人们视线的焦点和行动的坐标。狮身人面像雄健的身姿柔和了卡夫拉金字塔坚硬的轮廓,为金字塔增添了自然的活力和人间的威仪。它永远忠诚地守卫着金字塔,默默无语地观察着人间的沧桑。

埃及金字塔具有鲜明的双重性:上与下的升腾、阳光与阴影的变幻、具象与抽象的汇合、繁杂与简洁的对比等,它们像两股波涛汹涌的浪潮,迎面滚滚而来,相互碰撞、交织、汇合,构成一首首“力”的交响乐章。

图 3-2　古埃及卢克索神庙遗址

随着奴隶制的发展和氏族公社的进一步解体,法老制度强化了,而法老就成了高于一切的太阳神的化身,于是太阳神庙的地位如日中天。它代替陵墓成为法老崇拜的纪念性建筑,并占据了最重要的地位,成为宣示法老神秘力量的唯一象征,而昔日显赫的帝王陵则消隐在历史的茫茫雾色之中。在比比皆是的巨大神庙中,规格最大最负盛名的是卡纳克神庙和卢克索神庙(图 3-2),它们都是供奉主神太阳神阿蒙的神殿。两座神庙始建于公元前1400 年,其后经过了历代帝王不断改建、增建。令人惊奇的是,尽管卡纳克神庙内的列柱厅是400 年后增建的,甚至最后一座塔门居然是 1700 年后由托勒密王朝修建完成的,然而它始终保持着统一的风格。

卡纳克神庙总长 366 米,宽 110 米,前后一共建造了六道大门,而以第一道大门最为高大,它高 43.5 米,宽 113 米。神庙的大殿净宽 103 米,进深 52 米,面积达 5000 多平方米,密排着 16 列共 134 根高大的石柱。中央两排 12 根石柱特别高大,高 21 米,直径 3.57 米,上面架设着 9.21 米长的大石梁,重达 65 吨。在 3000 年前,要把 65 吨重的大石梁架上 21 米高的柱顶,无论怎样说,都是一项了不起的工程。

卢克索神庙同样规模宏大,长 262 米,宽 56 米,被称为“太阳神阿蒙的圣船”。夕阳西下,这艘沉重的“圣船”静静地停靠在尼罗河岸边,满载千年历史的沧桑,而那高高耸立的方尖碑恰如圣船的桅杆,划破一望无边的天际线。

方尖碑(图 3-3)是古埃及人创造的另一种几何形状的建筑。令人惊叹和费解的是,在建方尖碑的中王国时期,古埃及人不仅没掌握铁制工具,甚至连青铜工具也很少,却能用整块石材制作出许多几十米高的方尖碑,最高的竟达 52 米,粗长比例大约为 1∶10。这样巨大的石块的切割、加工、制作、搬运和竖立,在今天看来也绝非易事啊! 方尖碑时至今日仍是最完美的纪念碑的建筑形式,它在简单中透着古朴的风韵,具有恒久的艺术魅力。

图 3-3 古埃及方尖碑

古埃及建筑是人类建筑文明的一缕曙光,古埃及人直面鸿蒙未知的自然状态,在天、地、人相结合的审美观中,创造了亘古未有的建筑神话。至今,我们仍不得不折服于他们的精神力量和超人意志,因为是他们在无比恶劣的环境下,用无与伦比的勇气创造出史无前例的伟大杰作。

## 二、古希腊建筑艺术

古代希腊包括巴尔干半岛南部、爱琴海上诸岛、小亚细亚西海岸以及东至黑海、西至西西里岛的广大地区。其中有上千个大大小小的岛屿,像散落在爱琴海里的珍珠,静静地漂浮在蔚蓝色的海面上。从公元前 2000 年左右至公元前 30 年,在这一地区出现了众多以城市为中心的各自独立的城邦制国家。公元前 5 世纪,希腊文化的发展达到鼎盛时期,创造了灿烂的希腊文明。

古希腊是欧洲文化的摇篮,古希腊的建筑同样也是西欧建筑的开拓者。它的一些建筑物的型制和艺术形式,深深地影响着欧洲两千多年的建筑发展。希腊的建筑也取得了惊人成就,“希腊建筑表现了明朗和愉快的情绪……希腊的建筑如灿烂的阳光照耀着白昼”。

经过公元前 11 世纪—前 8 世纪的荷马文化时期、公元前 8 世纪—前 5 世纪的古风文化时期,公元前 5 世纪中叶希腊开始进入建筑巅峰的古典文化时期。古代希腊建筑忠实记录下了那个时代的荣耀,在自由、民主、共和的召唤下,希腊人的智慧创造了时代的辉煌,希腊人的思想造就了时代的灵魂。然而,当时的希腊人却宁愿相信神才是万能的。在这个泛神论的国家中,不同的守护神崇拜逐渐代替了氏族社会的祖先崇拜,因而卫城也转变成守护神的圣地。人们从各个城邦汇集到圣地,举行体育、戏剧、诗歌、演说等比赛,圣地周围也建造起竞技场、会堂、敞廊等公共建筑。在圣地最显著的地方,建造了建筑群的中心、希腊建筑的骄傲——神庙。

希腊人无论是将神庙或是自己居住的地方，皆称为“大房子”，没有很大差别。随着神的日益高贵和对神的崇拜，祭祀仪式越来越盛大，神庙的规模开始壮大，并开始呈现它的纪念意义。公元前7世纪上半叶，出现了大型神庙。随着神庙由砖木结构向石砌结构转变，到公元前6世纪，围廊的形式被固定下来，成为希腊神庙的符号性语言。它使得神庙的四个立面连续而统一，它带来的虚透空间消除了封闭墙面的沉闷之感，神庙与自然的关系更为和谐。

地中海气候高温少雨，木材缺乏而石料丰富。石材最先用于柱子，到公元前7世纪末，在庙宇建筑中，除了屋架之外，几乎已全部用石材了。正是石材的坚固，使它们中的一部分经历了数千年风雨的洗礼而被留存下来，使得我们能从这些残垣断壁上去探寻古希腊的辉煌。

在岁月的演变中，希腊神庙完成了它基本形制的定型：长方形的平面沿东西方向而建，围廊围合中间最重要的神室，神室是三面被墙体包围的长方形，神像被供奉于内部，仅在东面留出入口，入口成为室内光线唯一的来源。日出的阳光透过微启的庙门，洒落在神像之上，神秘而肃穆。台基、围柱、额枋以及由双坡屋顶形成的三角形山墙，构成了神庙坚稳的外形，大量的浮雕被用于装饰。强调建筑物的对称轴线，形成外部的匀称关系和庄严恢宏的气势。最典型最著名的神庙建筑当属帕提农神庙。帕提农神庙坐落在雅典山城之巅，始建于公元前447年，在大雕刻家菲狄亚斯的指导下，由伊克雷诺斯和卡里克拉特设计。神庙采用列柱回廊式形制，平面呈长方形，长70米，宽31米，东西两面各为8根立柱，南北两侧各为17根立柱。每根柱高10.5米，底径1.9米，由11块鼓形大理石垒成。刚劲挺拔的多立克式石柱构成四边连续的列柱回廊，三角形山墙上鲜艳明快的浮雕因彩色背景的衬托显得格外突出，是千古流传的造型艺术经典。正殿上竖立着菲狄亚斯的雕刻杰作——高达12米的雅典娜塑像。雅典娜面容沉着庄严，头戴钢盔，圆形的盾牌紧贴身体，伸出的右手上托着胜利女神像。雕像的头发与服装贴着薄薄的金叶，使整个雕像金光闪亮，与殿内的金色、红色和蓝色装饰相互衬托，十分和谐。

帕提农神庙尺度合宜，饱满挺拔，风格开朗，各部分比例匀称，雕刻装饰细致；一根根粗壮的巨大石柱轮廓清晰，棱角分明，仿佛能够触摸到凝重的白色大理石肌理；廊柱构成生命的节奏，在山城上空奏响美妙的旋律。帕提农神庙是一幅壮美的图画，它是古希腊建筑艺术的登峰造极之作。

公元前4世纪，马其顿王国的入侵使历史进入希腊化时期。这一时期，随着城邦的瓦解，市场代替了神庙成为城市的中心，人们把更多的注意力转向公共建筑和纪念性建筑，因而除了神庙以外，也建造了大量的广场、会堂、露天剧场、竞技场等公共建筑。

希腊很早就有戏剧表演，古希腊人习惯于寻找一块可以因地制宜地改造成剧场的自然坡地，依山坡建起有着半圆形观众席的露天剧场，埃比道拉斯剧场是希腊晚期建筑中最著名的露天剧场之一（图3-4）。剧场建于公元前350年，它不仅是娱乐场所，而且也是市民集会的地方，因此规模巨大。它的平面呈半圆形，直径约为113米，有52排座位，可容纳13000人，其中心是圆形表演区，直径约20米。剧场建在环形山坡之间，舞台在中间的底部，半圆形散开的池座顺着山坡逐排升高，并有放射形通道。剧场与大地紧密结合，隐于山冈斜坡的轮廓之中，体现了建筑与自然浑然一体的共生意识。每四年一次在奥林匹亚举行的体育比赛大会最好地体现了古希腊对健美体魄的崇尚，奥林匹亚原是祭祀宙斯的神庙，也是古代竞技体育的发源地。早在公元前 8 世纪在这里就建有可容纳 4 万观众的体育场。公元前 331 年修建的雅典体育场则已拥有了 6 万个观众席。

图 3-4　古希腊埃比道拉斯剧场

古希腊的广场不仅仅是公共活动的中心，也是政府议事机构所在地和自由贸易市场，还是思想文化交流的聚集点，社会生活在此层层展开。作为建筑艺术，不能不提到广场上的那些敞廊，那些看似简单的梁与柱连接的柱廊，是希腊人一项具有巨大影响的创造。敞廊将各个建筑联系起来，赋予建筑物以秩序，同时也为经贸活动、政治活动、思想文化活动提供了空间。据说苏格拉底、柏拉图、亚里士多德等诸多思想家常常在敞廊下散步、授徒，西方哲学思想在此诞生。敞廊犹如一条线索将整个城市串联起来，它的协调作用变得不可或缺，整体的统一在此得到体现。

古希腊的多立克柱式、爱奥尼柱式和科林斯柱式（图 3-5）折射出古希腊人独特的审美意识，其中尤以多立克柱式和爱奥尼柱式最具典型意义，它们分别体现出雄健和柔美两种不同的艺术风格，堪称雕塑艺术中的双璧。

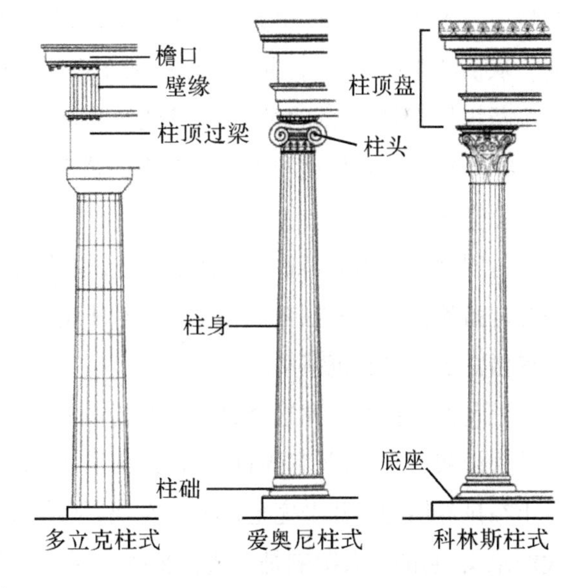


图 3-5　古希腊柱式

多立克柱式艺术形象古朴、庄严、雄浑，隐喻着男性躯体的比例、强度与美。柱身较为粗短，高度为底部直径的 4.5～6 倍，运用“卷杀”的艺术处理手法，似生命肌体般的饱满和劲健。柱端顶着一块薄薄的扁圆形垫石，柱颈以卷叶饰镶边；柱子的底端没有基座，直接置于地面的台基。包括赫赫有名的帕提农神庙在内的古希腊大多数神庙都采用这种柱式体系。

爱奥尼柱式的艺术魅力在于它的优美、轻盈、典雅，强调线条感和柔美。柱身较为修长，高度为底部直径的 8～10 倍，浅浅凹刻的垂直棱线细密、精致，光影变幻丰富。爱奥尼柱式最显著的特征是柱头两端轻轻卷起的涡旋雕饰，像是某种植物卷叶的抽象变形，两个涡旋雕饰之间的柱端还刻有精细的箭链形草叶和贝形装饰图案。柱子底端落在圆石的基座上，精雕细刻的层层装饰加强了向上的动势。爱奥尼柱式盛行于公元前5世纪至公元前4世纪的希腊古典时期,供奉朱诺、狄安娜女神的神庙,特别是纤细雅致的维纳斯女神庙常常通过象征女性般完美的爱奥尼柱式来表达。

科林斯柱式是从爱奥尼柱式演化而成的,流行于希腊化时期,其艺术风格是纤细、匀称、秀丽。柱身、基座与爱奥尼柱式大致相仿,所不同的是柱头没有卷曲的涡旋雕饰,代之以植物的卷叶形雕饰,仿佛飘散着野性的气息。柱头呈倒钟形,宛如一个花篮,层层生发的叶片从四周伸向顶端,托起上面的圆盘。

希腊人是富有创造精神的,然而他们又是十分讲究理性的民族。建筑作为一门有原理、有规则、有计算的科学,是在他们手中建立的。他们又是一个追求美的民族,建筑的艺术性和实用性在他们那里得到了令人瞠目的统一。在地中海的阳光下,他们的神庙熠熠生辉,他们就在这样的广场、剧场、城市中谈论哲学、欣赏戏剧、实现民主,留下了人类历史上的一段传奇。总之,古希腊的建筑艺术充满了对于美的追求,绝妙地将人、自然与神结合成一个整体,以深刻的自然观、和谐的完整性和炽热的思想情感以及对人的尊重与完美表现而震惊了后世。

## 三、古罗马建筑艺术

战无不胜的罗马人创造了世界的永恒之城——罗马。罗马的建筑永远透着一股不可一世的特质。古罗马建筑历史大致分为三个时期:伊特鲁里亚时期、罗马共和国时期、罗马帝国时期。从伊特鲁里亚时期(前8世纪—前2世纪)到罗马共和国盛期(前2世纪—前30年),是一个不断积累、不断尝试的过程,公共建筑与城市建设已相当活跃。而到了帝国盛期(前30年—公元476年),随着用血与火建立起来的横跨欧、亚、非的帝国霸权的确立,罗马的建筑艺术也进入了它的辉煌时期。

古罗马直接继承了古希腊的建筑成就,并把它向前大大推进,达到了奴隶制时代建筑的最高峰。虽然古罗马人在哲学和文学上都不能和希腊人相比,但是他们以其特有的实干精神给世界增添了众多建筑精品。

上苍似乎特别垂青这个勇于实践的民族,赋予了这块土地天然的混凝土。这种混凝土是一种火山灰,加上石灰和碎石之后,具有很强的凝结力,坚固而不渗水。到1世纪中叶,天然混凝土在拱券结构中几乎完全代替了石块,从墙脚到拱顶全用混凝土。这在建筑史上具有划时代的意义,它的巨大影响是无法估量的。混凝土带来的影响之一就是它大大促进了拱券结构的发展。拱券结构是罗马人的伟大创举,它完全改变了以往的建筑形式。混凝土的出现使得整个拱券结构变得更为稳固、轻巧,更易于施工。混凝土的另一影响是大大提高了拱顶的跨度。拱顶打破了古希腊梁柱形式的平面体系,无论是在体量上还是形象上都创造了梁柱形式无法比拟的空间。

公元69年至82年建成的科洛西姆斗兽场,也称罗马大角斗场或大斗兽场(图3-6),是古罗马建筑的杰作。这座巨大的古代竞技场可容纳82000名观众,充分体现了罗马帝国的恢宏气势。大斗兽场为椭圆形，长径189米，短径156.4米，高57米，占地2万平方米。中央为一个长径87.47米、短径54.86米的椭圆形表演区，共有60排座位，分五个观众区，设有80个出入口。大斗兽场的外部墙垣雄伟而华丽，极富造型表现力。墙面分为四层，下面三层是透空的拱券，外墙面上镶贴各种各样的罗马古典柱式。第一层是粗壮有力的塔司干柱式，第二层是刚劲挺拔的爱奥尼柱式，第三层是纤巧华贵的科林斯柱式，第四层几乎全部是大理石的实墙面，贴着一根根纤细的壁柱。大斗兽场的建筑格局被后人视为经典，一直到现在都堪称体育建筑的代表性形制，这不能不说是一个奇迹。

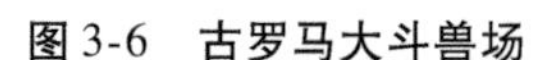

图3-6　古罗马大斗兽场

图3-7　古罗马提图斯凯旋门

在罗马时代的诸多建筑中，凯旋门给人的印象是最为持久的，因而当之无愧地被列为罗马帝国时代古典建筑的卓越典范。公元81年兴建的提图斯凯旋门(图3-7)就是一件建筑杰作。造型宏伟的提图斯凯旋门，跨度为5.33米，它首次采用了混合式柱头，每边4根柱子作为装饰，柱头上形成凸出的檐部，檐部上高耸着题有献辞的檐上壁。凯旋门高15.4米，它作为底座安放驾着三轮马车的元首提图斯的雕像。凯旋门内拱顶用花瓣形纹样作为藻井图案来装饰，门内墙垣装饰着浮雕，浮雕刻画了提图斯及其军队获胜后回罗马的情景。光从侧面照射，使场面十分热烈，浮雕似乎打破了墙垣的平面，产生了立体感。这样，静的建筑与动的浮雕结合成形象生动的整体。

图3-8　古罗马图拉真广场遗址

图拉真广场(图3-8)落成于113年，是罗马广场建筑的典范之作，也是罗马帝国的伟大象征。广场正门是三跨的凯旋门，进门便是长120

米、宽90米的广场,两侧敞廊在中央各有一个直径45米的半圆厅,形成广场的横轴线,它使广场免除了单调之感。在纵横轴线的交点上,立有图拉真的镀金骑马青铜像。广场的底部排列着图拉真家族的乌尔比亚围廊,这是古罗马最大的围廊。这之后是一个长方形小院,中央立着一个高达35.27米的图拉真纪功柱。柱子是罗马多立克式的,底径3.70米,柱身全由白色大理石砌成,分为18段,随185级石阶盘旋而上可达柱头。柱身上有全长200多米的浮雕带,绕柱23匝,刻着两次远征达奇亚的史迹,柱头上立着图拉真的全身塑像。广场的建筑和雕塑显示出不朽的艺术价值。

图3-9 古罗马万神庙俯视

图3-10 古罗马万神庙

由哈德良皇帝于120—124年重建的万神庙,是唯一完整保存至今的古罗马建筑,是可与古希腊帕提农神庙相比肩的令人仰止的艺术杰作。万神庙是千万个神祇的庙宇,它以庞大、单一的体量再现了众神的威仪(图3-9)。神庙由一个圆形神殿和一个门廊组成,前面是宽阔的广场。神殿是一座大穹顶结构的宏大圆形建筑物。它周围大部分是没有门窗的墙垣,入口处是庞大的柱廊(图3-10)。进入神庙后能看到穹顶下的广阔空间,神庙高42.7米,穹顶内径43.5米,显得异常宏伟壮丽。大穹顶体现了神傲视一切、君临万物的构思。穹顶中央有一直径9米的圆窟窿,人们可以通过它看到蔚蓝的天空,光线从窟窿外照到神庙中来,人的渺小与神的伟大形成鲜明的对比(图3-11)。庙内面积庞大的圆形空间与半球

图3-11 古罗马万神庙内部

形屋顶相结合,显得非常统一、和谐与完美。穹顶的高度与建筑的内径大体相等,合适的比例、合理的结构、华贵的建筑材料和绚丽的装饰,使整个内部产生一种辉煌而崇高的美感。神庙的巨大内部空间与穹顶的完美结合,具有深远的历史意义和重要的艺术价值,体现了古代建筑艺术的高超水平和辉煌成就。

古罗马建筑艺术无论是在实践上还是在理论上都做出了历史性的巨大贡献。混凝土技术和拱券结构技术是罗马建筑的伟大创造和最重大成就。古罗马著名建筑理论家维特鲁威撰写的古代建筑名著《建筑十书》,成为古代建筑的百科全书,是古希腊、古罗马建筑的理论总结。

## 第二节　西方中世纪建筑艺术

从395年罗马帝国分裂为东西两部分到14—15世纪资本主义萌芽之前,欧洲的这一段时期被统称为“中世纪”。在这一时期,欧洲四分五裂,原被罗马帝国征讨迫害的基督教却在欧洲封建统治中占据了主导地位。教会为了巩固封建制度,竭力压制科学的理性思维。教会仇视希腊和罗马的古典文化,有意识地销毁古代著作和艺术品。马克思说:中世纪是从粗野的原始状态发展而来的。它把古代文明、古代哲学、政治和法律一扫而光,以便一切从头做起。所以,整个中世纪被笼罩在一片混沌的黑暗之中。1453年拜占庭帝国被土耳其人灭亡,漫长的中世纪才宣告结束。现代研究表明,“蛮族”入侵只是罗马帝国覆灭的外部原因,而在帝国内部更有其深刻的政治、经济原因,从这个角度来看中世纪非但不是“黑暗时代”,相反,它正是近代欧洲各民族国家的形成期。在此期间,在东部地区,出现了拜占庭和伊斯兰两个新的文明。

由于封建分裂状态和教会的统治,在建筑领域古典传统被抛弃,艺术技巧失传,文化生活似乎倒退到了洪荒时代,宗教建筑成了中世纪唯一的纪念性建筑,也是这一时期建筑成就的最高代表。

### 一、拜占庭建筑

西罗马帝国于476年灭亡,而建都在君士坦丁堡的东罗马帝国从5世纪开始,其社会经济文化要比西罗马帝国发达得多。此后的东罗马帝国也称为拜占庭帝国。在西欧形成封建制度的漫长过程中,以东罗马帝国即拜占庭为中心的地区,无论是宗教建筑、公共建筑还是城市建设,都取得了巨大成就。这一时期的建筑被称为拜占庭建筑。

拜占庭原为古希腊和古罗马的殖民地城市,所以东罗马帝国又名为拜占庭帝国。在封建前期,皇权强大,拜占庭文化世俗性很强,当时有大量古希腊和古罗马文化被保留和继承下来。由于受地理位置的影响,它也吸取了波斯、两河流域等地的文化成就。其建筑艺术在古罗马遗产和东方丰厚文化基础上形成了独特的拜占庭体系。

拜占庭建筑按国家发展可分为三个阶段:前期即兴盛时期(4—6世纪)。4—6世纪是拜占庭建筑的兴盛期,当时罗马皇帝君士坦丁按古罗马城的样子,动用了全国的力量大力兴建君士坦丁堡。在这一时期,还培养了大批建筑师;建筑的形式和种类丰富多彩,有城墙、道路、宫殿、广场等。313年,君士坦丁皇帝尊奉基督教为国教,此后,欧洲大陆的各个角落都被统治在十字架下,宗教建筑成为中世纪建筑成就的最高代表。教堂的规模越建越大,越建越华丽,规模宏大的圣索菲亚大教堂就是拜占庭帝国极盛时代的纪念碑,也是拜占庭建筑最辉煌的代表。圣索菲亚大教堂建于532—537年,平面近似正方形的长方形,东西长77米,南北宽72米,教堂正中是一个直径32.6米、高15米的穹顶,穹顶离地54.8米。与万神庙穹顶建在圆形围墙上不同,圣索菲亚大教堂是在方形底座上加圆顶。建筑师把圆拱与户间壁巧妙地结合起来,四个户间壁支撑着四个圆拱,在圆拱之上则是圆顶,内部空间丰富多变。在穹隆底部密排着一圈40个采光窗,光线由这40个窗洞进入教堂内部,使大穹隆显得轻巧凌空。穹隆由一个中心大穹顶、二个"半穹顶"和六个附属穹顶复合构成,给人的印象极深。整个穹顶的结构逻辑清晰,层次分明,显示了拜占庭设计师们卓越的分析和综合能力。

圣索菲亚大教堂的设计者为小亚细亚的安提莫斯和伊索多拉斯。15世纪后,土耳其人将其改为清真寺,并在其四角修建了四个尖塔。1935年改为博物馆。圣索菲亚大教堂是中世纪最伟大的建筑,也是建筑史上的奇迹。

图3-12　威尼斯圣马可教堂

拜占庭建筑艺术风格在"十字军"东征的同时也传播到了西方世界,以上帝的名义掠夺的圣物从拜占庭帝国迁移到威尼斯。建于11世纪的威尼斯圣马可教堂(图3-12),完全仿照圣索菲亚大教堂的十字形教堂修造,平面呈典型的十字形式,中央隆起一个巨大的穹隆,四翼拱卫着四个略小的穹隆,像五朵含苞待放的花蕾,成为圣马可广场一道亮丽的风景。

拜占庭建筑最大的特点就是穹隆顶的大量应用,几乎所有的公共建筑尤其是教堂都用穹隆顶。建筑具有集中性,都是以一个大空间为中心,周围围绕许多小空间,而这个高大的圆穹顶就成了整个建筑的构图中心。拜占庭后期的建筑,由于外敌入侵,国土缩小,规模大不如前,形式向小而高的方向发展,典型的拜占庭式中央大穹隆也没有了。拜占庭建筑继承了古希腊和古罗马的遗产,又吸取了东方一些国家和民族的建筑经验,在相当短的时间内创造了卓越的建筑艺术体系,为后世留下了宝贵的财富。

拜占庭时期建筑的特点,除了对穹隆的偏爱之外,就是马赛克技术的大量使用。这种用涂有色彩的小陶瓷片来拼组图案的方法在罗马帝国初期就已经很盛行了，但是把马赛克大量地用在教堂内部的装饰上是拜占庭时期的特色（图3-13）。

图3-13　拜占庭教堂内部装饰

拜占庭建筑，继承了古希腊和古罗马建筑的遗产，又汲取了亚美尼亚、波斯、叙利亚、巴勒斯坦、阿拉伯等国家和民族的经验，在短时间内，创造了卓越的建筑体系。

## 二、罗马风建筑艺术

公元9世纪左右，一度统一的西欧又分裂为法兰西、德意志、意大利和英格兰等19个民族国家，并正式进入封建社会。由于当时社会制度比较稳定，所以具有各民族特色的文化在各国发展起来。这时的建筑除教堂外，还有封建城堡和修道院等。人们为了寻找罗马文化的渊源并感受罗马的文化和艺术，当时许多西欧建筑尤其是教堂都仿效了古罗马的形式，比如运用了圆形的拱顶和带有柱式的长廊。但建筑的规模远不及古罗马建筑，设计和施工也较粗糙，许多建筑材料直接来自古罗马的废墟。由于其建筑结构基础源于古罗马建筑构造方法，故这个时期的建筑被称为“罗马风”建筑。

罗马风建筑的不同凡响与威严，缘于它既是世俗建筑，又是宗教建筑。世俗性与宗教性看似水火不相容，然而在它身上却恰到好处地融为一体。如果说教堂、修道院是基督教宗教的表现，那么城堡则是封建制世俗的体现。

图3-14　比萨大教堂

罗马风教堂的重要特点是它的半圆形，它表现在圆顶及扩展部分，从古罗马人那里继承了筒形拱顶。筒形成为重要的结构形式，不仅体现在平面、三维结构及装饰上，也体现在圆柱断面、小礼堂的内室和半圆锥形的顶盖上。由拉丁十字架发展而来的罗马风教堂成为10—12世纪基督教教堂的典型式样，其中最著名的当推意大利比萨大教堂（图3-14）。

比萨大教堂建于1063—1278年,包括教堂及洗礼堂、钟塔和公墓四个部分。教堂为拉丁十字形,全长95米,有四排柱子,中厅用木桁架,侧廊用十字拱,正立面高32米,有四层空券廊做装饰。洗礼堂位于教堂前面,1513年开始兴建,与教堂在同一轴线上,正门与教堂正门相对,平面呈圆形,直径35.4米,总高54米,立面分为三层,上两层为连列券柱廊。圆顶上矗立着3.3米高的施洗者约翰的铜像。

1586年伽利略在钟塔上做自由落体实验,使比萨大教堂特别是斜塔(钟塔)举世闻名。比萨斜塔的圆拱柱廊的形式就属于典型的"罗马风"艺术风格。比萨斜塔真所谓"歪打正着",正是由于它不断倾斜,才引来全世界的注意:不知有多少建筑师为它的倾斜操心费力,也不知采取过多少种矫正倾斜的措施,但到现在也没有完全解决问题,现在钟塔已向南倾斜了5.3米,斜度为5°至6°。

罗马风建筑的主要代表还有德国的圣米伽修道院、沃尔姆斯大教堂,法国的勃艮第大教堂、普瓦捷圣母大教堂、沃顿大教堂等。

罗马风建筑是欧洲9至12世纪达到顶峰的一种建筑艺术风格,它所创造的扶壁、肋骨拱与束柱在结构与形式上都对后来的建筑产生了很大的影响。

## 三、哥特式建筑艺术

"哥特"原是参加覆灭罗马奴隶制的日耳曼"蛮族"之一。15世纪,文艺复兴运动反对封建神权,提倡复活古罗马文化,乃把这时的建筑风格称为"哥特",以表示对它的否定。哥特建筑是12—15世纪欧洲封建城市经济占主导地位时期的建筑。这时期的建筑仍以教堂为主,但反映城市经济特点的城市广场、市政厅、手工业行会等也不少,市民住宅也大有发展。

哥特式建筑的最大特点就是"高"和"直"。风格上完全脱离了古罗马的影响,而是以尖券、尖形肋骨拱顶、坡度很大的两坡屋面和教堂中的钟楼、扶壁、束柱、花窗棂等为其特点。有人说,罗马式建筑是平行排列的,哥特式建筑是垂直向上的,拜占庭建筑是圆形拱顶的。这样说虽然有些绝对和简单化,但也是有一点道理的。

在哥特人看来,那些高高的尖塔与上帝更为接近。哥特式建筑与"尖拱技术"同步发展,使用两圆心的尖券和尖拱,推力比较小,有利于减轻结构体自重和增加跨度。尖拱和尖券也大大加高了中厅内部的高度。在哥特式教堂内部,可以看到的是从柱墩上散射出来的一根根骨架券,它交合于高高的拱券尖顶,人们的心随着这一层层和一排排拱券尖顶也向上升腾。马克思在谈到哥特教堂时说:巨大的形象震撼着人心,使人吃惊。这些庞然大物宛若天然生成的体量,物质地影响着人的精神,精神在物质的重量下感到压抑,而压抑之感正是崇拜的起点。

束柱是哥特式建筑的又一技术创新。束柱像一束紧紧捆绑在一起的棍棒,高高耸立,又如一股股喷泉高高喷起,一直喷到屋顶的穹隆仍无意停顿。束柱之所以要向上"喷射",完全体现了神学家托马斯·阿奎那的要求,即一切都得朝向上帝。于是,束柱首先把人的目光引向教堂祭坛上的圣父,然后把人的目光最终引向天国中的上帝。教堂高耸的塔尖向上直刺天空,其目的与束柱一样，只不过塔尖是把人的目光直接引向天国中的上帝而已。

法国巴黎圣母院、亚眠大教堂、德国科隆大教堂（图 3-15）、意大利米兰大教堂、英国威斯敏斯特教堂（图 3-16）等，都是哥特式教堂的典型范例。哥特式教堂形象空灵而轻巧，符合建筑美学法则。这种不见实体的墙，垂直向上伸展的形式，表现出超凡脱俗的神秘性，人置身于教堂之中，会情不禁地产生仿佛要向天国乐土升腾的感觉。亚眠大教堂（图 3-17）以巨大的尺度营造了超常的内部空间，壁面上细细的骨架一直升至 42 米之高，薄薄的拱顶宛如浮在高高的教堂上空，陡峭的空间和威压之势彻底征服了人们的心灵。从屋面上拔起的束柱不断向上“喷射”，将塔尖推到令人目眩的地步，虚幻缥缈的气氛使人感到神秘莫测。英国哥特式教堂大胆创造了逻辑清晰、体态空灵的拱形结构，它们使人想起了“伞”和“棕榈树”。在瘦骨嶙峋的“伞骨”上，缀满了英国人喜爱的各种装饰语汇，包括繁复的束柱、尖券和装饰图案等，其中典型的代表有坎特伯雷教堂（图 3-18）、威斯敏斯特教堂等。其他一些欧洲国家却十分强调哥特式建筑的竖向效果，如德国的教堂特别倾心于塔，科隆大教堂高耸的塔尖无疑是哥特式建筑的顶尖之作。

图 3-15 德国科隆大教堂

图 3-16　英国威斯敏斯特教堂

图 3-17　亚眠教堂内部

哥特式世俗建筑中最具有代表性的是威尼斯总督府（图 3-19）。该市政建筑始于 9 世纪，至 16 世纪才最后建成。下面两层为白云石尖券敞廊，顶层用白色与玫瑰色云石砌成。平面布

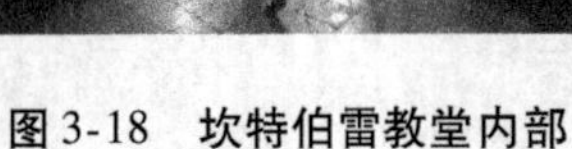
图3-18 坎特伯雷教堂内部

图3-19 威尼斯总督府

局为四合院式，显得简洁明快。最富艺术魅力的是南、西两立面的构图，层叠的券廊、跳动的节奏、华丽的装饰，给整体立面带来一种清新的诗意。建筑史学家说："这立面在世界建筑史中几乎没有可类比的例子，它们好像是盛装浓饰，却又天真淳朴；好像是端庄凝重，却又轻俏快活。"此外，哥特式住宅也颇具特色，如威尼斯商人的别墅，全用白色大理石建成，舒适、漂亮、华丽、典雅。

到15世纪以后，法、英等国的王权已经统一全国。哥特式建筑在大量接受了宫廷文化的影响之后便归于终结。但不可否认，哥特式建筑时期是人类建筑史上极富创造性和取得光辉成就的时期。

在基督教文化严密统治下的中世纪，包括绘画、雕塑、文学在内的几乎所有艺术，均受到无情的压抑，唯有建筑一枝独秀，是个例外。人们的创造才能在建筑中得到了充分发挥。无论是拜占庭式建筑，还是哥特式建筑，劳动人民在为基督修筑圣堂过程中树起了显现自己创造才能的纪念碑。那高耸入云的尖塔，那色彩缤纷的彩色玻璃镶嵌画，那玲珑矫健的飞券，无不是他们伟大创造力的体现。

## 第三节 文艺复兴时期建筑艺术

文艺复兴、巴洛克和古典主义是15—19世纪先后流行于欧洲各国的建筑艺术风格。其中文艺复兴和巴洛克源于意大利，古典主义源于法国，后人广义地将三者并称为文艺复兴时期建筑。在文艺复兴时期，古典式柱式重新成为建筑造型的重要语汇。17世纪上半叶，文艺复兴时期的建筑仿佛走向一个幻想的时代，建筑趋于追求新奇的、变幻的、动态的造型，逐渐形成了巴洛克风格。17世纪，法国的君权如日中天，崇尚庄严的古典风格渐成风气，在宫廷建筑中形成古典主义。18世纪20年代，法国的室内装修沉醉于细腻、柔软，流于烦琐、华丽，产生了洛可可风格，再一次改写了欧洲建筑艺术的历史。

## 一、文艺复兴建筑艺术

14世纪随着工场手工业和商品经济的发展,资本主义生产关系已在欧洲封建制度内部逐渐形成。在政治上,封建割据已引起普遍不满,民族意识开始觉醒,欧洲各国大众表现出要求民族统一的强烈愿望。从而在文化艺术上也开始了反映新兴资本主义利益和要求的新时期。在城市经济繁荣的意大利,最先出现了对天主教文化的反抗。当时意大利的市民和世俗知识分子,一方面极度厌恶天主教的神权地位及其虚伪的禁欲主义,另一方面由于没有成熟的文化体系取代天主教文化,于是他们借助复兴古代希腊、古罗马文化的形式来表达自己的文化主张,这就是所谓的"文艺复兴"。而所谓的"复兴"其实是一次对知识和精神的空前解放与创造,表面上是要恢复古罗马的进步思想,实际上是新兴资产阶级在精神上的创新。

文艺复兴建筑是14世纪在意大利随着文艺复兴运动而诞生的建筑风格。基于对中世纪神权至上的批判和对人道主义的肯定,建筑师希望借助古典的比例来重新塑造理想中古典社会的协调秩序。一般而言文艺复兴建筑是讲究秩序和比例的,拥有严谨的立面和平面构图以及从古典建筑中继承下来的古典柱式。

意大利佛罗伦萨是文艺复兴建筑的摇篮,佛罗伦萨主教堂是文艺复兴建筑的纪念碑(图3-20)。天才建筑师伯鲁涅列斯基设计的八角形大穹隆,在没有任何支撑架的帮助下完成了施工,解决了中世纪遗留下来的一个难题,成为前无古人的创举。穹顶的结构技术空前复杂,形式壮丽典雅。在穹隆的下面加了一个12米高的八角形鼓座,穹隆内径42.5米,高30多米,教堂总高107米。它的精美远远超越了前人——无论是古罗马的、拜占庭的还是哥特式的。教堂穹顶被誉为新时期的第一朵报春花,是文艺复兴时期独创精神的象征。教堂在平缓的城市轮廓中卓然而立,人们称它是"人类技艺所能想象的最宏伟、壮丽的大厦",成为佛罗伦萨城的醒目标志。

图3-20 佛罗伦萨主教堂

而最能代表文艺复兴精神及其世俗力量的建筑,当属罗马教廷的圣彼得大教堂(详见本章第四节)。圣彼得大教堂是世界上最大的天主教堂,集中了16世纪意大利建筑结构和施工的最高成就。教堂平面为拉丁"十字形",东西长212米,翼部两端长37米,中央大穹隆直径为42米,于1506年奠基,直至1626年才建成。一百多年间,罗马最优秀的建筑师都曾主持过圣彼得大教堂的设计和施工。圣彼得大教堂集中了这个时期诸多著名建筑师的智慧,成为垂范千古的建筑里程碑。教堂极其宏大壮丽,比例和谐完美,从局部到整体,从每个线角分割到体块的凹凸变化,似乎都符合某种"数"的秩序。教堂体量搭配得当,线条疏密相宜,色彩恬淡静谧,穹顶呈现出完美的球面形状,显示出饱满、强健的整体美感和永恒的形式秩序。

资本主义萌芽使城市建筑随城市生活的变化而发生了巨大的变化,文艺复兴的建筑风格除了表现在宗教建筑上外,还体现在大量的世俗建筑中。这个时期的世俗建筑物也逐渐摆脱了孤立的单个设计和相互间的偶然凑合,逐渐注意到了建筑群的完整性,克服了中世纪的狭隘性,恢复了古典的传统。这种观念首先表现在广场建筑群的规划和设计中,最著名的便是位于威尼斯的圣马可广场。几百年来,圣马可广场吸引了无数的文人墨客和普通游人,赢得了无穷无尽的赞许和颂扬,人们称它为"欧洲最漂亮的客厅"。

意大利文艺复兴时期世俗建筑类型增加,在设计方面也有许多创新。世俗建筑一般围绕院子布置,有整齐庄严的临街立面。外部造型在古典建筑的基础上,发展出灵活多样的处理方法,如立面分层,粗石与细石墙面的处理,叠柱的应用,券柱式、双柱、拱廊、粉刷、隅石、装饰、山花的变化等,使文艺复兴建筑呈现出崭新的面貌。世俗建筑的成就集中表现在府邸建筑上。著名的有位于佛罗伦萨的美第奇府邸(图3-21),仿照中世纪佛罗伦萨老市政厅建造,是文艺复兴早期府邸建筑的代表作,设计人米开朗琪罗。这座建筑的平面为长方形,左边内院环绕一券柱式内廊,三开间,柱子较粗,为了同外立面相呼应。一个侧院和一个后院,并不严格对称。房间从内院和外立面两面采光,立面构图统一,檐部高度为立面总高度的八分之一,挑出2.5米,与整个立面成柱式的比例关系。维琴察圆厅别墅(图3-22),是文艺复兴晚期府邸的典型建筑,为建筑大师帕拉第奥的代表作之一。别墅采用了古典的严谨对称手法,平面为正方形,四面都有门廊,正中是一圆形大厅。别墅的四面对称的形式对后来建筑颇有影响。

图3-21 美第奇家族府邸

图3-22 维琴察圆厅别墅

## 二、巴洛克建筑艺术

“巴洛克”这个词的原意是“畸形的珍珠”，本为贬义词，后来成为这个时期艺术风格的名称。巴洛克源于17世纪的意大利，后来在音乐、绘画、建筑、雕塑及文学上也影响到整个西方社会。

巴洛克建筑抛弃了对称与平衡，转向富有生命体验的表达方式，寻求自由的、流畅的、具有动势的艺术构图。其实，巴洛克并非完全否定文艺复兴风格，它追求的是以情动人，重视富有生命活力的体块，恰好是文艺复兴建筑的一种发展形式。它以动态取代静态，抛弃了古典常用的方形和圆形，代之以旋涡形、S形、曲线形、波浪形等，以运动、变化的形体寓意着情感的动荡，体现出生命活力的迸发。

巴洛克建筑讲求视觉效果，为建筑设计手法的丰富多彩开辟了新的领域。巴洛克建筑风格主张新奇，追求未曾有过的形式，善用矫揉造作的造型产生特殊的效果，还善用光影变化、形体的不稳定产生虚幻和动荡的气氛。巴洛克建筑总是显得富丽堂皇、珠光宝气，装饰琳琅满目，色彩鲜艳夺目，形式标新立异。

图3-23　罗马耶稣会教堂

罗马作为巴洛克的发源地和欧洲最主要的巴洛克城市，产生了许多巴洛克式的广场、宫殿、教堂、别墅和花园。

罗马的耶稣会教堂（图3-23）被称为第一座巴洛克建筑，它由维尼奥拉与泡达设计。教堂布局为巴西利卡式，但外形有所不同，正面的壁柱成对排列，在中厅外墙与侧廊外墙之间有一对大卷涡。作为巴洛克教堂，大量使用了壁画和雕刻，并在壁画中运用了透视法来扩大视觉空间。画面色彩鲜艳明亮，动态感强，产生出强烈的视觉冲击。壁画、雕刻与建筑相统一，共同构成教堂内难以捉摸的、变幻的空间。

图3-24　梵蒂冈圣彼得大教堂广场

圣彼得大教堂前面的广场（图3-24）是巴洛克式建筑的代表。广场由意大利建筑师伯尼尼设计。椭圆形广场面积为35000平方米，以1586年竖立的方尖碑为中心，碑和教堂之间再以一方梯形广场相接。两个广场都用柱廊包围,共有284根石柱,柱间距很小,密密层层,光影变化剧烈。柱高19米,柱廊上耸立着96尊3.2米高的圣徒雕像。伯尼尼形象地说这些柱廊“像欢迎和拥抱朝圣者的双臂”。

波洛米尼设计的圣卡罗教堂建于1638—1667年,是典型的巴洛克建筑。这座建筑更像一尊精心刻画的雕塑品,在有限的环境空间中如漩涡、似波浪地起伏、跳跃;严整的方形和圆形幻化为S形、曲线形、波浪形,从静态的形体转变为动态的造型,从简洁的图式转化为精美的作品。在教堂内,近乎椭圆形的平面似有伸缩的活力,内壁仿佛被无形引力作用而凹曲,形成波浪形墙面。“畸形的”创作设计,构成幻梦般的景象,营造出令人新奇的审美境界。波洛米尼使巴洛克建筑达到登峰造极的境地。

巴洛克建筑具有出奇入幻的想象力和别开生面的创新精神,虽然没有特别大型的建筑传世,但它对西方建筑的影响是巨大而深远的。它富有生命力的新观念、新手法、新式样被广泛地保留下来,而它非理性的、反常的、形式主义的倾向则受到在法国兴起的古典主义的批判和抵制。

## 三、古典主义建筑艺术

17世纪,随着国力的逐渐强盛,法国成为欧洲最强大的中央集权王国。国王路易十四执政时期,为巩固君主专制,极力鼓吹理性主义,并在宫廷中提倡能象征中央集权的有组织、有秩序的古典主义文化艺术,因此在建筑上就有了推崇富丽华贵的古典主义风格,崇尚古典柱式。它在总体布局、建筑平面与立面中强调轴线对称、主从关系、突出中心和规则的几何形体,提倡富有统一性和稳定感的构图手法。

古典主义建筑主张主次有序,构图简洁,规则明确,轴线清晰,几何性强,柱式的比例与细节精确完美,适合塑造纪念性建筑的壮丽形象。它强调外形的端庄和雄伟,内部装饰豪华奢侈,在空间效果和装饰上有强烈的巴洛克特征。这种风格是继意大利文艺复兴之后欧洲建筑发展的主流,受到走向君主制的欧洲国家的极大欢迎。这一时期的代表建筑有法国的枫丹白露宫(图3-25)、卢浮宫、凡尔赛宫及恩瓦立德教堂等。

卢浮宫(图3-26)是法国历史上最悠久的王宫,它浓缩了法国各种建筑风格的历史发展,成为法国数百年建筑历史的见证。西立面始建于1546—1559年,于1624—1654年扩建,为文艺复兴时期的代表作。1667年,勒伏、勒勃亨和克·彼洛设计了古典主义的东立面方案并被采纳,三年后建成。东廊长183米,高28米,采用纵三段与横三段构图法,底层横向,沉重结实;中间层是柱廊,虚实相映;顶部为水平向厚檐;横三段的比例为2∶3∶1。纵向以柱廊为主,中央与两端都采用凯旋门式构图,中央有山花,柱廊用双柱,轮廓整齐,庄严雄伟,成为欧洲宫殿建筑的典型代表。它的外部空间讲究统一与秩序,显示出一种严肃与威严,而其内部空间以巴洛克为主调,欢乐而放纵。

图 3-25　法国枫丹白露宫

图 3-26　巴黎卢浮宫

18 世纪初，路易十五执政期间，法国国力衰退，王室追求奢华享乐的生活。这一时期，经常由贵夫人主持宫廷生活，从此，在宫廷的室内装饰中又流行一种被称为“洛可可”的装饰风格。“洛可可”原意是指岩石和贝壳，引申为玲珑小巧和亲昵之意。这种风格带有华美而纤弱、烦琐而矫揉的脂粉气。洛可可装饰风格虽没有像样的大型作品传留下来，但是它追求室内装饰的舒适、温馨和方便，使法国宫廷生活面貌发生了明显的变化。

18 世纪，法国“启蒙运动”兴起，1789 年爆发了法国资产阶级大革命。法国的建筑艺术也随之发生了显著的变化，洛可可风格退去了，古典主义风格重新转回，古希腊、古罗马建筑的影响日益增大，在风格上追求建筑形体的单纯、独立、完整和细节的朴实，其代表建筑是巴黎万神庙（图 3-27）。

图 3-27　巴黎万神庙

巴黎万神庙由古典主义建筑师苏夫洛设计，1764 年动工兴建，1781 年建成。万神庙平面为希腊十字形，宽 84 米，连同柱廊一共长 110 米，穹顶最高点为 83 米。它的正面有六根 19 米高的柱子，顶部为三角形状山花。它直接采用古罗马庙宇的正面构图，形体简洁，几何性明晰。设计者自称他的设计意图大体得以实现，那就是把哥特式建筑结构的轻快同古希腊建筑的明净与庄严结合起来。

18 世纪下半叶到 19 世纪前期，西方主要国家的建筑延续了法国古典主义风格，呈现出活跃的局面，著名建筑有俄罗斯圣彼得堡的海军部大厦和冬宫（图 3-28）、英国伦敦的大英博物馆（图 3-29）、美国华盛顿国会大厦（图 3-30）等。

图 3-28 俄罗斯圣彼得堡冬宫

图 3-29 伦敦大英博物馆

图 3-30 华盛顿国会大厦

到了 19 世纪末,古典主义建筑在整个西方传统建筑艺术中逐渐走向终结,其终结的特征是:新的建筑形式、建筑风格不再产生,而在历史上风行过的种种古典建筑风格、建筑形式却以“复兴”的面目纷纷出现,以致形成“复兴”形式自由组合的折中主义建筑。由于近代社会生产力的发展,新的生产性建筑和公共建筑越来越多,到 19 世纪末 20 世纪初,西方传统建筑艺术逐步走向了近现代时期。

## 第四节　西方传统建筑精选

### 一、埃及金字塔

埃及金字塔是一种方底尖顶的石砌建筑物,是古埃及法老(即国王)和王后的陵墓,是古埃及文明的代表,也是埃及的国家象征(图 3-31)。埃及金字塔始建于公元前 2700 年以前,大部分位于开罗西南部的吉萨高原的沙漠中，塔内有甬道、石阶、墓室、木乃伊也就是法老的尸体等。金字塔一方面体现了古埃及人民的智慧与创造力，另一方面也成为法老专制统治的见证。埃及迄今发现的金字塔共约 96 座，其中最大的是有“世界古代七大奇观”美称的胡夫大金字塔。

图 3-31　埃及金字塔

图 3-32　古埃及胡夫金字塔

胡夫金字塔位于埃及首都开罗西南约 10 公里的吉萨高地，是埃及现存规模最大的金字塔（图 3-32）。金字塔的外部形象是一个巨型实心锥体，塔的外侧光滑、倾斜，中央塔体为石灰岩。塔身高达 146.5 米，塔基的形状是正方形，每边长 230.6 米，四个光滑的斜面几乎是等边三角形，与地面的夹角均为 51°52′，塔体的四面恰好正对指南针的四个方位。在 1889 年巴黎埃菲尔铁塔落成前的四千多年的漫长岁月中，胡夫大金字塔一直是世界上最高的建筑物。

据一位名叫彼得的英国考古学者估算，胡夫大金字塔大约由 230 万块石块砌成，外层石块约 115000 块，平均每块重 2.5 吨，而大的甚至超过 15 吨。在四千多年前生产工具很落后的中古时代，埃及人是怎样采集、搬运数量如此之多，每块又如此之重的巨石垒成如此宏伟的大金字塔的，真是一个谜。假如把这些石块凿成平均一立方英尺的小块，把它们沿赤道排成一行，其长度相当于赤道周长的三分之二。据古希腊历史学家希罗多德的估算，修建胡夫金字塔一共用了 30 年时间，每年用工 10 万人。

胡夫金字塔尽管经过几千年的风化剥落了塔顶的锐角，但依然不减其雄伟的气势。现代建筑学家用当代最先进的仪器进行测量后发现，金字塔的东南角仅仅比西北角高 1.5 厘米。石块之间砌得严丝合缝，在今天仍然连刀片都插不进去。这样巨大的工程，这样高的精密度，就是对现代人来说也不是一件容易做到的事。1789 年拿破仑入侵埃及时，于当年 7 月 21 日在与土耳其、埃及军队发生了一次激战后观察了胡夫金字塔，他对塔的规模之大佩服得五体投地，并估算，如果把胡夫金字塔和相距不远的哈夫拉和孟卡乌拉金字塔的石块加在一起，可以砌一条三米高、一米厚的石墙沿着国界把整个法国围成一圈。

图 3-33　雅典卫城

## 二、雅典卫城

雅典卫城是祭祀雅典守护神雅典娜的神圣地，位于雅典市中心的卫城山丘上，面积约有 4 平方千米，始建于公元前 580 年。雅典卫城，也称为雅典的阿克罗波利斯，希腊语“阿克罗波利斯”，原意为“高处的城市”或“高丘上的城邦”（图 3-33）。

根据古希腊神话传说，雅典娜生于天父宙斯的前额，她将纺织、裁缝、雕刻、制作陶器和油漆工艺传授给人类，是战争、智慧、文明和工艺女神，也是城市的保护神，雅典城市因此得名。卫城，原意是奴隶主统治者的圣地，又是城市防卫要塞。公元前 5 世纪，雅典卫城成为国家的宗教活动中心，自希腊联合各城邦战胜波斯入侵后，更被视为国家的象征，每逢宗教节日或国家庆典，公民列队上山进行祭神活动。

雅典卫城是希腊最杰出的古建筑群，在西方建筑史上被誉为建筑群体组合艺术中的一个极为成功的实例，特别是在巧妙地利用地形方面更为杰出（图 3-34）。卫城总体布局自由，顺应地势安排，高低错落，主次分明，山上各种建筑贴边而立，柱廊朝外。群体布局体现了对立统一的构图原则，根据祭祀庆典活动的路线，布局自由活泼，没有明确的轴线，建筑物安排顺应地势，照顾山上、山下观赏角度，综合运用了多立克和爱奥尼克两种柱式。卫城的中心是雅典城的保护神雅典娜的铜像，主要建筑是膜拜雅典娜的帕提农神庙。帕提农神庙位于卫城最高点，体量最大，造型庄重，其他建筑则处于陪衬地位。无论是身处其间还是从城下仰望，都可看到较完整的丰富的建筑艺术形象。卫城南坡是平民的活动中心，有露天剧场和敞廊。卫城的古迹中，著名的建筑有山门、帕提农神庙、伊瑞克先神庙和雅典娜胜利女神庙等。

图 3-34　雅典卫城复原图

图 3-35　帕提农神庙

卫城建筑群的中心是帕提农神庙（图 3-35），它耸立在旧雅典娜神庙南面，由著名建筑师伊克蒂诺斯和卡利克拉特在执政官伯里克利主持下设计，耗时 9 年，于公元前 438 年完成。同年，著名雕刻家菲迪亚斯在神庙内建成高大的雅典娜神像。神庙为长方形周柱式建筑，东西长约70米，南北宽不足31米，原高超过13米，建在一个三层阶梯的台基上。神殿四周由48根带半圆凹槽和锥形柱头的多立克式大理石圆柱支撑，圆柱直径1.9米，高10余米。三层柱廊上支承的大理石条石额枋屋檐，由带竖条的石板和带浮雕的石板间隔组成。东西两端檐部之上是饰有高浮雕的三角形山花。神殿外观整体协调、气势宏伟，给人以稳定坚实、典雅庄重的感觉。

卫城的伊瑞克先神庙位于山门后的悬崖边缘，帕提农神庙的北侧。神庙的东西两面是由苗条秀丽的爱奥尼柱式构成的柱廊，南端是由6根大理石雕刻而成的女像柱代替了石柱顶起石梁，充分显示了建筑师的智慧。女像柱立于高台上，头顶石梁，做稍息姿态，身上衣褶自然下垂，姿态优雅端庄，十分优美，毫无负重的压迫感（图3-36）。

图3-36　伊瑞克先神庙女像柱

卫城的建筑与地形结合紧密，极具匠心。如果把卫城看作一个整体，那山冈本身就是它的天然基座，而建筑群的结构以及局部安排都与这基座自然的高低起伏相协调，构成完整的统一体。卫城被认为是希腊民族精神和审美理想的完美体现。

## 三、罗马大斗兽场

古罗马斗兽场是古罗马帝国专供奴隶主、贵族和自由民观看斗兽或奴隶角斗的地方。罗马大斗兽场，亦译作罗马大角斗场、罗马竞技场、罗马圆形竞技场、科洛西姆、哥罗塞姆，原名弗莱文圆形剧场，建于公元72—82年间，遗址位于意大利首都罗马市中心（图3-37）。从外观上看，大斗兽场呈正圆形；俯瞰时，它是椭圆形的。占地面积约2万平方米，长轴长约188米，短轴长约156米，圆周长约527米，围墙高约57米；中央的“表演区”长轴86米，短轴54米；观众席大约有60排座位，逐排升起，分为五区，可容纳近9万名观众。

图3-37　罗马大斗兽场外观

斗兽场这种建筑形态起源于古希腊时期的剧场，当时的剧场都傍山而建，呈半圆形，观众席就在山坡上层层升起。但是到了古罗马时期,人们开始利用拱券结构将观众席架起来,并将两个半圆形的剧场对接起来,因此形成了所谓的圆形剧场,并且不再需要靠山而建了。

从外部看,罗马大斗兽场的每一层都装饰着不同的古典柱式:第一层为多立克柱式,第二层为爱奥尼柱式,第三层为科林斯柱式,顶层为科林斯式半露柱。在第四层的房檐下面排列着240个中空的突出部分,它们是用来安插木棍以支撑露天剧场的遮阳帆布。

图3-38　罗马大斗兽场内部

斗兽场的看台是用三层混凝土制成的筒形拱,每层80个拱,形成三圈不同高度的环形券廊(即拱券支撑起来的走廊)。看台逐层向后退,形成阶梯式坡度。每层的80个拱形成了80个开口,最上面两层则有80个窗洞,观众入场时就按照自己座位的编号,首先找到自己应从哪个底层拱门入场,然后再沿着楼梯找到自己所在的区域,最后找到自己的位子。整个斗兽场最多可容纳9万人,却因入场设计周到而不会出现拥堵混乱,这种入场的设计即使是今天的大型体育场依然沿用(图3-38)。

罗马大斗兽场宏大的气势并不在于吸收借鉴了希腊古典柱式,它的突出视觉特点在于其宏大而简洁的造型。三层开放式拱形门,纯粹是罗马式风格,也是采用混凝土建构的结果,造型上不但没有被希腊式外表所掩盖,反而更加光芒四射,创造着自己的美感,传递着自己传统的文化和价值。从功能、规模、技术和艺术风格各方面来看,罗马大斗兽场是古罗马建筑的代表作之一。

## 四、圣索菲亚大教堂

圣索菲亚大教堂位于现今的土耳其伊斯坦布尔,由君士坦丁大帝为供奉智慧之神索菲亚而于325年始建。后来由于受到战争的损毁,537年查士丁尼皇帝为标榜自己的文治武功而进行了重建。7世纪之后,阿拉伯半岛上出现了新兴势力伊斯兰文明,十字军东征占领君士坦丁堡。1453年,奥斯曼土耳其苏丹穆罕默德二世攻入了君士坦丁堡,将君士坦丁堡改名为伊斯坦布尔。他下令将教堂内所有拜占庭的壁画全部用灰浆遮盖住,所有基督教雕像也被搬出,并将索菲亚大教堂改成阿雅索菲亚清真寺,还在周围修建了四个高大的尖塔(图3-39)。

圣索菲亚大教堂东西长77.0米,南北长71.0米,布局形式是以穹隆覆盖的巴西利卡式,中央穹隆突出,四面体量相仿但有侧重,前面有一个大院子,正南入口有二道门庭,末端有半圆神龛。中央大穹隆直径32.6米,穹顶离地54.8米,通过帆拱支承在四个大柱墩上,其横推力由东西两个半穹顶及南北各两个大柱墩来平衡。穹隆底部密排着一圈40个窗洞,教堂内部空间饰有金底的彩色玻璃镶嵌画，地板、墙壁、廊柱是五颜六色的大理石，柱头、拱门、飞檐等处以雕花装饰，圆顶的边缘有40具吊灯，教坛上镶有象牙、银和玉石，大主教的宝座以纯银制成，祭坛上悬挂着丝与金银混织的窗帘，上有皇帝和皇后接受基督和玛利亚祝福的画像(图3-40)。

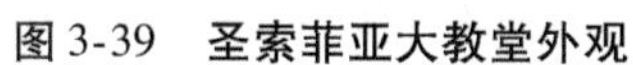
图3-39　圣索菲亚大教堂外观

图3-40　圣索菲亚大教堂内部

圣索菲亚大教堂在外观上呈阶梯状，节节升高，气势恢宏，造型独特。位于四角的四个塔楼(尖塔)是圣索菲亚大教堂被用作清真寺之后，在长达五个世纪的不同时期建造的。在空间上，则创造了巨型的圆顶，而且在室内没有用到柱子来支撑。

君士坦丁大帝请来的数学工程师们发明了以拱门、扶壁、小圆顶等来支撑和分担穹隆重量的建造方式，形成了窗间壁上又高又圆的圆顶，让人仰望天界的美好与神圣，这在西方建筑史上也是一大创举。圣索菲亚大教堂是一幢“改变了建筑史”的拜占庭式建筑典范。

## 五、巴黎圣母院

巴黎圣母院是一座位于法国巴黎市中心西岱岛上的哥特式风格教堂建筑，也是天主教巴黎总教区的主教堂(图3-41)。巴黎圣母院始建于1163年，1345年建成，教堂曾经是全欧洲工匠组织和教育组织集会的地方。

图3-41　巴黎圣母院外观

圣母院大教堂并不是在它位址上的第一栋宗教性建筑，根据从教堂地底下挖掘出来的一些文物来看，该地点作为宗教用途的历史可以追溯到罗马的提庇留大帝(Emperor Tiberius)时代，在西岱岛的东半部上可能建有一座用来祭祀罗马与高卢神祇的神殿。圣母院的前身早在10世纪时，就已经成为巴黎或整个法国的宗教中心。正因为这样的重要性，人们开始发现原有的教堂与它所承担的重任不相符，再加上原本的教堂已经随着时间而老旧，于是开始思索重新修筑教堂的必要性。

巴黎圣母院是一座典型的哥特式教堂，全部采用石材建造，其特点是高耸挺拔，辉煌壮丽，整个建筑庄严和谐。站在塞纳河畔，远眺高高矗立的圣母院，巨大的门四周布满了雕像，一层接着一层，石像越往里层越小。所有的柱子都挺拔修长，与上部尖尖的拱券连成一气，中庭又窄又高又长。从外面仰望教堂，那高峻的形体加上顶部耸立的钟塔和尖塔，使人感到一种向蓝天升腾的雄姿。巴黎圣母院的主立面是世界上哥特式建筑中最美妙、最和谐的，水平与竖直的比例近乎黄金比1∶0.618，立柱和装饰带把立面分为9块小的黄金比矩形，十分和谐匀称。

圣母院平面呈十字形，两翼较短，中轴较长，中庭的上方有一个高达90米的尖塔。塔顶是一个细长的十字架，远望仿佛与天穹相接，据说，耶稣受刑时所用的十字架及其冠冕就在这个十字架下面的球内封存着。

圣母院正面风格独特，结构严谨，看上去十分雄伟庄严。正面高69米，被三条横向装饰带划分为三层：底层有3个桃形门洞，门上是修整过的中世纪完成的塑像和雕刻品。中央的拱门描述的是耶稣在天庭的“最后审判”。右边拱门是描述圣安娜的故事，以及大主教许里（Bishop Sully）为路易七世受洗的情形。左边是圣母门，描绘圣母受难复活，被圣者和天使围绕的情形。

第二层的两侧为两个巨大的石质中棂窗，中间是彩色玻璃窗，直径约10米，俗称“玫瑰玻璃窗”，建于1220—1225年。这富丽堂皇的彩色玻璃刻画着一个个圣经故事，以前的神职人员借由这些图像来做传道之用。中央供奉着圣母圣婴，两边立着天使的塑像。

第三层是一排细长的雕花拱形石栏杆。设计师瓦雷里·勒·迪克充分发挥了自己的想象力：他在那些石栏杆上，塑造了一个由众多神魔精灵组成的虚幻世界，这些怪物面目神情怪异而冷峻，俯视着脚下迷蒙的城市；还有一些精灵如鸟状，但又带着奇怪的翅膀，出现在教堂顶端的各个角落里，或在尖顶后面，或在栏杆边缘，若隐若现。这些石雕的小精灵们几百年来一直就这样静静地蹲在那里，思索它们脚下巴黎城里的人们的命运。

图3-42 巴黎圣母院内部

左右两侧顶上的就是塔楼，没有塔尖。其中一座塔楼悬挂着一口大钟，也就是《巴黎圣母院》一书中，卡西莫多敲打的那口大钟。

走进教堂四处可见虔诚的信徒双手交叉合拢抵住下巴，闭眼凝神地祈祷，更凸显巴黎圣母院的庄重肃穆。教堂内部极为朴素，几乎没有什么装饰。大厅可容纳9000人，其中1500人可坐在讲台上。厅内的管风琴共有6000根音管，音色浑厚响亮，特别适合演奏圣歌和悲壮的乐曲。曾经有许多重大的典礼在这里举行,例如 1945 年宣读第二次世界大战胜利的赞美诗, 1970 年举行法国总统戴高乐将军的葬礼等(图 3-42)。

巴黎圣母院之所以闻名于世,主要是因为它是欧洲建筑史上一个划时代的标志。在它之前,教堂建筑大多数笨重粗俗,沉重的拱顶、粗矮的柱子、厚实的墙壁、阴暗的空间,使人感到压抑。巴黎圣母院冲破了旧的束缚,创造了一种全新的轻巧的骨架券,这种结构使拱顶变轻了,空间升高了,光线充足了。巴黎圣母院是一座石头建筑,在世界建筑史上被誉为一曲由巨大的石头组成的交响乐。虽然这是一幢宗教建筑,但它闪烁着法国人民的智慧,反映了人们对美好生活的追求与向往。

## 六、威尼斯圣马可广场

圣马可广场是威尼斯的中心广场,一直是威尼斯的政治、宗教和传统节日期间的公共活动中心(图 3-43)。广场包括大广场和小广场两部分。大广场东西向,位置偏北,小广场南北向,连接大广场和大运河口(图 3-44)。大广场的东端是 11 世纪建造的拜占庭式的圣马可教堂,立面经过多次改造,在 15 世纪时完成了它华丽多彩、轮廓丰富的面貌。大广场的北侧是由彼得·龙巴都(Pietro Lombardo,? —1515 年)设计的旧市政大厦,南侧是 1584 年斯卡莫齐(Vincenzo Scammozzi)设计的新市政大厦,下面两层按照圣马可图书馆的样子,再加了第三层以取得与旧市政大厦的配称。大广场西端是连接新旧两个市政大厦的两层建筑物。大广场呈梯形,东西长约 175 米,东边宽约 90 米,西边宽约 56 米,面积 1.28 公顷。

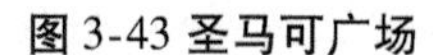

图 3-43 圣马可广场

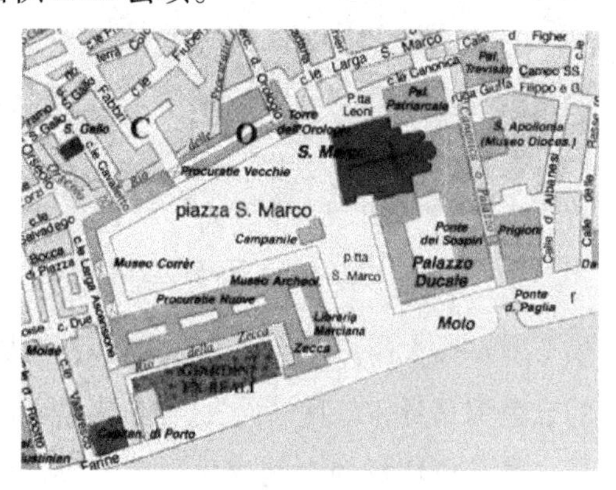


图 3-44　圣马可广场平面

同大广场相垂直的是总督府和圣马可图书馆之间的小广场。总督府紧挨着圣马可教堂,用粉红色和白色的大理石砌成,是威尼斯国家元首的府第,也是大议会和政府的所在地。图书馆连接着新市政大厦。小广场的中线大致重合圣马可教堂的正立面,它也是梯形状,比较狭窄的南端底边向大运河口敞开。

小广场与大广场相交的地方、图书馆和新市政厅之间的拐角,斜对着的主教堂是一座方形的红砖砌筑的钟楼,大约始建于 10 世纪初。16 世纪初,加上了最上一层和方锥形的顶后高度达到 100 米。它是广场的垂直轴线和外部的标志(图 3-45)。

图3-45　圣马可广场钟楼

圣马可广场初建于9世纪，当时只是圣马可大教堂前的一座小广场。圣马可是圣经中《马可福音》的作者，威尼斯人将他奉为守护神。相传828年两个威尼斯商人从埃及亚历山大将耶稣圣徒圣马可的遗骨偷运到威尼斯，并在同一年为圣马可兴建教堂，教堂以圣马可的名字命名，教堂前的广场也因此得名“圣马可广场”。1177年为了教宗亚历山大三世和神圣罗马帝国皇帝腓特烈一世的会面，才将圣马可广场扩建成如今的规模。1797年拿破仑进占威尼斯后，赞叹圣马可广场是“欧洲最美的客厅”和“世界上最美的广场”，并下令把广场边的行政官邸大楼改成他自己的行宫，还建造了连接两栋大楼的翼楼作为他的舞厅，命名为“拿破仑翼大楼”。

图3-46　圣马可教堂内部

矗立于广场的圣马可教堂据说是因埋葬了耶稣门徒圣马可而得名，始建于829年，重建于1043—1071年，它曾是中世纪欧洲最大的教堂，是威尼斯建筑艺术的经典之作，也是一座收藏丰富艺术品的宝库。教堂建筑遵循拜占庭风格，呈希腊十字形，上覆五座半球形圆顶，是融拜占庭式、哥特式、伊斯兰式、文艺复兴式各种流派于一体的艺术杰作。教堂正面长51.8米，有五座棱拱形罗马式大门。顶部有东方式与哥特式尖塔及各种大理石塑像、浮雕与花形图案。藏品中的金色铜马身体与真马同大，神形毕具，惟妙惟肖，教堂又被称为“金色大教堂”(图3-46)。

圣马可广场的空间变化很丰富，从城市各处要经过曲折的、幽暗的小街陋巷才能到达广场。一走进大广场西端不大的券门或者旧市政大厦东端的钟楼下的券门，突然置身宽阔的空间，看到的是多大的天、多高的塔、多美的教堂！大广场是半封闭的，但是，钟塔和它的敞廊仿佛掩映着另一处胜境。绕过它们，便是开敞的小广场，两侧连绵的券廊把视线导向远方，远方是小岛如髻。只有一对柱子，标志着小广场的南界，它们丰富着景色的层次。向前来到运河口岸边，万顷碧海，令人心旷神怡。

## 七、梵蒂冈圣彼得大教堂

意大利文艺复兴时期最伟大的建筑物是罗马教廷的圣彼得大教堂，它集中了16世纪意大利建筑、结构和施工的最高成就。100多年间，罗马最优秀的建筑大师伯拉孟特、米开朗琪罗、德拉·波尔塔和卡洛·玛丹纳相继主持过圣彼得大教堂的设计与施工。

教堂最初是由君士坦丁大帝于326年在圣彼得墓地上修建的，称为老圣彼得大教堂，为巴西利卡式建筑。16世纪，教皇朱利奥二世决定重建圣彼得大教堂，并于1506年破土动工，直到1626年11月18日才正式宣告落成，称新圣彼得大教堂。

圣彼得大教堂是一座长方形的教堂，整栋建筑呈现出一个希腊十字架的结构，造型是非常传统而神圣的，这也是目前全世界最大的一座教堂（图3-47）。作为最杰出的文艺复兴建筑和世界上最大的教堂，其占地23000平方米，教堂内可容纳超过6万人。

图3-47 圣彼得大教堂外观

大教堂的外观宏伟壮丽，正面宽115米，高45米，以中线为轴，两边对称，8根圆柱对称立在中间，4根方柱排在两侧，柱间有5扇大门，2层楼上有3个阳台，中间的一个叫祝福阳台，平日里阳台的门关着，重大的宗教节日时教皇会在祝福阳台上露面，为前来的教徒祝福。教堂的平顶上正中间站立着耶稣的雕像，两边是他的12个门徒的雕像一字排开，高大的圆顶上有很多精美的装饰。

走进大教堂先经过一个走廊，走廊里带浅色花纹的白色大理石柱子上雕有精美的花纹，从左到右长长的走廊的拱顶上有很多人物雕像，整个黄褐色的顶面布满立体花纹和图案。再通过一道门，才进入教堂的大殿堂，殿堂之宏伟令所有的参观者惊叹，殿堂长186米，总面积15000平方米。高大的石柱和墙壁、拱形的殿顶、色彩艳丽的图案、栩栩如生的塑像、精美细致的浮雕，装饰华丽，华丽到令人惶恐不安，令人窒息（图3-48）。

图3-48 圣彼得大教堂内部

整个殿堂的内部呈十字架的形状，在十字架交叉点处是教堂的中心，中心点的地下是圣彼得的陵墓，地上是教皇的祭坛，祭坛上方是金碧辉煌的华盖，华盖的上方是教堂的穹顶。穹顶直径41.9米，接近罗马的万神庙。内部顶点高123.4米，几乎是万神庙的3倍。穹顶外部采光塔上十字架尖端高137.8米，是罗马城的最高点。穹顶的周围及整个殿堂的顶部布满美丽的图案和浮雕。一束阳光从穹顶照进殿堂，给肃穆、幽暗的教堂增添了一种神秘的色彩，那穹顶仿佛是通向天堂的大门。关于这个大穹顶,曾有过百年的波折,最先是由帕鲁齐(Baldassare Peruzzi,1481—1536年)和小桑迦洛(Antonio da San Gallo,1485—1546年)协助建筑师伯拉孟特于1506年设计。1514年伯拉孟特去世后拉斐尔按照教皇的要求修改了伯拉孟特的设计,六年后,拉斐尔也去世了。其后大教堂的建设在混乱的社会中停顿了,直到1534年重新进行。帕鲁齐、小桑迦洛先后又修改了设计,尽管未能完全恢复集中式布局,但集中式的体型仍然占优势。1547年,教皇委托米开朗琪罗主持大教堂工程。米开朗琪罗抱着"要使古代希腊和罗马建筑黯然失色"的雄心壮志着手工作,他抛弃了拉丁十字形制,基本恢复了伯拉孟特设计的平面和穹顶,但大大修改了伯拉孟特的穹顶设计,使穹顶得以饱满的轮廓线显示出来。

圣彼得大教堂的建筑风格具有明显的文艺复兴时期提倡的古典主义形式,主要特征是罗马式的穹隆顶与希腊式的石柱式及平的过梁相结合。

## 八、巴黎卢浮宫

卢浮宫位于法国巴黎市中心的塞纳河北岸,始建于1204年,原是法国最大的王宫建筑之一。早在1546年,国王弗朗索瓦一世决定在原城堡的基础上建造新的王宫,此后经过9位君主不断扩建,历时300余年,形成一座呈U字形的宏伟辉煌的宫殿建筑群。卢浮宫是法国文艺复兴时期最珍贵的建筑物之一,以收藏丰富的古典绘画和雕刻而闻名于世(图3-49)。

图3-49 卢浮宫鸟瞰

今天的巴黎卢浮宫是世界上四大博物馆之一,藏有被誉为世界三宝的断臂维纳斯雕像、《蒙娜丽莎》油画和胜利女神石雕,拥有的艺术品收藏达40万件以上,包括雕塑、绘画、美术工艺,以及古代东方、古埃及和古希腊、古罗马等门类。有从古代埃及、希腊、埃特鲁里亚、罗马到东方各国的艺术品,有从中世纪到现代的雕塑作品,还有数量惊人的王室珍玩以及绘画精品,等等。

卢浮宫东立面是欧洲古典主义时期建筑的代表作品。东立面全长约172米,高28米,上下方向按照一个完整的柱式分作三部分:底层是基座,高9.9米;中段是两层高的巨柱式柱子,高13.3米;再上面是檐部和女儿墙。主体是由巨柱式的双柱形成的空柱廊,简洁洗练,层次丰宫。中央和两端各有凸出部分，将里面分为五段。两端的凸出部分用壁柱装饰，而中央部分用倚柱，有山花，因而主轴线很明确。立面前有一道护壕保卫着，在大门前架着桥（图 3-50）。

图 3-50　卢浮宫东立面

横向展开的立面，左右分五段，上下分三段，都是以中央一段为主的立面构图。这种构图反映着以君主为中心的等级制的社会秩序，同时也是对立统一法则在构图中的成功运用。

卢浮宫东立面的构图运用了一些简洁的几何结构。例如，中央部分宽 28 米，是一个正方形；两端凸出体宽 24 米，是柱廊宽度的一半；双柱与双柱间的中线距离 6.69 米，是柱子高度的一半；基座层的高度约是总高度的 1/3；等等。立面总体是单纯简洁的，法国传统的高坡屋顶被意大利式的平屋顶代替了，加强了几何性。

1981 年，新上任的法国总统弗朗索瓦·密特朗提出要修复整个法国的文化结构，其中最重要的项目就是卢浮宫的翻修和改建。在游历了欧洲和美国后，密特朗总统把这项任务委托给了美籍华裔建筑师贝聿铭。1989 年，在一片争议声中，玻璃金字塔屹立在“万馆之馆”——卢浮宫西面的拿破仑广场上。它既是卢浮宫扩建后的一个新出入口，又是卢浮宫新增的一件艺术瑰宝（图 3-51）。

图 3-51　卢浮宫玻璃金字塔

图 3-52　卢浮宫玻璃金字塔内景

玻璃金字塔高 21.6 米，各边长 35 米，采用不锈钢钢架支撑，塔的四个侧面，由 673 块晶莹透亮的菱形玻璃拼组而成。它的东、南、北面各有一个小金字塔，对着三个不同的展览馆。周围有三个水池，池面如镜，倒映着蓝天白云和建筑，把建筑与景观融为一体（图 3-52）。

## 九、巴黎凡尔赛宫

法国绝对君权最重要的纪念物是巴黎西南 23 公里处的凡尔赛宫，它不仅是君主的宫殿，而且是国家的中心。它巨大而傲视一切,用石头表现了绝对君权的政治制度,是17—18世纪法国艺术和技术成就的杰出体现者。

1624年,国王路易十三以1万里弗尔的价格买下面积达117法亩的凡尔赛宫原址附近的森林、荒地和沼泽地区并修建一座两层红砖楼房,作为狩猎行宫。当时的凡尔赛行宫仅拥有26个房间,一层为家具储藏室和兵器库,二楼为国王办公室、寝室、接见室、藏衣室、随从人员卧室等房间。17世纪60年代,路易十四决定以猎庄为中心建造大型宫殿,布局格式参照孚-勒-维贡府邸,并开始新建大园林(图3-53)。

图3-53　巴黎凡尔赛宫俯瞰

凡尔赛宫殿建造在人工堆起的台地上,坐东朝西,南北长400米,中部向西凸出90米长,建筑气势磅礴,布局严密协调。宫殿建筑摒弃了巴洛克的圆顶和法国传统的尖顶建筑风格,采用了古典主义风格建筑,立面以标准的古典主义三段式处理,即将立面划分为纵、横三段,建筑左右对称,造型轮廓整齐、庄重雄伟,被称为是理性美的代表(图3-54)。其内部装潢则以巴洛克风格为主,少数厅堂为洛可可风格(图3-55)。

凡尔赛园林布置在宫殿的西面,占地670公顷。以建筑轴线为主轴线,长约3千米,是整个园林的构图中心,华丽的植坛、精彩的雕塑、壮观的台阶和辉煌的喷泉均集中在轴线上或两侧。主轴线成为艺术中心,符合古典主义美学构图原则。主轴线两侧,对称地布置次级轴线,与宫殿的立面形成呼应,并与几条横轴线构成园林布局的骨架,编织成一个主次分明的几何网络,并体现鲜明的政治象征意义。凡尔赛园林与中国古典园林有着截然不同的风格,它完全是人工雕琢的,极其讲究对称和几何图形(图3-56)。

图 3-54　巴黎凡尔赛宫

图 3-55　凡尔赛宫室内装饰

图 3-56　凡尔赛园林

# 第四章 中国传统建筑艺术

中华民族的文化是最古老、最长寿的。我们的建筑同样也是最古老、最长寿的体系。在历史上,其他与中华文化约略同时,或先或后形成的文化,如埃及、巴比伦,稍后一点的古波斯、古希腊,以及更晚的古罗马,都已成为历史陈迹,而我们的中华文化则血脉相承,蓬勃地滋长发展,四千余年,一气呵成。

——〔中国〕梁思成

## 第一节 中国传统建筑的发展历程

中国是个土地辽阔、多民族、具有悠久历史文化的国家,中国建筑有7000年以上有实物可考的历史,3000年前已形成以木构架为结构、以院落式为基本布局的独特建构方式和建筑艺术,成为世界建筑艺术史上重要的组成部分。中国建筑学泰斗梁思成先生曾说:"中华民族的文化是最古老、最长寿的。我们的建筑同样也是最古老、最长寿的体系。"

中国木构架建筑在原始社会末期已经开始萌芽,经过奴隶社会到封建社会初期,通过各族劳动人民的不断努力,累积了丰富的经验,逐步形成为一个独特的建筑体系。在漫长的封建社会里,从个体建筑、建筑组群到城市规划,劳动人民创造了很多优秀的作品。这些作品反映了中国建筑在技术上和艺术上的成就,是中国文明也是人类建筑宝库中的一份珍贵遗产。

### 一、中国传统建筑的萌生与奠定

中国境内,在距今约50万年前的旧石器时代初期,原始人曾利用天然崖洞作为居住处所。距今六七千年前的新石器时代是我国古代建筑艺术的萌生时期,黄河中游的氏族部落,在利用黄土层作为壁体的土穴上,用木架和草泥建造简单的穴居和浅穴居,后来逐步发展为地面上的房屋。从长江流域的居住遗址看,以木料为主的地面建筑和干阑式建筑成为当时的主要居住形态。这两种木构架体系在经过几千年的不断演变与发展之后,逐渐形成我们今天所看到的中国完整的木构建筑。

(一)传统建筑的萌生

《易·系辞》谓"上古穴居而野处",《礼记·礼运》谓"昔者先王未有宫室,冬则居营窟,夏则居橧巢",都反映了原始人类在生产力很低的状况下可能采取的原始居住方式:穴居和巢居。长江流域的早期建筑形态是巢居式的,而黄河流域则是穴居式的。巢居式后来发展成为干阑式建筑,而穴居式则发展成为木骨泥墙建筑。

从今天所挖掘的各种建筑遗址中可以发现,在黄河中游肥沃的黄土地带,仰韶文化的母系氏族和其后的龙山文化的父系氏族公社,逐渐形成以穴居和浅穴居为特征的原始居住形态。《墨子·辞过》中指出:古之民未知为宫室时,就陵阜而居,穴而处,下润湿伤民,故圣王作为宫室。为宫室之法,曰:高足以辟润湿,边足以圉风寒,上足以待雪霜雨露,宫墙之高足以别男女之礼,谨此则止。

从西安半坡村的仰韶文化遗址中可以看出,当时的住房有两种形式:方形和圆形。方形的多为浅穴,面积20平方米左右,最大的可达40多平方米,穴深50~80厘米,门口有斜阶通至室内地面。浅穴四周的壁体内,紧密而整齐地排列着木柱,用编织和排扎的方法相结合,构成壁体,支承屋顶的边缘部分。住房中间又以四柱作为构架的骨干支撑着屋顶。屋顶可能为双坡顶或攒尖顶,壁体和屋顶铺敷草泥土或草,室内地面用草泥土铺平压实。圆形房屋一般建造在地面上,直径4~6米,周围密排较细的木柱,柱与柱之间也用编织方法构成壁体,室内有二至六根较大的柱子(图4-1)。

图4-1　穴居

仰韶文化房屋的墙体多采用木骨架上扎结枝条后再涂泥的做法,屋顶往往也是在树枝扎结的骨架上涂泥而成,形成"木骨泥墙"建筑。当时的房屋,就构造技术来说,已经是在长期定居条件下积累了相当经验的结果。用于木料加工的工具,有石刀、石斧、石锛、石凿等。半坡氏族的公共大房屋的中心四个木柱直径达到45厘米,周围壁体内较小的33根木柱的直径也有20厘米左右,由此可知当时采伐木料和施工技术所达到的水平。到仰韶文化末期,出现了柱子排列整齐、木构架和外墙分式明确、建筑面积达150平方米的实例,表明木构架建筑技术水平达到了一个新的高度。

在长江下游新石器时代晚期的居住遗址中，发现住房有两种方式。一种位于平坦的岗地上，每个聚落面积不大，但往往彼此毗邻成群。因为这些地区的土质多为黏土，排水慢，含水量大，因此多在地面上建造窝棚式住房。住址的平面有圆形和方形，墙壁和屋顶可能是在用植物干茎纺织的骨架上敷以泥层。另一种位于平原或湖泊与河流附近，地势低沉和地下水位较高，房屋下部往往采用架空的干阑式结构，也就是在密集的木桩上建造长方形或椭圆形平面的房屋。它借助天然树木作为支柱，用木料相互交错绑扎成架空的木巢。据推断，这种木巢可能具有平台、墙体及屋顶等部分。《韩非子·五蠹》说：上古之世，人民少而禽兽众，人民不胜禽兽虫蛇。有圣人作，构木为巢，以避群害。这反映出树巢建筑产生之初的情况。这种树巢式建筑后来继续发展成为“干阑式建筑”。《旧唐书·南蛮传》记载：“山有毒草及虱蝮蛇，人并楼居，登梯而上，号为‘干阑’。”即抛开了自然树木的限制，以人工木桩式的支柱为基座，建筑主体被架空于其上，外观如两层楼，上层是用于居住的房屋和进行活动的平台，下层支柱之间用于饲养家畜(图4-2)。

在距今七千年左右的浙江河姆渡遗址中，有今天所知的干阑式建筑的最早遗迹，而现在在中国南部和西南地区仍可见到大量的干阑式建筑，如四川山区的吊脚楼、云南少数民族地区的竹楼等。余姚河姆渡遗址是我国最早采用榫卯技术构筑木结构房屋的一个实例。木构件遗物有柱、梁、枋、板等，许多构件上都带有榫卯，有的构件还有多处榫卯(图4-3)。根据出土的工具来推测，这些榫卯是用石器来加工的。

图4-2　干阑式建筑

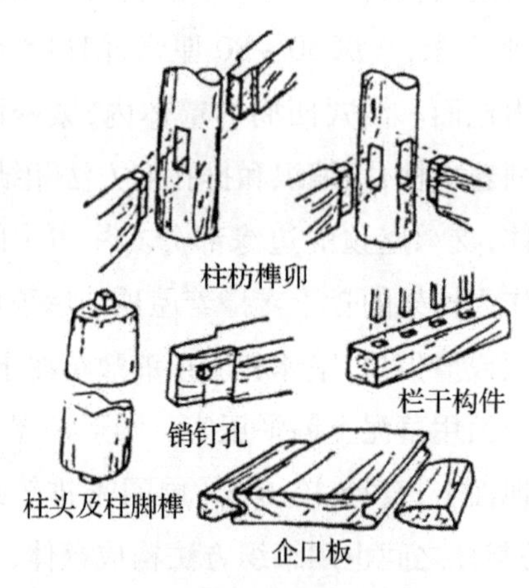


图4-3　榫卯

可见，六七千年以前，中国的不同地区因生存条件的不同而存在很多种建筑形态，但多为木构，成为我国木结构建筑体系的萌芽。从对各个遗址的考古发现，在原始时代，最早的祭祀形态已经出现。祭祀空间的存在表明建筑不再仅仅是物质生活的手段，同时也是社会意识形态的一种表征方式和物化形态。这一变化，促进了建筑技术和艺术向更高的层次发展。

（二）传统建筑的奠定

中国的奴隶社会为夏、商、周三代，从各种遗址和遗迹来看，当时的城市建设及宫室建筑发达，这在《诗经·大雅·绵》所谓“百堵皆兴，鼛鼓弗胜”的景象中有所体现，同时还提及“乃立皋门,皋门有伉。乃立应门,应门将将”,说明我国最早的宫殿三朝五门制度在当时的都城建造中已有雏形。

夏代的建筑遗址尚在探索中,据文献记载,夏朝曾修建了城郭沟池,同时又修筑了宫室台榭,奢侈享乐。随着商代(前1600—前1046年)的兴盛和制造业的发达,商代的房屋建造水平大大提高。从已发现的商朝文字“甲骨文”中一些与建筑有关的字如“宅”“宫”“高”“宗”“京”(图4-4)等,可以推测当时房屋下部有些在地面上建台基,有些使用干阑式构造,在已发现的都城和城址当中有许多面积很大的夯土台基,台基上往往有多座建筑遗迹,这一推测得到证实。

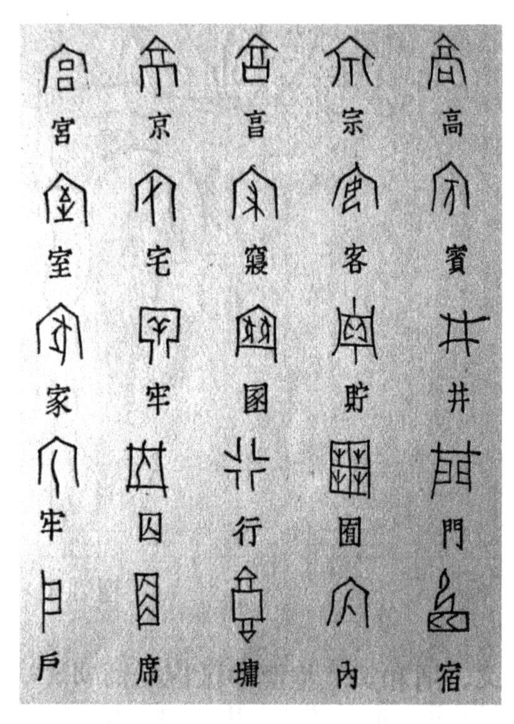


图4-4 甲骨文中有关建筑的字

在河南偃师二里头发现了商初被认为可能是成汤都城的宫殿遗址(图4-5)。这是一座残高约80厘米的夯土台,东西约108米,南北约100米。夯土台上有八开间的殿堂一座,周围有回廊环绕,南面有门,反映了我国早期封闭庭院的面貌。殿堂建筑面积约350平方米,柱径达40厘米。从殿堂柱列整齐、前后左右相互对应、开间较统一等方面来看,木构架技术已有了较大提高。这一建筑遗址是至今发现的我国最早的规模较大的木架夯土建筑和庭院的实例。在随后发现的二里头另一座殿堂遗址中,可以看到更为规整的廊院式建筑群。

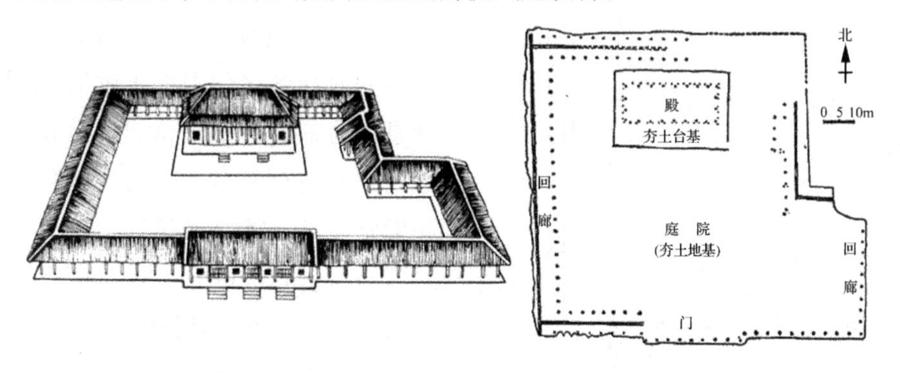


图4-5 河南偃师二里头一号宫殿遗址及复原图

河南郑州一带曾是商朝中期一座重要城市。郑州商城城墙遗址的周长7公里,呈长方形,土墙现高4米,最高处达9米,基底宽6米,夯层厚达8厘米至10厘米。夯土台基用夯杵分层捣实而成,夯层匀平,相当坚硬,可见当时夯土技术已达到成熟阶段。这是中国古代建筑技术的一大进步。

商代后期的殷都，其遗址范围更大，达到 24 平方公里。宫殿区居于城址中心，四面环水，在实用功能上具有防卫作用。该区域南北长度为 1000 多米，东西宽度为 600 余米。纣王时广作宫室，广辟苑囿。史书载："南距朝歌，北据邯郸及沙丘，皆为离宫别馆。"

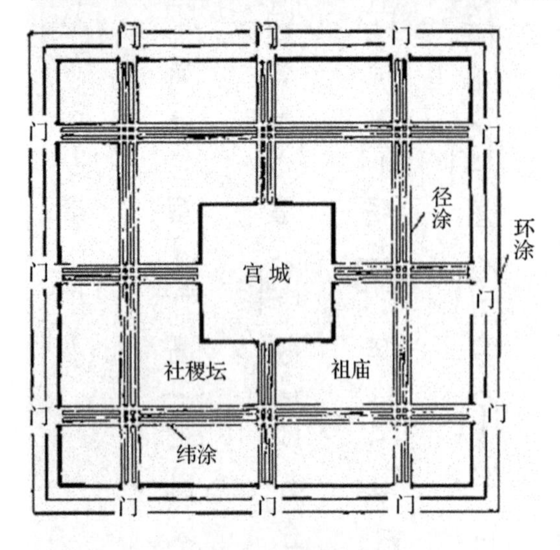


图 4-6　周王城形制

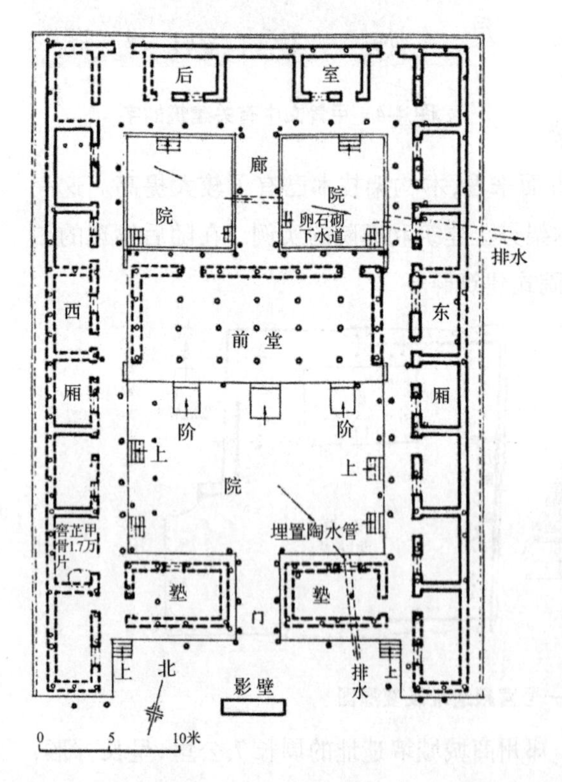


图 4-7　陕西岐山凤雏村西周建筑遗址平面

西周与春秋（前 1046—前 476 年）历时 600 余年。除首都镐京以外，这时期还建立了东都洛邑，并确立了严格的宗法分封制度，王城、诸侯都城必须依等级而建，所谓"名位不同，礼亦异数"。战国时期流传的技术记录书《考工记》载有都城制度："匠人营国，方九里，旁三门。国中九经九纬，经涂九轨。左祖右社，前朝后市……"（图 4-6）这些制度虽有待实物印证，但现存春秋战国时期的城市遗址中确有以宫室为主体的情况。《左传》与汉初所传《礼记》曾叙述周朝宫室的外部设有作为防御和揭示政令的阙，其次有五层门（皋门、应门、路门、库门、雉门）和处理政务的三朝（大朝、外朝、内朝）。其中阙在汉唐期间仍然使用，后来逐步演变为明清时期的午门。三朝和五门被后代附会、沿用，在很大程度上影响到隋朝以后历代宫室建筑的外朝布局。诸侯分封促使都邑建设日益繁盛，各受封诸侯均在自己的封地营构都城，周天子更是大兴土木，遂使建筑艺术渐趋繁荣发达。

春秋时期各诸侯国出于政治、军事统治和生活享乐的需要，建造了大量高台宫室，一般是在城内夯筑高数米至十几米的土台若干座，上面建殿堂屋宇。随着诸侯日益追求宫室华丽，建筑装饰与色彩也更为丰富，如《论语》描述的"山节藻棁"，《左传》记载鲁庄公"丹楹（柱）刻桷（方椽）"，就是这方面的例证。

陕西岐山凤雏村发现的西周建筑遗址，是迄今所知最早最严整的四合院实例（图 4-7）。该建筑群由两进院落组成，有明显的中轴线，沿中轴线布置了影壁、正门、前室、过廊和后室。院子两侧为厢房及回廊，将院子围成封闭状。这些说明，最迟在商代早期中国传统的院落式建筑群组合已经开始走向定型。梁思成先生对周代建筑做了深入研究后指出:“陕西一带当时之建筑乃以版筑为主要方法。然而屋顶之如翼,木柱之采用,庭院之平正,已成定法。”

瓦的发明是西周在建筑上的突出成就,从而使西周建筑脱离了“茅茨土阶”的简陋状态。到了春秋时期,瓦的使用已经相当普遍。在许多春秋时期的都城遗址中都可以看到大量板瓦、筒瓦以及部分半瓦当和全瓦当。在凤翔秦雍城遗址中,还出土了 36×14×6 厘米的砖以及质地坚硬、表面有花纹的空心砖,这说明中国早在春秋时期就已经开始了用砖的历史。

春秋时代出现了著名的建筑匠师鲁班。传说鲁班曾造云梯和九种攻城器械以及其他精巧的器物,为人们所崇敬,所以被后人奉为建筑工匠的祖师。

奴隶社会中国建筑艺术不论是在空间布局上还是在营造技术上均取得较大的成就,并且为后来封建社会的发展奠定了良好的基础。

## 二、中国传统建筑的形成与演进

中国建筑艺术的发展是随着中国社会的发展而发展的,它是以各时代的社会经济为基础,与当时社会的生产力和生产关系密切相关。中国封建社会建筑艺术的发展主要经历了以下几个阶段:(1)秦汉时期;(2)魏晋南北朝时期;(3)隋唐时期;(4)宋元时期;(5)明清时期。

### (一)传统建筑的形成

秦统一中国后建筑活动常见于记载,建筑成就突出,并且规模都极大,如筑长城、铺驰道等。秦始皇还模仿各种不同的宫殿,在咸阳北陂上——先有宫室一百多处,还嫌不足——建了著名的阿房宫。宫的前殿据说是“东西五百步,南北五十丈,上可坐万人,下可立五丈旗”(图 4-8)。秦始皇还驱使工匠们为他营造庞大而复杂的坟墓。在工程和建筑艺术方面,人民为建造这些建筑而发挥自己的智慧,创造了新的技术和积累了新的经验。但由于统治者的剥削和豪强兼并,土地集中在少数人手中,引起农民大反抗。秦末汉初,农民纷纷起义,项羽攻占咸阳后放火烧掉秦宫殿,火三月而不灭。在建筑上,人民的财富和技术的精华常常被认为是代表统治者的贪心和残酷的东西,因而在斗争中被无情毁灭了,项羽烧秦宫室便是个最早、最典型的例子。

**图 4-8　阿房宫复原图**

汉初,刘邦及其子孙一代代不断为自己建造宫殿和离宫别馆。据汉史记载:汉都长安城中

图 4-9　高颐墓阙

的大宫，就有未央宫、长乐宫、建章宫、北宫、桂宫和明光宫等，都是庞大无比的建筑。在两汉文学作品中有许多关于建筑的描写，歌颂当时建筑上的艺术成就和华丽丰富的形象，如《鲁灵光殿赋》《两都赋》《两京赋》等。在实物上，今天还存在着汉墓前面的"石阙""石祠"，在祠坛上有石刻壁画（在四川、山东、江苏、河南都有），还有在悬立的石崖上凿出的"崖墓"。此外还有殉葬用的"明器"（它们中很多是陶制的各种房屋模型）和墓室中有花纹图案的大空心砖块和砖柱。汉代的工商业兴盛，人口增加，又开拓疆土，对外贸易发展了灿烂的早期封建文化，大都市布满全国。汉建筑在汉末的农民起义中被破坏殆尽，其精华和全面形象所达到的水平，绝不是今天这一点剩余的实物所能够代表的。在建筑艺术方面，这一时期的建筑，除了少数汉石阙（图 4-9）和更少数的石祠以外，没有其他的实物遗留到今天，但从石阙、石祠、砖石墓室、明器、画像砖石和铜器等中可以大致看出当时的建筑形象。

从秦汉到三国，中国传统建筑的基本形态及建构手法已成体系，整体上呈现出古朴、典雅的风格。

以木构架为主要结构方式的中国建筑体系，根据文献记载和遗址呈现，春秋时代已开始建造重屋和高台建筑，战国时代不仅进一步发展高台样式，某些铜器上还镂刻若干二三层的房屋。西汉时期高台建筑虽仍然流行，但由东汉起高台建筑逐渐减少，而多层楼阁大量增加。汉代宫殿的高台建筑对后世的皇家建筑影响很大。

秦汉时期木构架的结构技术已日渐完善，两种主要的结构方法——台梁式和穿斗式都已经发展成熟：北方及四川等地建筑多用台梁式构架，间或用承重的土墙，南方则用穿斗式。中国建筑所特有的斗栱，从西周初年到战国时代若干铜器的装饰图案中可以发现柱上已有栌斗。到了汉朝，斗栱不仅见于西汉文献，还见于东汉的石阙、崖墓等建筑中。从东汉至三国时期，斗栱发展到相当成熟的阶段，使用范围相当广泛。汉朝由木结构而形成五种基本屋顶形式——庑殿、悬山、囤顶、攒尖和歇山，为后来的建筑形态发展奠定了基础。

从东汉和三国的各种建筑遗存中可以看到，利用屋顶形式和各种瓦件作为装饰构件，成为中国古代建筑的一个突出特征。例如，屋顶上正脊和戗脊的尽端微微翘起，用筒瓦和瓦当予以强调，并在脊上用凤凰及其他动物作装饰。汉代瓦当（图 4-10）是在秦代瓦当的基础上发展起来的，与秦瓦当相比，汉代瓦当不仅数量多，而且种类更加丰富，制作也日趋规整，纹饰图案井然有序。尤其值得注意的是文字瓦当的大量出现，不仅完善了瓦当艺术，同时也开辟了一个全

图 4-10　出土汉瓦当

新的艺术领域，更加鲜明地反映了当时的社会经济和意识形态。汉代瓦当花纹题材大大增加，主要分为人物纹样、几何纹样、植物纹样和动物纹样等，装饰主要用于瓦当、地砖、梁、柱、斗栱、门、窗、墙壁、天花等处。总之，汉代瓦当以其数量之多，质量之精，时代特征之鲜明，文化内涵之丰富，把中国古代瓦当艺术推向了最高峰。

同时，门窗都被作为装饰部分而加以艺术处理。门扇上有称为“铺首”的兽首含环；窗子通常装直棂，也有斜格和琐文等较为复杂的花纹；室内的藻井至少有“覆斗形”和“斗四”两种形式。

（二）传统建筑的拓展

魏晋南北朝时期是中国历史上充满民族斗争和民族融合的时期，同时也是域外文化输入及宗教建筑形成和发展的时期。这时期的建筑，除宫殿、住宅、园林等继续发展以外，又出现了新的建筑类型：佛教建筑和道教建筑。各朝的统治阶级利用宗教作为精神统治的工具，建造了大量的宗教建筑，特别是佛教建筑。如十六国时期，后赵石勒和前秦苻坚大兴佛教，建立寺塔；北魏和南朝的齐、梁尤为崇佛，广建寺塔，遍及全国。唐代诗人杜牧云：“南朝四百八十寺，多少楼台烟雨中。”这个时期还开凿了若干规模巨大和雕刻精美的石窟，成为存留至今的一份极为宝贵的文化遗产。总之，魏晋南北朝时期的工匠在继承秦汉建筑成就的基础上，吸收了印度、犍陀罗和西域佛教艺术的若干因素，丰富了中国建筑，实现了建筑艺术文脉的转变和拓展，为隋唐建筑的发展奠定了基础。

汉代文化艺术经过大劫延续到了晋初，由于受到西域文化的影响，艺术作风上产生了很多新的因素。在汉代的基础上，建筑发生了比较缓和而极丰富的变化。但是到了北魏，经过大战乱时期，北方少数民族入主中原，受大量和汉族文化不同体系的艺术影响，建筑活动也随之发生了变化。这个时期的建筑活动除却帝王的宫殿之外，最主要的是宗教建筑，如寺院、庙宇、石窟寺或摩崖造像、木塔、砖塔、石塔等，并且都有许多杰出的新创造。北魏的统治者是鲜卑族，建都大同时开凿了云冈石窟，最初式样曾依赖西域僧人，所以从刻像到花纹都带着浓重的西域和印度的情调。北魏迁都洛阳以后，又开凿龙门石窟。当是中国匠人对于雕刻佛像和佛教故事已很熟练，艺术题材虽仍是外来的佛教，但在表现手法上却有强烈的中国传统艺术的气息和作风。

在木构建筑物方面，外来文化的影响始终不大，只在原有结构或平面布局上加以某些变革来解决佛教所需要的内容。最典型的例子就是佛塔。佛塔原是为了埋藏舍利（佛祖释迦牟尼遗骨）供佛徒礼拜而建造的，传到中国后，与东汉时已有的多层木构楼阁相结合，形成了中国式的木塔。当时的塔基本上是汉代的“重屋”,也就是多层的小楼阁,上面加了佛教的象征物,如塔顶上的“覆钵”和“相轮”(这个部分在塔尖上称作“刹”,就是缩小的印度的墓塔,中国译音的名称是“窣堵坡”或“塔婆”)。除了佛塔之外,中国传统的庭院式木构架建筑越来越多地应用于佛寺的建造中,只是内部的功能改变了。因为是为佛教服务的,所以凡是装饰和壁画等,主要都是传达宗教思想的题材。那时的劳动人民渗入自己虔诚的宗教热情,创造了活跃而辉煌的建筑艺术。这个时期的木构建筑因种种原因,没有保存到现在。南朝佛教建筑的精华,大多数是木构的,但现在没有一个存在的实物。南北朝时期木构建筑只有一座木塔,在文献中描写得极为仔细,那就是著名的北魏洛阳“胡太后木塔”。这篇写实的记载给了我们很多可贵的很具体的资料供参考,且可以和隋、唐以后的木构塔做比较。

图 4-11　济南四门塔

这段时期里,比木构耐久的石造和砖造建筑与雕刻,保存至今的还有很多,如敦煌、云冈、龙门、南北响堂山、天龙山等著名石窟,独立的建筑如嵩山嵩岳寺砖塔和山东济南郊外的四门塔(图 4-11)。石窟为后世留下了极其丰富的建筑装饰花纹。除秦汉以来传统的纹样外,随同佛教艺术而来的印度、波斯和希腊的装饰,有些不久就被放弃,但是火焰纹、莲花、卷草纹、璎珞、飞天、狮子、金翅鸟等,不仅用于建筑方面,后代还应用于工艺美术方面,特别是莲花、卷草纹和火焰纹的应用范围更为广泛。

魏晋南北朝时期,中国自然风景式山水园林有了很大发展。北魏末期贵族们的住宅后部往往建有园林,园中有土山、钓台、曲沼、飞梁、重阁等。同时叠石造山的水平也有所提高,或作重岩复岭,或构深壑洞溪,有若自然。魏晋以来,一些士大夫标榜旷达风流,爱好自然野致,在造园方面,聚石引泉,植林开涧,企图创造一种比较朴素自然的意境。与早期的园林艺术相比,这个时期的园林艺术具有以下特点:一是规模上、尺度上比以前大;二是寺庙园林的兴起;三是士人园林的诞生;四是把园林景观与山水自然看作人格的延伸,意图向清雅、含蓄、宁静的方向发展。

在技术方面,大量木塔的建造,显示了木结构技术所达到的水平。当时木塔都采用方形平面,而中小型木塔,可能用中心柱贯通上下,以保证其整体的牢固。这时斗栱的结构性能得到进一步发挥,已经用两跳的华栱承托出檐。建筑构件在两汉的传统上更为多样化,不但创造了若干新构件,而且形象上也朝着比较柔和精丽的方向发展。屋面形式较之汉代亦有较大的发展。东晋的壁画和碑刻中出现了屋角起翘的新式样,并且有了举折,使体量巨大的屋顶显得轻盈活泼。

河南登封嵩岳寺塔(图 4-12)的建造标志着砖结构技术的巨大进步,它的形象和色调所表达的艺术效果是刚劲之中又有婀娜多姿。石工的技术，到南北朝时期，无论是在大规模的石窟开凿上还是在精雕细琢的手法上，都达到了很高的水平。在石刻方面，从南京郊区一批南朝陵墓的石辟邪、墓表中可以看出技术水平比汉代有了进一步提高，辟邪简洁有力，概括性强（图4-13）；墓表比例精当，造型精练优美，细部处理贴切。

图4-12　河南登封嵩岳寺塔

图4-13　南京梁萧景墓辟邪

（三）传统建筑的成熟

隋唐时期是中国封建社会前期发展的鼎盛时期，也是中国古代建筑艺术发展成熟的时期。这个时期的建筑艺术在继承前人的基础上，大有创新，风格雄浑，气象阔大，一派盛世风貌，体现出史诗般的恢宏气度和磅礴之势，形成一个完整的建筑体系。唐代建筑在造型上，在细部的处理上，在装饰纹样上，在木刻石刻的手法上，在取得外轮廓线的柔和或稳定的效果上，都已有极谨严、极精妙的方法，成为那个时代的建筑特征。五代和辽的建筑基本上继承了唐代所凝固的风格及做法，就是宋初的建筑和唐末的风格也非常接近。

隋朝统一中国后，开凿了伟大的水利工程——京杭大运河，北起涿郡（北京），南至杭州，跨越黄河、长江，全长2500公里，成为南北交通大动脉，大大促进了中国南北地区经济文化的交流。另一项伟大工程就是由名匠李春设计、主持建造的河北赵州安济桥（图4-14）。它是现今世界上最古老的敞肩石拱桥，是我国石拱结构桥中的瑰宝，其工艺之高超与精湛，堪称古代世界桥梁史上之一绝，时至今日，不

图4-14　河北赵州安济桥

仅仍以其优美的造型为世人所惊叹,而且在工程意义上还在继续发挥作用。

隋文帝在582年兴建新都大兴城(今陕西西安市),东西18里,南北15里,其规模宏大、区域分明以及街道的规整划一,都超过了历代都城。唐长安城就是以大兴城为基础,建设成为当时世界上最大的城市。长安城东西9721米,南北8651.7米,周长36公里,面积为84.10平方公里,人口达100余万,是世界名城巴格达的2.8倍,罗马城的6.2倍,拜占庭的7倍,长安宫城与皇城之间的横街宽达220米,可见长安城是古代名副其实的天下第一帝都。

长安城的宫殿建筑群体量恢宏、尺度巨大。位于长安城东北的大明宫,面积3.3平方公里。从大明宫含元殿遗址可以看出,含元殿宽十一间,殿基高出地面10余米,其前有长达75米的龙尾道。“殿左右有砌道盘上。谓之龙尾道。陛殿上高于平地四十余尺,南去丹凤门四百步。”含元殿建筑群平面呈“冂”形,其主体殿宇左右前方建有翔鸾、楼凤两阁,殿前广场宽阔,又据以高地,形象雄伟、气宇轩昂,表现了中国封建社会鼎盛时期雄浑的建筑风格。大明宫另一组华丽宫殿——麟德殿由前、中、后三座殿阁所组成,面宽11间,进深17间,面积约是明清紫禁城太和殿的3倍。

佛教在唐朝得到了很大的发展,唐朝兴建了大量佛寺、佛塔、石窟等。寺塔等宗教建筑也体现了“有容乃大”的大唐气度。寺院建筑规模宏大,据史书记载位于左街靖善坊的大兴寺“寺殿祭广,为京城之最”。唐代寺院的平面布局是以殿堂、门廊等构成的以庭院为单元的群体,如著名的大慈恩寺“凡十余院,总一千八百九十七间,敕度三百僧”,可见寺院恢宏无比,赫然唐风。

留存至今的山西五台山南禅寺正殿和佛光寺大殿,堪称中国建筑史上的“国之瑰宝”。南禅寺正殿建于唐建中三年(782),平面近似方形,三开间,宽11.75米,进深10米,单檐歇山顶,出檐平缓有力,檐柱12根,殿内无柱。整体比例尺度极为和谐舒展,是古代建筑的精品,虽体量不大,却体现出大唐建筑雄浑、有力、坚实沉稳的艺术风格。

佛光寺大殿(图4-15)建于唐大中十一年(857),正殿面阔7间,长34米,进深4间,宽17.66米,平面呈长方形,是唐代木构殿宇的典范之作。佛光寺大殿在创造佛殿建筑艺术方面,表现了结构和艺术的统一,也表现了在简单的平面里创造丰富的空间艺术的高超水平。大殿采用内、外槽的结构,在结构上以列柱和柱上的阑额构成内外两圈的柱架,再在柱上用斗栱、明乳栿、明栿和柱头枋等将两圈柱架紧密联系起来,支持内外槽的天花,形成了大小不同的内外两个空间。内槽为摆放佛像做了特殊处理,使得内槽的建筑空间与佛像成为有机的整体。大殿内外槽空间的结构构件的尺度处理,也考虑到与佛像的关系,例如,内外槽间的柱、枋与佛像的视线关系,恰好能将佛像、背光收入视野内;佛像高于柱高,而基座低矮,无形中增大了佛像的尺度。同时内外槽尺度及内槽与佛像的尺度比例,也都有助于突出佛像的主要地位。此外,内槽繁密的天花与简洁的月梁、斗栱,精致的背光与全部朴素的结构构件等形成恰当的对比。在整个大殿内部的艺术处理中,对比手法的运用是相当成功的。大殿的外貌,下面用低矮的台基,立面(图4-16)每间比例近于方形。柱有生起及侧脚。各柱头上直接放置硕大的斗栱,屋顶的正脊长三间。在外观构图上，也使正脊、屋顶、鸱尾和殿身各间构成和谐的比例。这些，再加上屋檐和缓的起翘以及造型遒劲的鸱尾，使整个立面呈现出庄重稳定的形象。斗栱与柱高的比例为1:2，但因为出挑达到四挑，整个屋檐挑出近4米，所以在感觉上斗栱的尺度比实际大得多。由于屋顶采用1:2的和缓坡度，站在殿前看不到屋面，这样就更突出了斗栱在整个立面构图上的重要地位，使斗栱在结构和艺术形象上发挥了重要作用。这种比例关系，表现出唐代建筑稳健雄丽的风格，充分体现了唐代对阳刚、雄健、庄严、明丽的美学意蕴的追求。

图4-15　佛光寺大殿

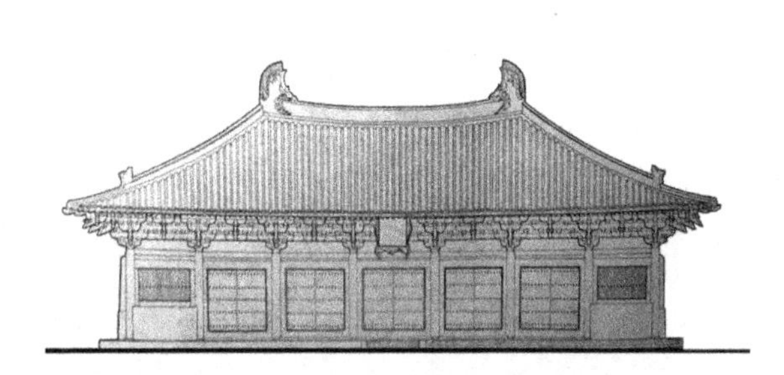

图4-16　佛光寺大殿立面

南北朝时期，塔是佛寺组群中的主要建筑，但到了唐朝，佛塔尽管不位于组群的中心，但还是佛寺的一个重要组成部分。它挺拔高耸的姿态，对佛寺组群和城市轮廓面貌都起着非常重要的作用。唐代佛塔以木构为主，但由于木构易遭天摧人毁，故许多木塔都不存在了，现在保存的大多是砖塔。如西安的香积寺塔、荐福寺小雁塔(图4-17)、兴教寺玄奘塔(图4-18)和大理崇圣寺千寻塔等。就外形方面来说，大致可分为楼阁式塔、密檐塔和单层塔三个类型。塔的平面，除了极少数的例外，全部是正方形。当砖的产量和用砖的结构技术达到一定水平时，用砖来代替木材建筑塔是一种必然的途径，在形式上模仿木塔的形式也是极自然的事情。这种

图4-17　西安荐福寺小雁塔

图4-18　西安兴教寺玄奘塔

塔从北魏中期开始建造，到唐代陆续发展，各层外壁逐层收进，并隐起柱、枋、斗栱，覆以腰檐，只是没有平座。西安兴教寺玄奘塔是一个重要的范例，这座塔是中国现存楼阁式砖塔中年代最早和形制简练的代表作品。唐代的佛塔整体形象简洁、稳重、敦实，大气磅礴。

唐朝作为中国古代封建社会中期的强盛王国，不仅在其都城长安的规划和宫殿建筑上表现出威势，也在陵墓建筑上反映了这一时期的博大气魄。唐朝的皇陵在总体上继承了前代的形制，以陵体为中心，陵体之外有方形陵墙相围，墙内建有祭祀用的建筑，陵前有神道相引，神道两旁立石雕。但它与前代不同的是选用自然的山体作为陵体，代替了过去人工封土的陵体。陵前的神道比过去更加长了，石雕也更多，因此尽管它没有秦始皇陵那些成千上万的兵马俑守陵方阵，但是在总体气魄上比前代陵墓显得更为博大。唐高宗和皇后武则天合葬的乾陵是唐皇陵中最突出的代表。乾陵位于陕西乾县，选用的自然地形就是乾县境内的梁山。梁山有三峰，地宫即位于最高峰北峰之下，而南面较低两峰左右对峙犹如人乳，故称乳头山，神道即位于乳头山之间直至北峰，神道两旁依次排列着华表、飞马、朱雀、石马、石人等。整个陵体安有三道阙门，气势非凡，二道阙内更是排列有当时臣服于唐朝的外国君王石像60余座，像的背部刻有国名和人名，以显示当时国运之盛。神道共长4公里有余，其气魄自然是依靠人工堆筑的土丘陵体所无法比拟的（图4-19）。

图4-19　陕西乾陵

由于经济发展，社会财力雄厚，统治阶级建造了许多华美的宅第和园林，在住宅后部或宅旁掘池造山，建别院或较大的园林，还在风景优美的郊外营建别墅。这一时期的私家园林得到比较大的发展，上层阶级欣赏奇石的风气，从南北朝到唐朝，逐渐普遍起来，尤以出产太湖石的苏州，园林中往往用怪石夹廊或叠石为山，形成咫尺山岩的意境。

唐朝的社会改革促使唐朝的经济繁荣，生产力大大提高，商业、手工业日益发展，国际文化交流与思想活跃、文艺繁荣，使唐朝成为中国古代文化的灿烂时期，同时也推动了建筑的发展。英国学者威尔斯说：“当西方人的心灵为神学所缠迷而处于蒙昧黑暗之中时，中国人的思想却是开放的、兼收并蓄而好探求的。”唐文化博大精深，全面辉煌，泽被东西，独领风骚。唐都长安，那时是世界上最为繁华、最为富庶和文明的城市，为各国人民所向往。当时有位从西方来华学习的“梵僧”写诗道：“愿身长在中华国，生生得见五台山。”世界学者公认的“中华文化圈”其总体格局，也是在隋唐时期完成的。

唐文化对东亚各国，尤其是对日本的影响更为突出，如今天在日本被尊为“正统”的“和样”建筑，即是唐代风格。日本的平城、平安京的规划，唐招提寺等建筑，就是由日本派遣的使臣、留学生以及中国高僧鉴真等依照唐朝都城、宫殿、寺院建造的。

唐代的建筑形成了一个完整的建筑体系。它规模宏大，气势磅礴，形体俊美，庄重大方，整齐而不呆板，华美而不纤巧，舒展而不张扬，古朴却富有活力——正是当时时代精神的完美体现，中国建筑艺术在这个时期达到了一个高峰。

（四）传统建筑的交融

唐朝衰亡后，经过半个世纪的“五代十国”战乱，宋朝于公元960年建立。宋朝分为北宋和南宋两个时期。那时北方先后有辽、金两个政权与之抗衡，其后金与南宋相继被元朝所灭。宋元时代的中国建筑，上承隋唐，下启明清，在纷繁复杂的历史形态中，一般表现出清逸严谨、秀美精巧、造型柔和绚丽的艺术风格，并进入中国建筑理论的成熟期。

宋真宗时期（998—1022）前后，运河疏浚和江南通航，使工商业大大发展，在宋都汴梁（今开封），公私建造都极兴盛，建筑匠人的手法开始倾向细致柔美，对于建筑各个部位的塑形更敏感、更注意了，各种楼阁都极其窈窕多姿。作为北宋首都和文化中心的汴梁，介于南北两种不同建筑倾向的中间，同时受到南方的秀丽和北方的壮硕风格的影响。这时期宋都的建筑风格各样，可以说是南北风格的结合。

宋朝建筑的规模一般比唐朝小，无论组群与单体建筑都没有唐朝那种宏伟刚健的风格，但比唐朝建筑更为秀丽、绚烂而富于变化，出现了各种复杂形式的殿阁楼台。汴京当时多用重楼飞阁一类的组合，如《东京梦华录》中所描写的樊楼等。宫中游宴的后苑中，藏书楼阁每代都有建造。我们还能从许多宋画中见到它们大略的风格和姿态。北宋之后，文化中心开始南移，南方的建筑一方面受到北宋官式制度的影响，另一方面又受到南方自然环境、材料、建筑手法等因素所影响而表现出其他特征。在气魄方面失去唐全盛时的雄伟，但在绮丽和精致的加工方面，宋代却有极大贡献。

在装修、装饰和色彩方面，灿烂的琉璃瓦和精致的雕刻花纹及彩画，增加了建筑的艺术效果。手工业的发展，促进了建筑材料的多样化，提高了建筑技术的细致精巧水平。这时建筑构件的标准化在唐代的基础上不断发展，各工种的操作方法和工料的估算都有较严密的规定，并且出现了总结这些经验的《木经》和《营造法式》两部具有历史价值的建筑文献。

偏安于淮河以南的南宋，统治地域大大缩小，因此宫室的规模比北宋更小，但精巧秀丽的建筑风格却进一步发展了。传统的园林建筑，经过北宋到南宋，更密切地和江南的自然环境相结合，创造了一些因地制宜的手法，一直影响到明清。

金、元都是北方民族统治中国的时代，建设都是在经过了一个破坏时期之后，工艺水平降低很多，始终不能恢复到宋朝全盛时期的水平。金的建筑在外表形式上或仿汴梁宫殿，或仿南宋纤细作风，不一定尊重传统，常常篡改结构上的组合，反而放弃宋代原来较简单合理和优美的做法，而增加烦琐无用的部分。我们可以从金代的殿堂实物上看出许多不同于宋代的地方。据记载，金中都的宫殿是“穷极工巧”，但“制度不经”，意思就是说金的统治者在建造上是尽量奢侈，但制度形式不遵循传统，相当混乱。金人自己没有高度的文化传统，一切接受汉族制度，当时金的“中都”的规模就是模仿北宋汴梁，因此保存了宋代宫城布局的许多特点。

元朝统治时期，中国版图空前扩大，横跨欧亚两洲，大陆交通的畅通，使中国和欧洲的文化有着更多的交流。当时陆路和海路常有外族的人才来到中国，在建筑上也曾受到一些阿拉伯、波斯等地建筑的影响，如在忽必烈的宫中引水作喷泉，又在砖造的建筑上用彩色的琉璃砖瓦等。在元代的遗物中，最辉煌的实例就是北京内城，它是总结了历代都城的优秀传统，参考了中国古代帝都规模，又按照北京的特殊地形、水利等实际情况而设计的。

在统一的元帝国中，由于民族众多，各民族又有着不同的宗教和文化，经过相互交流，给传统建筑的技术与艺术增加了新的内涵。这个时期宗教建筑相当发达，原来的佛教、道教及祠祀建筑仍保持一定的数量。此外，从西藏至大都建造了很多喇嘛教寺院和塔，带来了一些新装饰题材及雕塑、壁画的新手法。新疆、云南及东南地区的一些城市陆续兴建伊斯兰清真寺，并与中国建筑相结合，形成独立的风格。此外，元大都宫殿还出现了若干新型建筑和新的建筑装饰。这些都为明、清建筑的发展创造了条件。

在建筑艺术方面，这时期建筑的总体布局和唐朝不同的是组群沿着轴线排列若干四合院，加大了纵深发展的程度，如正定隆兴寺。另外一些组群的主要建筑已不是由纵深方向的二三座殿阁所组成，而是四周以较低的建筑，拥簇中间高耸的殿阁，成为一个整体，如在宋画《明皇避暑图》(图4-20)、《滕王阁图》和《黄鹤楼图》中都有所体现。从这些资料中还可以看到组群的每一座建筑物的位置、大小、高低与平坐、腰檐、屋顶等所组合的轮廓以及各部分之间的相互关系都经过精心处理，并且善于利用地形，饶有园林风趣，实物中如山西太原晋祠就是一例。北宋天圣年间的山西太原晋祠(图4-21)，是一组带有园林风味的祠庙建筑。其中圣母殿是园中最精致的建筑，是《营造法式》中所谓“副阶周匝”形式的实例，因殿内无柱，室内甚为高敞，

图4-20　明皇避暑图

图4-21　太原晋祠

殿内的四十尊侍女塑像，是宋代雕塑之精品。在外观上，这座殿角柱生起颇为显著，而上檐柱尤甚，使整座建筑具有柔和的外形，与唐代建筑雄朴的风格不同。

单体建筑的造型，北宋木构架在唐、五代的基础上有了不少新发展。首先是房屋面阔一般从中央明间起向左右两侧逐渐减少，形成主次分明的外观。其次柱身比例增高，开间成为长方形，而斗栱相对地减小，同时补间铺作加多，因而艺术形象与唐朝建筑差别较大。在装饰和细部装修方面则更加精致、细腻。屋顶的坡度是构成组群建筑形象的一个重要因素，因而规定了房屋越大屋顶坡度越陡峻的原则和比例。屋顶上或全部覆以琉璃瓦，或用琉璃瓦与青瓦相配合成为剪边式屋顶；彩画和装饰的比例、构图与色彩都取得了一定的艺术效果，因而当时的建筑给人以柔和而灿烂的印象。南宋建筑虽然实物偏少，但从当时绘画中表现的建筑风格，可以看出由柔和绚丽的倾向发展到偏于小巧、精致、工整和繁缛了。

辽代基本上继承了唐朝简朴、浑厚雄壮的风格。在整体和各部分的比例上，斗栱雄大硕健，出檐深远，屋顶坡度平缓，曲线刚劲有力。细部手法简洁朴实，雕饰较少。这就使得辽、宋建筑具有迥然不同的形象。河北蓟县独乐寺现存的辽代建筑山门（图4-22）及观音阁就体现了这些特点。

与南宋约略同时的金是辽和北宋建筑的继承者，因而在建筑的艺术处理方面，融合了宋辽建筑的特点。在外形比例上，以大同上华严寺大殿（图4-23）为例，开间比例已成为长方形，柱身很高，斗栱用材虽然与唐代佛光寺大殿相像，出檐很远，屋檐曲线雄劲有力，但由于开间和柱、斗栱的比例不同，总的风格自然也与唐、辽不同。

图4-22　蓟县独乐寺山门

图4-23　大同上华严寺大殿

这一时期的塔较之唐代又有所不同，唐代之塔多为四边形，而此时之塔则多为八角形，其中的代表作当属山西应县佛宫寺释迦塔。该塔建于辽清宁二年（1056），是现存最古的一座木塔。塔平面八角形，高九层，其中有四个暗层，所以外部看来只是五层，再加最下层是重檐，共有六层檐。这座楼阁式木塔高达67.3米，底层直径30.27米，体形庞大，但由于在各层屋檐上配有向外挑出的平坐与走廊，以及攒尖的塔顶和造型优美而富有向上感的铁刹，不但不感觉其笨重，反而呈现着雄壮华美的形象。

（五）传统建筑的终结

明清时期(1368—1911)是中国封建社会的晚期。随着经济文化的发展,建筑艺术也达到了新的高峰,建筑业趋向程式化、定型化,建筑规模不断扩大,建筑装饰也变得烦琐复杂起来。在建筑艺术史上,这既是一个海纳百川式的集大成时代,又是一个古典建筑艺术走向终结的时代。

明代推翻元朝建立起统治政权。最初朱元璋建都南京,派人将北京元故宫毁去,元代建筑的精华因此损失殆尽。朱元璋在南京征全国工匠 20 余万人建造宫殿,规模宏壮,并且特别强调中国原有的宗教礼节,如天子的郊祀(祭天地和五谷的神),重视坛庙制度。40 年后,朱棣(明永乐帝)迁回北京建都,在元大都城的基础上重新建设。今天北京的故宫大体是明初的布局,后来清代重建了绝大部分的殿堂。明代原物还剩下几个完整的组群和几座个别的大殿。社稷坛、太庙和天坛,都是明代首创的宏丽的大建筑组群,尤其是天坛的规模和体形更是杰作。明初是封建经济复兴时期,工人的创造力大大提高,工商业的进步超越过去任何时期。建筑方面,表现在气魄庄严的大建筑组群上,应用的是壮硕的好木料和严谨的建造工艺。明代墙垣都用青砖,重要建筑都用楠木柱子,木工石刻精确不苟,结构都交代得完整妥帖,外表造型朴实壮大而较清代的柔和。梁架用料比宋式规定大得多,瓦坡比宋斜陡,但宋代以来,缓和弧线有一些仍被采用在个别建筑上,如角柱的升高一点使瓦檐四角微微翘起,柱头的“卷杀”使柱子轮廓柔和许多等处理手法。斗栱在明朝最显著的一个转变就是除在结构方面有承托负重的作用外,还强调斗栱在装饰方面的作用,在前檐两柱之间增加斗栱,每个斗栱与建筑物的比例也缩小了,成为装饰物。明、清的斗栱都是密集的小型,不像辽、金、宋的那样疏朗而硕大。

明清时期江南经济的繁荣也带动了江南园林的发展,在宋元私家园林的基础上发展到极致,成为中国建筑艺术的一颗明珠。当时,官僚地主兴建寺院蔚然成风,给后世留下了一些别具特色的园林佳作,如苏州的拙政园、留园、网师园、狮子林等。园林风格已明显地趋向于建筑物和用石量的增多,假山追求奇峰怪洞,计成所著《园冶》一书的出现,说明园林艺术的成熟。

在清代,园林的建造达到了鼎盛,苑囿规模之大、数量之多,是任何朝代都无法比拟的。承德的避暑山庄、北京的“三山五园”都是著名的代表。圆明园、承德避暑山庄和颐和园,体现了中国皇家园林艺术的最高水平,其景观中的建筑部分具有“皇家气派”。而在宗教建筑中,喇嘛教建筑在这一时期大为兴盛。由于蒙、藏民族的崇信和清朝统治者的提倡,兴建了大批喇嘛教建筑,承德避暑山庄周围外八庙和清初重建的拉萨布达拉宫(图4-24)就是典型代表。

图4-24　拉萨布达拉宫

布达拉宫地处西藏拉萨市西北,重建于清朝顺治二年(1645),是世界上最大的藏式喇嘛教寺院建筑群。“布达拉”是梵语，意为“佛教圣地”。布达拉宫依山而建，总高200多米，共13层，内有佛殿、经堂、政厅、藏经楼、庭院、宫顶、金塔和最底层的监牢。主殿高117米，南北宽500米，东西长360米，占地面积2万多平方米。宫殿分白宫和红宫，红宫居于白宫的中央部分，用金皮包裹，在阳光下熠熠生辉，光彩照人，将建筑群点缀得更加富丽、雄伟。

清代官式建筑在明代定型化的基础上，用官方规范的形式固定下来。清雍正年间编修颁布的《清工部工程做法则例》，是一部清代宫廷建筑的法规，它既是中国以往宫廷建筑的经验总结，又为清代宫廷建筑的营建、修缮与设计提供了准则。《清工部工程做法则例》中列举了27种单体建筑的大木做法，还对斗栱、石作、瓦作等做法和用工、用料做了细致的规定。这样，明清建筑继汉唐、宋元建筑之后，成为中国封建社会的最后一个高潮。

## 第二节　中国传统建筑艺术特征

建筑与自然历史、地理气候条件等相关，同时也与一个国家政治制度、思想文化有关，这些因素综合起来慢慢发展形成一种艺术派别或者艺术风格。中国传统建筑在几千年的历史发展中，逐渐形成了自己独特的建筑语汇，与其他国家地区的建筑相比呈现出完全不同的审美风格和艺术特征。建筑美学专家王世仁先生说过：“中国古代建筑之美，不在于单体的造型比例，而在于群体的系列组合；不在于局部的雕琢趣味，而在于整体的神韵气度；不在于突兀惊异，而在于节奏明晰；不在于可看，而在于可游。”

### 一、木构架建筑体系

中国传统建筑伴随着古老的中华文明，有着近五千年的积淀，它绵延不断，在世界建筑史上是独一无二的。1934年1月，林徽因在为梁思成所著《清式营造则例》一书所写的绪论中说：“中国建筑为东方独立系统，数千年来，继承演变，流布极广大的区域。虽然在思想及生活上，中国曾多次受外来异族的影响，发生多少变异，而中国建筑直至成熟繁衍的后代，竟仍然保存着它固有的结构方法及布置规模；始终没有失掉它的原始面目，形成一个极特殊、极长寿、极体面的建筑系统。故这系统建筑的特征，足以加以注意的，显然不单是其特殊的形式，而是产生这特殊形式的基本结构方法，和这结构法在这数千年中单纯顺序的演进。”正是这种基本的结构体系赋予了中国建筑神秘奇妙的个性特点，形成了中国建筑体系所特有的建筑语汇。

（一）以木材为主要构材

一座建筑物会因使用不同的材料而产生不同的结构体系，而不同的结构体系具有不同的外在形式上的特征。

现代建筑产生之前，世界上已经发展成熟的建筑体系，大多数属于砖石结构体系，以砖石为主要材料，依循石料垒砌之法，仅于砖石表面作浮雕装饰。唯有中国传统建筑，包括受中国影响的日本、朝鲜半岛等邻近国家和地区，属于木结构系统，即始终以木材为主要建筑材料，用木材做成房屋的主要构架，其外在形式为木造结构的直接表现，形成与砖石结构系统的建筑迥然不同的建筑形象，有着很强的文化识别性。

（二）以梁柱为构架原则

中国建筑是木结构的王国，房屋的内部构架是用木料搭成的房架，为“梁柱式构架”原则。立柱四根，上施梁枋，牵制成为一“间”，前后横木称枋，左右纵木称梁，通常一座建筑物由若干“间”组成。梁柱构架中最重要的是架在柱子上的梁，它承受着屋顶巨大的压力，房间跨度越大，梁的负重越大，故选房梁时，木材的选择极为重要，木质坚韧不易折断和粗大笔直者为最好，上等房屋如帝王宫殿还要选择易雕刻造型和有浓郁香味的木料，首选是楠木，其次是黄松。民间一些地方则在上房梁时专门举行上梁仪式。这些都说明房梁在建筑上占有的极重要地位，所以古人用“栋梁之材”比喻担负国家重任的人。

这种建筑构架制的特点是，使建筑物上部的一切重量均由构架负担，承重者是主柱及其梁柱，建筑中所有的墙壁，无论其为砖石或为木板，均为“隔断墙”，只起围护作用，非负重部分，故有“墙倒屋不塌”的特点。所以，门窗的大小、形式不受墙壁的限制。而在西方，只有现代建筑中的框架结构在结构原理上与木质构架相似，而所用材料不同。

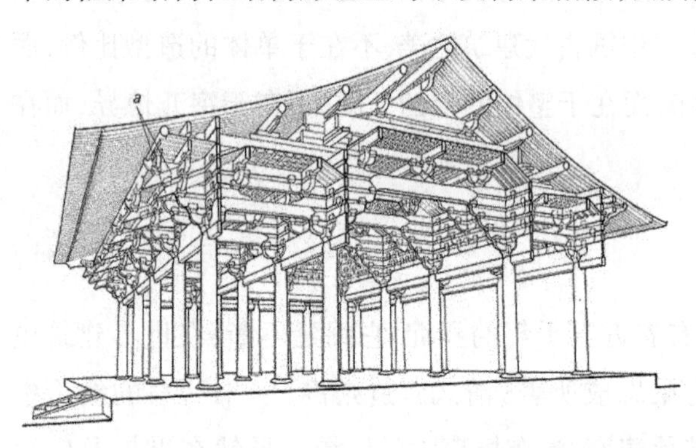


图 4-25　梁架结构示意图

房架主要由梁、柱、檩、椽等部件构成（图 4-25）。这些部件按结构方式的不同分为抬梁式、穿斗式和密梁式三种。

抬梁式是柱子上架梁，梁上再架短柱，梁以短柱间隔可数层重叠称“梁架”，逐级缩短增高如梯级称“举折”。梁架上放檩，檩把梁、墙连接成一体。檩上架椽，架好后屋顶成为前后两面坡形（图4-26）。北方地区较好的民居和各地重要建筑大多是这种房架。

穿斗式是只有柱不用梁，靠柱子承重，柱子不一样高，房顶前后的矮、中间的高，柱子之间用木枋子镶边，穿过每根柱子，使之连成一体，为的是加强柱子的稳定性。由于木枋不承重，和梁不同，故称为“穿”。然后在柱子上放檩，檩上放椽，屋顶也是两面坡形（图 4-27）。华东华南地区一般性建筑都采用这种方法。

密梁平顶式是柱子一样高，柱上放檩，檩上放椽子，这种房架主要流行在内蒙、青海、新疆等地。

图 4-26 南禅寺大殿抬梁式结构

图 4-27 福州古民居中的穿斗式木构架

（三）以斗栱为结构之关键，并为模数

中国古建筑屋身的最上部分，在柱子上梁枋与屋顶的构架部分之间，可以看到有一层用零碎小块木料拼合成的构件，它们均匀地分布在梁枋上，支挑着伸出的屋檐，这种构件称为斗栱，它是中国古代木结构建筑史上的一种特有的构件。斗栱是中国建筑史上最富有特色的构件，它在某种程度上成了中国古代建筑的象征。一般喜爱中国古典建筑的人都会首先关注那些巨大的、有着优美曲线的屋顶，而所有专门研究中国古典建筑的专著反而首先把斗栱作为研究和介绍的古建筑语言。

为什么叫斗栱？在柱子和梁枋上因为要挑出屋顶伸出的屋檐，就需要一种构件支托屋檐下的枋子和椽子，古代工匠用弓形的短木从柱子和梁上伸出，一层不够再加一层，弓木层层挑出使屋檐得以伸出屋身之外，这种弓形短木称为“栱”，在两层栱之间用方木块相垫，小方木形如斗，所以这种用多层栱与斗结合成的构件即称为“斗栱”（图 4-28）。斗栱用在屋檐下可以使屋顶的出檐加大，用在梁枋两端下面，则可以减少梁枋的跨度，加大梁枋的承受力。斗为北斗七星端部的象形物，栱为农耕文明最重要的工具犁的象形物，是象天法地的结合物。

图 4-28 蓟县独乐寺斗栱

斗栱的出现很早，公元前 5 世纪战国时期的铜器上就有斗栱的形象。从汉代的石阙、崖墓和墓葬中的画像石所表现的建筑上，我们可以见到早期斗栱的式样。斗栱在东汉和三国时已趋成熟,唐辽时期屋顶平展,挑出深远,斗栱更加成为塑造建筑形象的主要手段,到宋、元时期,这种斗栱的形制已经发展得很成熟了。山西五台山佛光寺大殿是我国迄今留存下来的最早的木建筑之一,大殿屋身上的斗栱很大,一组在柱子上的斗栱,有四层栱木相叠,层层出挑,使大殿的屋檐伸出墙体达4米之远,整座斗栱的高度也达到2米,几乎为柱身高度的一半,充分显示了斗栱在结构上的重要作用(图4-29)。随着建筑材料与技术的发展,房屋的墙体普遍用砖,房屋的出檐不需要原来那样深远了,斗栱在屋檐下的支挑作用逐渐减少,斗栱本身的尺寸也因而日渐减小。宋代是斗栱演变史上的重要时期,这时屋顶坡度加大,立柱加高,使斗栱的传力作用开始弱化,不仅比例变小而且补间铺作增多。明清时期的建筑,斗栱的尺寸更加缩小,两柱之间可以放四至六朵,斗栱的承重结构作用完全退化,成为屋顶与梁柱之间的垫层,是一种过渡性装饰,使得中国建筑的外形更加优美(图4-30)。后人可根据斗栱的演变之序,以鉴定建筑物的年代,故对于斗栱的认识,是研究中国建筑者所必备的基础知识。

**图4-29　佛光寺大殿的转角斗栱**

**图4-30　明代隆国殿斗栱**

因为斗栱的尺寸比较小,古代工匠在房屋的设计和施工过程中,逐渐将它们的尺寸当作一种单位,作为房屋其他构件大小的基本尺度,并逐渐形成基本建造制度。宋朝颁布的《营造法式》是一部朝廷关于房屋建造形制的法规,在这部法式中,总结了工匠在实践中的经验,正式规定将栱的断面尺寸定为一"材",这种"材"就成为一幢房屋从宽度、深度、立柱的高低、梁枋的粗细到几乎一切房屋构件大小的基本单位。"材"本身又分为八个等级,尺寸从大到小,各有定制,因此一座建筑可以根据这座建筑的性质、规模而选用哪一等级的"材",然后以这等"材"的尺寸为基本单位,可以计算出所用柱、梁、枋等构件的大小,算出房屋的高度、出檐深浅等数据。这种类似近代建筑设计与施工中应用的基本"模数"制,是古代工匠在长期实践中总结出来的经验,保证了房屋从形象到工程方面的质量。这种制度一直沿用到清朝,只不过清朝的斗栱构件名称和宋朝的不同,清朝是以梁枋上的斗栱最下层坐斗上安放栱木的卯口宽度为基本尺寸,这种宽度称为"斗口"。清朝重要宫殿、坛庙等建筑的柱子粗细、高低,梁枋的大小,直到房间的宽窄都是以"斗口"为基本单位直接或间接计算出来的。

由于斗栱的实用功能，人们进一步对它加以美饰，使之富有层次和深度的变化，其结构的错综之美以及样式之丰富，都给人以愉悦的美感，成为中国古代建筑所独具的一个民族标识（图4-31）。由于制作斗栱费工费料，久而久之成为标示伦理等级的建筑文化符号，只有宫殿、寺观、园林中的重要房屋才可使用。在营造法式上，凡有斗栱的建筑均被称为大式作法，而没有斗栱的建筑就被称为小式作法。

图 4-31　装饰性斗栱

## 二、独特的建筑外观形象

结构是建筑物的内部构架，造型是由其内在结构所产生的建筑物的外部形象。中国古代建筑的外观是独特的，极具装饰特点的台基、反宇向天的大屋面以及丰富的色彩，成为中国建筑区别于其他任何一种建筑体系的鲜明特征。

（一）稳固的阶基

中国建筑外部造型的特征之一是崇尚阶基的衬托，与崇峻的屋瓦上下响应，周、秦、西汉时尤甚。高台之风遂盛行，其后日渐衰弛，至近世台基阶陛逐渐趋平。但宋辽以后“台随檐出”及“须弥座”等仍为建筑外形的显著轮廓。

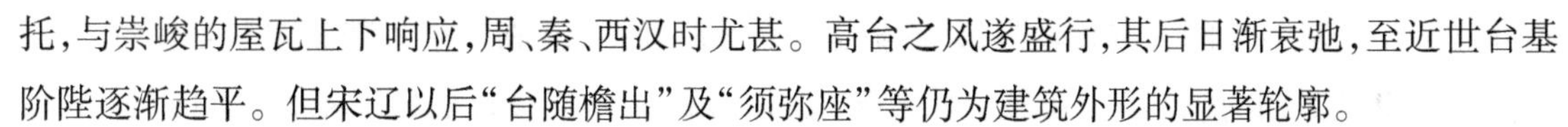

崇尚阶基的衬托，根本作用在于防潮，并因此而衬托得主体建筑更显宏大、稳定，从而也更富美感。例如，故宫太和殿如果没有宽大的台基衬托，大屋顶下的太和殿就会有头重脚轻之感。台基基座上的排水管道采用螭首造型，螭喜水，是传说中蛟龙之类的动物，大雨里群龙吐水，既达到排水目的，又蔚为壮观。

基座具有防潮的作用，更利于采光，于是台基的衬托就渐渐定格为建筑美的要素，甚而衍化为身份地位的象征，越是重要的建筑台基基座就越是高大宽敞。后来，台基逐渐由平直方整变为那种上下突出、中间收进呈束腰状的工字形基座，通常称之为“须弥座”（图 4-32），又名“金刚座”，其名称源于佛教须弥山，象征西方极乐世界。在印度把须弥山作为佛像的基座，意思是佛坐在圣山之上，更显示佛的崇高与神圣。这种须弥基座形式，始自北魏孝文帝（5 世

图 4-32　须弥座

纪)时期的云冈石窟,稍后的河南洛阳龙门石窟和敦煌石窟也有体现,经过代代相传,不断完善、丰富,明清以后更加程式化,上有凹凸线脚和纹饰,垫托得主体建筑造型稳重而华贵。

（二）灵动的屋顶

坡屋顶在世界各地都可以看到,然而世界上其他地区的坡屋顶大多是直的,唯独中国古典建筑的屋顶与众不同,它微微向上反曲,是十分柔和、优美舒缓的凹曲线,而在屋檐的相交处又突然地高高翘起,形成别致的飞檐翘角和反曲的屋顶,被《早期中国艺术史》一书的作者沙尔安诗意地想象为“摇曳的柳枝”。我们从两千年前汉墓穴出土的明器上就可以看到当时房屋顶上的曲线,从以后留存下来的唐、宋、元、明、清各个时代的建筑上,都可见这种曲面形的屋顶,从城市到乡间,从宫殿、陵墓、寺庙到住宅、民房都是这样。民间一些建筑,不仅整个屋顶面是曲形的,四边屋檐是曲线的,而且连屋顶上的几条屋脊也是曲线的。南方有的寺庙(图4-33)、会馆建筑,屋顶的四个屋角高高翘起,直冲云天。这种曲面的大屋顶具有极为强烈的符号识别性,已成为东方建筑最鲜明的个性特征。早在春秋时期的《诗经·小雅》中就有“如跂斯翼,如矢斯棘,如鸟斯革,如翚斯飞”的歌谣。将屋脊比作棱利的箭头,将屋面比作振翅欲飞的大鸟双翼。最有名的是唐代诗人杜牧《阿房宫赋》中的名句“檐牙高啄”“钩心斗角”,描绘的就是古典建筑一派飞檐翘角、层层叠叠的雄伟气势。

图4-33 南普陀寺

中国古典建筑坡屋面的样式很多,根据建筑物的等级和用途而有所不同,包括庑殿顶、歇山顶、硬山、悬山、攒尖等,它是中国建筑等级的主要特征,也是中国建筑艺术美的集中表现。这种反曲屋面的美学个性,其成因一直是建筑学家们感兴趣的问题。英国李约瑟博士从使用功能上分析,他认为向上翘起的檐口显然是有着尽量多容纳一些冬阳和减少夏日的实用上的作用。中国大部分地区处于北温带,出檐深对冬日并无阻碍,可夏天就大有好处。檐口反曲向上可以保持上部屋顶的坡度,而同时可以使沿屋面流下的雨水抛得更远,以保证木质的构架、夯土墙的建筑本体的使用寿命。

梁思成也曾对这种屋面的形式做过分析,为解决雨水和光线的问题,于是有了屋顶的曲线和飞檐的发明。屋顶向下微曲成斜坡,越上越峻峭,越下越和缓,配合翼角翘起的深远出檐,既可阻碍光线,有利于遮阳纳阴;又可使雨顺势急流而溜远,有利于迅速排水。然而这一解释并未得到充分证实,因为雨水不是固体而是液体,而且下雨时整个屋顶都同时受到雨淋,满屋面的水自屋顶排下,这种因“上尊而宇卑”而导致排水远的现象几乎看不到。

秦汉以来，虽然中国建筑在整体形象上没有像西方那样的跳跃式变化，但屋顶形式的演变，却留下了不同时代的信息。

屋面的曲线有纵向曲线和横向曲线。汉代文献中有“反宇向阳”的记载，表明我国建筑的屋面很早即呈曲线了。从现有汉阙、汉画像石（图4-34）和明器（图4-35）上，可看到汉代建筑的屋顶古朴凝重，屋顶前后坡作二段跌落，是其重要特色。唐代屋顶舒展平缓，脊饰为鸱尾，人字栱等构件是该时期的显著特征（山西五台山南禅寺大殿）。结构简洁明快，屋顶舒展平缓，装修朴实无华（图4-36），体现了唐帝国繁荣昌盛落落大方的风度。山西五台山佛光寺大殿和日本奈良时代著名建筑东大寺大佛殿屋顶是为佐证。到宋代我国建筑屋顶曲线发展到最成熟的阶段，一个屋顶几乎找不到一条直线，如河北正定隆兴寺的摩尼殿（图4-37）和转轮藏殿均为宋代遗物。

图4-34 汉画像石上的建筑形象

图4-35 汉代建筑明器

图4-36 南禅寺大殿屋面

图4-37 正定隆兴寺摩尼殿

屋面的坡度也随着朝代的变化而逐渐有所不同。唐以前的建筑屋架举高较低，所以曲线平缓，宋以后举高增加，明、清时更高，屋面曲线也更陡。

中国建筑一直在房屋最高部分追求着曲线的优美，营造着飞动的意境，汉魏的古拙、唐辽的遒劲、两宋的舒展、明清的严谨，它已经成为塑造中国建筑形象的主要语言，描画着古代中国城市优美的天际线。

（三）多彩的形象

走进北京紫禁城，进入你视野的是碧蓝的天空下一大片金黄色的琉璃瓦屋面，宽大的白台基上成排的红柱子与红门窗，色彩强烈而鲜明。但当你步入江南园林，围绕你的却是白墙黛瓦，绿树碧水，色调宁静、淡雅。还有令人难以忘怀的西藏寺庙，红、白相间的墙体，屋顶上金色的法轮法幢，在蓝得发紫的天空衬托下，显得浓艳而粗犷。从宫殿到民居，再到佛寺道观，从整体到细部，色彩在不同的建筑类型上的应用被发挥得淋漓尽致，成为中国建筑在外部造型上的又一大特色。故中国建筑物虽为多色，但用色极富有节制，气象庄严，雍容华贵，非滥用彩色、徒作无度之涂饰者可比，成为一种非常成功的艺术。

因为中国古代建筑采用木结构，早期色彩使用的主要目的是为了防潮防腐，在建筑内外构成的表面涂上油漆，以后逐渐发展出各种彩绘尽显其华丽的效果。除了这一原因以外，受周礼等统治阶级的意识形态左右，对颜色的使用更多的是表达其严格的等级制度。单就柱子来说，《礼记》规定："礼，天子、诸侯黝垩，大夫苍，士黈。"

历代宫殿建筑，因专为帝王所用，所以可以集中人力与物力，不惜工本地建造，使它们成为一个时代建筑技术与艺术的代表。我们现在所能见到的完整宫殿建筑群只有北京的紫禁城和沈阳的故宫了，在此仅以紫禁城为例对宫殿建筑的色彩加以探讨。

图 4-38　紫禁城的色彩

总体效果：由天安门、午门进入宫城，出现在你面前的是蔚蓝色的天空下面成片的闪闪发亮的金黄色琉璃瓦屋面，屋顶下面是青绿色调的彩画装饰，屋檐以下是成排的红色立柱和门窗，整座宫殿坐落在白色的石料台基之上，台下是深灰色的铺砖地面。蓝天与黄瓦，青绿色彩画和红柱红门窗，白台基与深色地面形成了强烈的对比，给人以极鲜明的色彩感染，所以紫禁城的总体色彩效果就是鲜明而强烈的（图 4-38）。

红色和黄色是紫禁城的两种主要颜色，取这两种颜色是有其文化渊源的。周代规定青、赤、黄、白、黑五色为正色，黄色是五色之一，《易经》上说，"天玄而地黄"，在古代阴阳五行学说中，五色配五行和五方位，土居中，故黄色为中央正色。《易经》又说："君子黄中通理，正位居体，美在其中而畅于四支，发于事业，美之至也。"所以黄色自古以来就作为居中的正统颜色，为中和之色，居于诸色之上，被认为是最美的颜色。黄色袍服成了黄帝的专用服装。皇帝行进的道路在诸条并行的道路的中央，称为黄道。红色也是五色之一，人类认识红色很早，考古学家在原始的山顶洞人生活的山洞里发现有红色染过的贝壳和兽牙；在古代红妆代表着妇女的盛装；明朝规定，凡专送皇帝的奏章必须为红色，称为红本；清朝也有制度，凡经皇帝批定的章本由内阁用朱画批发，也称为红本；民间更是以红色为喜庆颜色，被大量用在结婚、做寿、生子以及节日的民俗活动中。所以紫禁城根据封建社会的礼制，在宫殿建筑上把黄色和红色作为主要色彩就在情理之中了。

如何去组织和安排这些黄、红两种色彩呢？这就取决于建筑艺术所要达到的效果和所要表现的内容，取决于建造者的艺术水平。皇帝对宫殿建筑的要求自然要整体气魄大，建筑要华丽，要尽量体现出帝王的权势和尊严。为了达到这种要求，除了在建筑群的规划布局、空间大小的组合变化、建筑形象的塑造上下功夫以外，在建筑色彩上就是应用对比的手法。

在色彩学中，对比是指冷暖色对比和补色对比，而红色和黄色共属于暖色调，蓝色和绿色称为冷色调，冷暖色调放在一起形成对比，并具有一定的互补性，使色彩格外分明、活跃，效果醒目而突出。紫禁城建筑就是用这种对比规律，形成蓝天与金黄色琉璃瓦、青绿彩画与大红的柱子和门窗、白色的台基与深色地面的强烈对比，形成了极为富丽堂皇的总体效果。在宫殿建筑中，也并不是所有建筑都采用强烈的对比色彩。沈阳故宫文溯阁是专用来贮藏四库全书和供皇帝读书的地方，特别用了黑色琉璃瓦绿琉璃剪边，门窗、柱子也用的是绿色，它和四周的堆石、绿树组成了一个冷色调的、比较幽静的读书环境（图4-39）。在紫禁城的御花园、宁寿宫花园等几处园林里，不少亭台楼阁也并不都是用黄琉璃瓦和红柱子，有的屋顶用黄心绿剪边，有的用绿心黑剪边和绿色的立柱。因为这些场所主要供帝后们娱乐和休息，不需要强烈色彩的刺激。

图4-39　沈阳故宫文溯阁

园林建筑的色彩与宫殿建筑的色彩截然不同，园林所追求的是一种自然、平静的感染。无论是无锡寄畅园还是苏州园林，它们的建筑，从尺度较大的厅堂、楼阁到较小的亭台、门廊都是白色的墙、灰黑色的瓦、赭石的门窗和立柱，没有大红大绿，没有彩画。建筑周围的植物，讲究四季常绿，最爱用青竹，或连绵成片，可于庭前屋后散置数株，水边植垂柳，水中种莲荷。对

图4-40　苏州艺圃

于鲜艳色彩的花树都用得十分小心，不让它们破坏一片青绿的整体环境效果。白的墙、黑的瓦、绿树褐石，组成一个色调统一的世外桃源（图4-40）。

室内的布置也一样追求一种清静无为，白粉墙、褐色的梁架、黑色的望砖，配上木料本色的家具，最多油成赭石色的、红黑色的，连墙上挂的字画，几案上的摆设都是素色的，唯恐破坏了这冷色调的环境效果。

寺庙建筑在我国分布较广，从中原地区的庙、云南边区的南传佛寺到西藏高原的藏传喇嘛教寺院，从建筑形象到色彩处理都有各自的特点。

根据佛教的教义，信徒要远离尘世，消除俗念，修身养性，这样才能做到思想的净化而超凡入神达到理想的境地，所以多选择远离城市的山林僻静之处修建庙宇，即使在城市中，也力求创造一个与世俗隔绝的环境，在色彩的应用上，也力求一种宁静肃穆的效果。江南的寺庙建筑多采用黄墙灰瓦，暗红门窗，整个环境色彩浓绿，清幽而秀丽。苏州西园地处阊门外，兴建于明嘉靖年间，清同治、光绪年间重建，曾为明太仆少卿徐泰时的私园，经其子舍宅为寺，现为戒幢律寺及附属的西花园。它是一组拥有天王殿、大雄宝殿、罗汉堂、观音殿、藏经楼等建筑的完整佛寺。整个建筑群里的各个殿堂连同院墙一起全部为黄色的外墙，灰黑色的瓦顶，建筑之外有绿树相间，整个环境为黄、绿二色所组成，色调统一，带有很强的宗教气氛（图4-41）。而室内色彩则是五彩缤纷，象征着佛教天国的繁荣富华，它与殿外的清幽环境形成强烈的对比，人入其内，仿佛一下子来到了天上佛国，给人以强烈的感受。而云南大理市的观音堂、福建厦门的南普陀寺则与江南寺庙室外清净的处理不同，建筑从屋顶到基座几乎都是彩色的，屋顶上有透空的花脊与走兽，屋檐下绘有彩画，柱子上有题字楹联，有的还附有彩色盘龙，门窗上也用彩绘装饰，台基上用雕花的栏杆，组成一个多彩热闹的环境。这自然和中国广大百姓对宗教信仰的功利主义有关，他们的宗教活动往往是为了自身的某些利益的实现，和赶庙会、看大戏一样，宗教活动成了日常世俗活动的一部分，所以在他们眼里，寺庙也是现实世界，应该是繁华的理想世界。

图4-41　苏州西园寺

西藏地区的喇嘛教寺院在建筑形象和色彩上都有很鲜明的特点。著名的布达拉宫主要由白宫和红宫两部分组成，白宫供活佛生活起居，红宫为活佛灵堂所在地。另一座著名的大昭寺（图4-42）外观也是红、白二色的墙和罩在窗上的红、白大幔帐。这白、红二色成了西藏寺庙的主要色彩，加上屋顶金光闪闪的法轮与法幢，在高原地区独有的蓝天衬托下，色彩效果浓烈。如果我们把它们和宫殿建筑的色彩效果相比较，就可以发现，同样是利用色彩对比的手法，一个表现得比较细致，一个则很粗犷。西藏的建筑多用粗石和土筑墙，大片的颜料泼在粗糙的墙体上，质地虽然粗但效果强烈（图4-43）。如果我们进一步观察这里的寺庙，可以发现，在这大面积的色彩对比中也还有更细致的处理，也同样应用了色彩的相互渗透方法。布达拉宫的红宫，在大面积的红墙上有一条极鲜明的白色檐带。在大片白墙的白宫部分，檐部和窗下有红色的色带。在红宫、白宫的檐口，有红白相间的装饰带。红、白二色相互渗透，在保持红、白大效果的前提下，也做到你中有我和我中有你。我们观察西藏其他建筑，尤其是它们的色彩效果，似乎也具有这种粗犷与刁悍之美，这是在别的地区很难看到的一种特殊的美。

图4-42　西藏大昭寺

图4-43　日喀则扎什伦布寺

## 三、群体组织的空间序列

中国建筑一开始就不是着眼于单一独立的个体建筑，而是单幢房屋组成院落，以平面铺开、相互连接、相互配合的群体建筑为特征，从住宅、宫殿到寺庙、陵寝莫不如此。就单体建筑看，无论高度抑或装饰的豪华及繁复程度，与西方建筑比较必须承认中国建筑逊色一筹，但就整体建筑群的结构布局、制约配合来看，却创造出一种结构方正、逶迤交错、井井有条的整体雄浑气势。在这里，非常简单的基本单位组合成复杂的群体，形成在严格对称中有变化，在多样变化中又保持统一的风貌。这种以整体之美所构成的建筑，归纳起来有两种平面布局。

### （一）中轴对称与礼教均齐之美

中轴对称，在世界各民族的造型艺术中都存在，但是中国建筑群体这种均齐之美，却是以儒学为基调，渗透着中华民族所特有的“礼”的内容。

首先，在农耕文明的经济社会中，土地是宗族赖以发祥、发展的根本，再加上中国建筑土木架构的承重能力，所以建筑必须立足于土，依托于土，这样从物质条件，进而从思想上排除了向上发展的可能，形成了覆盖大地向四周发展的典型风格。

其次，决定传统建筑纵横铺排、群体组合之风格的主要是古代宗法思想。“中国人崇拜祖宗，外国人崇拜神灵”，尊祖是宗法思想之根本，它开始于原始氏族的祖宗崇拜，是以天然血缘关系为基础的。从“宗”字本身来看，就和建筑有着密切的关系。宗法崇拜离不开家庭赖以生活的基本元素——房子，建筑便成了宗族存在繁衍的基本条件。为了加强宗族的力量，要求父子、亲属等有血缘关系的亲族在一起生活，不能分散，这就决定了建筑必须是许多居室组合在一起的群体。

再次，在漫长的历史进程中，中国建筑这种令人惊叹的铺陈排列也体现了“忠”“孝”为仁之本的儒家伦理观念。家有家长，族有族长，同姓间推选长者为首，而皇帝就是全国百姓的至尊权威。反映在建筑上也就有了明显的尊卑等级划分，一般居住建筑都以家庭或家族最长者居住的正房为中心，儿孙晚辈住的偏房厢房围绕在中央房屋周围，“譬如北辰居其所而众星拱之”；奴仆们住的下房就再依附于外围。密密匝匝的建筑，隔着一个又一个的天井，前后左右有主有宾合乎秩序地排列着，要是一条中轴线排不开，就会在主轴线两侧再分出轴线，不管建筑群组合的方式如何，不管它的大小规模如何，最重要最尊贵的建筑永远位于建筑群体的中心。这种排列组合，自西汉初年更被董仲舒赋予了“天不变道亦不变”的神学意义，故而具有严格的“礼”制的内容。

（二）顺任自然与随性灵动之美

与严谨的对称式布局的院落不同，中国传统的园林建筑布局则是顺任自然，具有灵动之美。出之以自由随意之变化，部署取高低曲折之趣，以池沼、花木穿插其间，接近自然，而入诗画之境。“山重水复疑无路，柳暗花明又一村”，这种仍然是以整体有机布局为特点的园林建筑，表现着中国文人士大夫们更为自由的艺术观念和审美思想，这种变化与山水画的兴起大有关系。它追求人间的环境与自然融洽结合，它追求的是人工场所的自然化，尽可能与自然合为一体。“巧于因借，宛自天开”，它通过各种巧妙的借景，虚实相生的各种方式与技巧，使建筑群与自然山水的美沟通会合起来，形成一个更为自由也更为开阔的有机整体的美。连远方的山水也似乎被收入建筑之中，更不用说其中真实的小桥、流水、山石了。它们把空间意识转化为时间过程，渲染表达的是现实世间的生活意趣。

中国建筑的两种布局方式各异其趣，却有一个共同的特点，那就是追求此生此世的实用理性精神。与中国文化不同，其他一些民族的主要建筑多半是供养神的庙堂，如希腊神殿、伊斯兰清真寺、哥特式大教堂等。中国却主要是宫殿建筑，即供世上活着的君主们所居住的场所。从新石器时代的所谓“大房子”开始，中国祭拜神灵即在与现实生活紧相联系的世间，而不在脱离世俗生活的特别场所。自儒学在中国占据一统地位之后，在观念、情感和仪式中，更进一步发展贯彻了这种人神同在的倾向。

由此，不是孤立的、摆脱世俗生活、象征出世的宗教建筑，而是入世的世俗建筑成为中国传统建筑的主流。不是高耸入云、指向神秘的上苍观念，而是平面铺开、引向现实的人间联想；不是使人产生某种恐惧感的异常空旷的内部空间，而是平易、非常接近日常生活的内部空间组合；不是阴冷的石头，而是暖和的木质，构成了中国建筑的艺术特征。正如中国绘画理论所说，是“可望”“可行”“可游”“可居”种种（郭熙《林泉高致》），人在自然中，边走边看。中国建筑也同样体现了这一精神。就是说，它不重强烈的刺激或认识，而重生活情调的感染熏陶。于是建筑序列向平面延伸，脚踏实地。中国建筑的布局使人慢慢游历在一个复杂多样的空间，感受到生活的安适和对环境的主宰。

## 四、建筑艺术的综合表现

中国古代艺匠利用木构架结构的特点创造出不同形式的屋顶，又在屋顶上塑造出鸱吻、宝顶、走兽等奇特的个体形象，在形式单调的门窗上制造出千变万化的窗格花纹式样，在简单的梁、枋、柱和石台基上进行了巧妙的艺术加工，应用这些装饰手段造成了中国古代建筑富有特征的外观。中国建筑把文学、书法、绘画、雕刻等众多艺术与建筑结合在一起，它们相辅相成、交相辉映。建筑直接成为绘画、雕刻等的载体，可以说建筑就是立体的绘画、巨幅的雕刻。

### （一）建筑与绘画

彩画是中国古代建筑的特色之一，雕梁画栋，是传统建筑的必不可少之笔，不论是在威严的皇家宫殿，还是在清新淡雅的私家园林，抑或是朴实无华的民居。在建筑的外部，彩画装饰均约束于檐影下斗栱横额及柱头部分，犹如欧洲石造建筑雕刻部分均约束于墙额及柱顶而保留素面于其他主要墙壁及柱身上一样。屋檐处各种木构件如斗栱等多进行彩绘装饰，这样可使屋檐遮挡的阴影因浓墨重彩而变得绚丽夺目；在内部则天花、藻井、梁架等处多以彩画作为装饰之用。远在春秋之时，彩画就已很发达，且规制严格，诸侯大夫不能随便僭越。唐宋之后，样式等级已很明确，装饰的原则有严格规定，分划结构，保留素面，以冷色青绿与纯丹作反衬之用。彩画发展到清朝达到高峰，其风格复杂绚丽、金碧辉煌，其形式也高度程式化，在彩画构图、花饰内容、设色上都形成了一套严格的制度。根据建筑物等级的高低，彩画分为和玺彩画（图4-44）、旋子彩画（图4-45）和苏式彩画（图4-46）。

图4-44　和玺彩画

图4-45　旋子彩画

图4-46　苏式彩画

（二）建筑与雕刻

雕刻在中国古代建筑中随处可见，并在各地区得到不同程度的发展，形成各具特色的木雕、砖雕、石雕等，这些雕刻与建筑的构件紧密结合成为建筑中必不可少的一部分。

图 4-47　广西广昌民居内的月梁雕花

以木构架为结构体系的中国古建筑，其柱、梁、枋、檩、椽等主要构件几乎都是露明的，这些木构件在用原木制造的过程中大多进行了美的加工。柱子做成上下两头略小的梭柱，横梁加工成中央向上微微拱起，整体成为富有弹性曲线的月梁（图 4-47），梁上的短柱也做成柱头收分，下端呈尖瓣形骑在梁上的瓜柱，短柱两旁的托木成为弯曲的扶梁，上下梁枋之间的垫木做成各种式样的驼峰，屋檐下支撑出檐的斜木大多加工成为各种兽形、几何形的撑拱和牛腿，连梁枋穿过柱子的出头都加工成为菊花头、蚂蚱头、麻叶头等各种有趣的形式。这些构件的加工都是在不损害它们在建筑上所起的结构构件作用的原则下进行的，显得自然妥帖，毫无做作之感。

屋顶是中国传统建筑的重要组成部分，在屋顶上有很多有趣的装饰。两个屋面相交成屋脊，为了防水，屋脊通常高出屋面做成各种线脚形成自然的装饰，两条脊或三条脊相交必然产生一个集中的结点，对结点处进行美化处理，做成动物、植物或者几何体便形成了各种鸱吻（图 4-48、图 4-49）和宝顶。在脊上做些人物走兽（图 4-50）作为装饰，形成独特的建筑形象。

图 4-48　晋祠的鸱吻

图 4-49　平遥城隍庙上的鸱吻

门窗是与人接触最多的部位，在它们身上自然集中地进行了多种装饰处理。门钉、兽面门环（图 4-51）、多角形或花瓣形的门簪都成为门文化的重要组成部分。窗子的样式也随着不同地区、不同时代而具有不同的特点，以各种菱纹、步步锦及各种动物、植物、人物组成千姿百态的窗格纹理。

图 4-50　沈阳故宫上的走兽

图 4-51　兽面门环

基座是古代建筑重要的一部分，一般多用砌石砌筑，它们往往做成须弥座的形式。栏杆上的栏板、望柱和望柱下的排水口，栏板和望柱上附加了浮雕装饰，望柱柱头做成各种动植物或几何形体，排水口雕成动物形的螭头，使整座台基富有生气而不显笨拙。

图 4-52　斗栱上的装饰

建筑装饰大多是对房屋各部位构件的加工，它们不是凭空产生的，不是硬加到建筑上去的，不是离开建筑构件而独立存在的，它们只是构件的一种外部形式，是一种经过艺术加工、能够起到装饰作用的建筑构件（图 4-52）。这些装饰是通过一定的题材和一定的象征、比拟及叙事手法表现出来的。龙的形象为帝王的象征，狮子象征威武、力量。龙、虎、凤、龟是代表东西南北四方的神兽，成为建筑装饰中常用的主题。植物中的莲荷、梅兰竹菊四君子象征人的气节，牡丹象征着高贵富丽，常作为花窗及砖雕木雕的题材（图 4-53）。而动物与植物的搭配也较常用，如“松鹤长寿”等。谐音的比拟也是常用的表现手法之一，用狮子表示好事不断，以莲和鱼表示“连年有余”。很多花窗、门以“鲤鱼跳龙门”为题材寓意功成名就，以蝙蝠为装饰取其“福”音，象征吉祥如意，在长期的实践活动中，很多植物、山水、器物、动物等都被程式化地表现出来。有时也用一些故事作为装饰，如皇家园林颐和园内有一条长达 728 米的游廊，这条长廊的彩绘

图 4-53　花窗

集中体现了这种情节性的装饰。园林建筑梁枋上的苏式彩画在构图上提供了比较大的装饰面积,颐和园长廊正是充分应用了这些面积,绘制出《红楼梦》《西游记》《三国演义》《水浒传》等名著中的精彩片段,绘制出自然山水与植物花卉,在 273 开间的一千多幅彩画里,几乎没有完全重复的形象,使长廊变成一条画廊。游人漫步廊内,既能观赏廊外的山水湖景,又能欣赏这历史的长卷,接受传统文化的熏陶。在特定的环境里,这种带有情节性的装饰画面比单一题材所表达的内容要丰富得多,它们的装饰效果也更为强烈而持久。

（三）建筑与文学书法

图 4-54　苏州拙政园玉壶冰

图 4-55　苏州留园五峰仙馆楹联

建筑还以文学的点睛之笔把建筑的意境托出,如匾额往往是建筑的眉目,它不单单是指建筑主体本身,常常还包括建筑及其周围环境意境的主体,如太和殿既是大殿本身,更是整个故宫群落的主体。园林建筑这一点则更为明显。为了表达园主的情趣、理想、追求,园林建筑与景观中有匾额、楹联之类的诗文题刻,有以清幽的荷香自喻人品(拙政园“远香堂”),有以清雅的香草自喻性情高洁(拙政园“香洲”),有追慕古人驾小船自由飘荡的怡然自得(怡园“画舫斋”),有表现园主企慕恬淡的田园生活(网师园“真意”、留园“小桃源”),还有表达朋友之情的(拙政园“玉壶冰”)(图 4-54),等等,不一而足。这些充满着书卷气的诗文题刻与园内的建筑、山水、花木自然和谐地糅合在一起,使园林的一山一水、一草一木均产生出深远的意境,徜徉其中,可得到心灵的陶冶和美的享受。苏州园林虽小,但古代造园家通过各种艺术手法,独具匠心地创造出丰富多样的景致,在园中行游,或见“庭院深深深几许”,或见“柳暗花明又一村”,或见小桥流水、粉墙黛瓦,或见曲径通幽、峰回路转,或是步移景易、变幻无穷。

楹联是刻在木板或竹片上挂在柱体上的对联,它更是建筑艺术最耐人寻味的装点,在园林艺术中表现得尤为突出。如苏州留园五峰仙馆中有一对楹联(图 4-55):“读书取正,读易取变，读骚取幽，读庄取达，读汉文取坚，最有味卷中岁月；与菊同野，与梅同疏，与莲同洁，与兰同芳，与海棠同韵，定自称花里神仙。”既蕴含丰富的人生哲理，又畅怀自足，如沐春风。

建筑由于与众多艺术相结合，便超越了平凡的生活居所，成为一门艺术，使生活艺术化，艺术生活化，二者相融而不分。

## 第三节　中国传统建筑精选

### 一、万里长城

（一）概况

万里长城是中华民族的象征和骄傲，也是世界上最宏伟的古代军事防御工程。它始建于战国时期，直到明代。八达岭长城是明代长城的精华，是明代长城最杰出的代表，其地位之显要，名声之久远，景色之壮观，是其他任何地段长城所不能替代的。1987年12月，长城被列入世界遗产名录（图4-56）。现在，我国新疆、甘肃、宁夏、陕西 内蒙古、山西、河北、北京、天津、辽宁、吉林、黑龙江、河南、山东、湖北、湖南等省、市、自治区都有古长城、烽火台的遗迹，其中仅内蒙古自治区境内的长城就达3万多里。

图4-56　长城

（二）历史沿革

长城是中国中原农业民族为防御北方游牧民族侵袭而修建的防御工程。修筑历史悠久，工程雄伟浩大，根据历史记载，从战国以来，有20多个诸侯国和封建王朝修筑过长城。若把各个时代修筑的长城加起来，大约在10万里以上。最早是楚国，为防御敌国，开始营建长城，随后，齐、燕、魏、赵、秦等国为防御北方游牧民族或敌国也开始修筑自己的长城。秦统一六国后，秦始皇派著名大将蒙恬北伐匈奴，把各国长城连起来，西起临洮，东至辽东，绵延万余里，遂称万里长城，这就是“万里长城”名字的由来。但今天我们所见到的主要是明长城。秦长城只有遗迹残存。秦始皇为了修筑长城动用了30万人，创造了人类建筑史上的奇迹。长城的修建客观上起到了防御匈奴南侵，保护中原经济文化发展的积极作用。孙中山先生曾评价：“始皇虽无道，而长城之有功于后世，实上大禹治水等。”

汉代继续对长城进行修建。从汉文帝到汉宣帝，修成了一条西起大宛贰师城，东至黑龙江北岸，全长近1万公里的长城。古丝绸之路有一半的路程就是沿着这条长城而行，这是历史上最长的长城。到了明代，为了防御鞑靼、瓦剌族的侵扰，长城的修建从没间断过，从洪武年间至万历年间，其间经过20次大规模的修建，筑起了一条西起甘肃的嘉峪关，东到辽东虎山，全长6350公里的边墙。

明朝在“外边”长城之内，还修筑了“内边”长城和“内三关”长城。“内边”长城以北齐所筑为基础，起自内蒙古与山西交界处的偏关以西，东行经雁门、平型诸关入河北，然后折向东北，经来源、房山、昌平诸县，直达居庸关，然后又由北而东，至怀柔的四海关，与“外边”长城相接，以紫荆关为中心，大致成南北走向。“内三关”长城在很多地方和“内边”长城并行，有些地方两城相隔仅数十里。除此以外，还修筑了大量的“重城”，雁门关一带的“重城”就有24道之多。

图4-57　长城

“因地形，用险制塞”是修筑长城的一条重要原则，在秦始皇的时候已经被肯定下来，司马迁把它写入《史记》之中。以后每一个朝代修筑长城都按照这一原则进行。凡是修筑关城隘口都是选择在两山峡谷之间，或是河流转折之处，或是平川往来必经之地，这样既能控制险要，又可节约人力和材料，以达“一夫当关，万夫莫开”的效果。修筑城堡或烽火台（图4-57）也是选择在“四顾要之处”，至于修筑城墙，更是充分地利用地形，如居庸关、八达岭的长城都是沿着山岭的脊背修筑的，有的地段从城墙外侧看去非常险峻，内侧则甚是平缓，起“易守难攻”之效。

（三）艺术成就

中国万里长城是世界上修建时间最长、工程量最大的冷兵器时代的国家军事性防御工程，凝聚着我们祖先的血汗和智慧，是中华民族的象征和骄傲。雄伟的万里长城是中国古代人民创造的世界奇迹之一，也是人类文明史上的一座丰碑。如今，长城与埃及的金字塔、罗马的斗兽场、意大利的比萨斜塔等同被誉为世界七大奇迹。它是中华民族伟大力量、杰出智慧的结晶。长城东西南北交错，绵延起伏于我们伟大祖国辽阔的土地上。它像一条巨龙，翻越巍巍群山，穿过茫茫草原，跨过浩瀚的沙漠，奔向苍茫的大海，象征着中华民族血脉相承的民族精神。

## 二、故宫

（一）概况

故宫，又称紫禁城（图 4-58），是明清两代的皇宫，为中国现存最大最完整的古建筑群，也是中国唯一保存至今的国家级皇宫。紫禁城始建于明永乐十四年（1416），是在元大都基础上改造的，宫殿的形制遵循明初南京宫殿制度。现存北京故宫经过明代后期的增改和清朝的重建，已有很多变化。

故宫占地 72 万多平方米，东西宽 753 米，南北长 961 米。全部建筑由大小数十座院落组成，总建筑面积 16 万平方米，共有宫室 9000 多间。这些宫室沿着一条南北向中轴线布置，并向两旁展开，南北取直，左右对称。这条中轴线不仅贯穿了紫禁城，而且南达永定门，北到鼓楼、钟楼，贯穿了整个城市，气魄宏伟，规划严整，极为壮观。

图 4-58　紫禁城全貌

故宫周围有高约 10 米、长约 3.5 公里的紫红色宫墙。四面宫墙都建有高大的城门，南为午门即故宫正门，北为神武门，东为东华门，西为西华门。城墙四隅各矗立着一座风格独特、造型绮丽的角楼。宫墙外围环绕着一条宽 52 米的护城河，使北京故宫成为一座壁垒森严的城堡。

（二）总体布局

紫禁城是封建帝王执政和生活之地，具有多方面的功能。第一是办理政务，需要有各种举行礼仪和处理日常政务的殿堂、衙署、官府；第二是生活起居，包括皇帝、皇后、皇妃、皇子和太祖、太后生活、休息用的寝宫、园林、戏台等；第三是供皇帝及家族进行宗教、祭祀活动与念书习武的场所，如佛堂、斋宫、藏书阁、射骑场等。还有为以上各项内容服务的设置，包括膳房、作坊、禁上房、库房及庞大服务人员的生活用房。

从历代皇宫建筑群的规划可以看到，帝王处理政务的殿堂总是放在宫城的前面，称为前朝；生活起居部分放在后面，称为后寝或后宫。这种合乎实际功能需要的前朝后寝的布局成了历代皇宫的基本格局。紫禁城也是这样，进入太和门以后即进入前朝部分。故宫三大殿组成了前朝的中心，无论是在整体规划还是在使用功能上都处于整座宫城最重要的位置，是北京中轴线上的主要建筑，也是紫禁城中最高大的建筑。它们是皇帝在重大节日召见朝廷文武百官，举行盛大典礼的地方，不但有庞大的殿堂和广阔的庭院，还有做各种准备和作为储存设备的众多配殿与廊庑。

后寝部分有处于中轴线上的乾清、交泰、坤宁三座宫，它们是皇帝、皇后生活起居和处理日常公务及举行内朝小礼仪的场所。三宫的两边有供太后、太妃居住的西六宫；供皇妃居住的东六宫和供皇太子居住的东西六所；供宗教与祭祀用的一些殿堂，供皇帝休息、游乐的御花园以及大量的服务性建筑也散布在后寝区里。所有这些前朝、后寝两部分的各种建筑都按照它们不同的功能和性质分别组成一个又一个院落，前后左右并列在一起，相互之间既有分隔，又有甬道相连，组成规模庞大的皇宫建筑群。

"三朝五门"制度是历代宫城营造时遵循的制度。紫禁城的五门相当于现北京城的正阳门、天安门、午门、太和门和乾清门；三朝中的"外朝"相当于午门广场，"治朝"相当于太和殿及其广场，而"燕朝"相当于乾清宫及其广场。为了加强外朝的声势，在作为外朝背景的雉门（午门）两侧竖有所谓"阙"的台形建筑，"以壮观瞻"。"三朝五门"依次布置在北京城的中轴线上。

（三）建筑空间

紫禁城位于北京城轴线的中段，为整个城市轴线的精华所在。紫禁城的纵轴线全长2500米，自南向北可分为三段：第一段包括三座连续的宫前广场，是序曲部分；第二段是紫禁城本身，由前朝、后寝和御花园三部分组成，为高潮部分；第三段自紫禁城北门至景山峰顶，是收尾部分。中轴两旁的对称宫院则保持着严格的对称与均衡，是主旋律的和声。随着自南而北的伸展，通过空间和形体变化的酝酿与积聚，在太和殿被推到顶点，成为这组建筑群的核心与重点。

正阳门是这一空间序列的起点，重檐歇山三滴水之楼阁，灰筒瓦绿琉璃剪边顶，气质素朴庄重。原先正阳门后还有一门，明代称"大明门"，是皇城正门天安门的外门，又称"皇城第一门"，门楼较低矮，与两侧长长的千步廊构成一个纵深的前导庭院。狭束的千步廊产生了无形压抑，在它的衬托下，行至天安门前，纵向的院子突然向东西两翼伸展，一个很宽阔的横向小广场带给人豁然开朗的惊喜。空间的突变，以及汉白玉石桥、华表、石狮等，烘托出重檐歇山顶的天安门雄姿，形成整个紫禁城乐曲的前奏。

天安门到端门之间，是尺度大大缩小了的方形院落，经历了天安门前广场上的开朗后，来到这里顿感收敛和束缚。端门和午门之间，有长长的石板御道，两边矮小的廊庑，似乎在重复着前面的旋律，而从这平缓单调的小建筑中间穿过，宫城的正门午门耸立在面前，突兀、高大，环抱出一片广场，令人惊愕。美国现代建筑师墨菲曾形容"其效果是一种压倒性的壮丽和令人呼吸为之屏息的美"。午门保持着对汉阙的记忆，是中轴线上的第二个高潮。

过了午门，对面便是太和门，围合成了一个扁方形的院落，五座汉白玉桥跨在形似弯弓的内金水河上。迈过太和门，眼前顿时一片开阔，一个空旷的方形大广场，面积达2.5公顷，以深远的蓝天为背景，如同梦境里的布景，天地之间是三层洁白晶莹的汉白玉台基，太和殿如同磐石般巍然其上，气宇轩昂，赫然雄视。至此，中轴线的节奏达到了顶峰，所有最高等级的建筑语言都浓墨重彩地汇聚在太和殿，以全力表现主体建筑的庄重与华丽。

中和殿，皇帝临朝歇脚的地方，是建筑群的一个缓冲；保和殿以仅次于太和殿的等级，掀起高潮过后的第一个余波，为从大明门开始就不断渲染的戏剧性空间画上了句号。

前朝三大殿，太和殿是高潮段的最高峰，造型庄重稳定，是“礼”的体现，强调君臣尊卑的秩序。总体又有着平和、宁静的气氛，寓含着“乐”的精神，强调社会的统一协同。整体的壮阔和隆重，彰显出帝国的气概。

前朝及其广场的全部地面都用砖石铺砌，没有花草树木，渲染出严肃的基调。后寝的后三殿，布局与前朝相似，但规模仅相当于前朝的四分之一，仿佛交响乐主题部的再现。

御花园是皇宫内的花园，也位于中轴线上，所以也采取规整对称的布局，但这个园林的出现为大气磅礴的紫禁城增加了一些活泼的元素。

出宫城的北大门神武门，50 米高的景山威压在中轴线上，5 个亭子主次分明地分列山上，在神武门已经黯然的旋律，又陡然被夸张地复现，以高度自然化了的形式，形成高潮后的又一个余波。而其北面的高大钟鼓楼则真正奏完中轴线的尾声。

（四）建筑艺术

中国传统建筑是中国传统礼制的一种表现与象征，历代统治者为了建立森严的等级概念，运用各种制度对建筑的形制加以规范与要求。等级制在建筑上通过房屋的宽度、深度以及屋顶形式（庑殿、歇山、悬山、硬山分别表示房屋由高级到低级的不同等级）、装饰的不同样式等表现出来，这一点在紫禁城中表现得尤为突出。

午门是整座宫城的大门，位于紫禁城的最南面，东西北三面城台相连，环抱一个方形广场。高高的城台上，中央有一座九开间的大殿，在两翼各有 13 间殿屋向南伸出，从门楼两侧向南排开，形如雁翅，也称雁翅楼。在东西雁翅楼南北两端各有重檐攒尖顶阙亭一座。这种呈“门”字形的门楼称为“阙门”，是中国古代大门中最高级的形式。威严的午门，宛如三峦环抱、五峰突起，气势雄伟。

午门（图 4-59）大殿用的是重檐庑殿顶，这也是屋顶中最高级别的式样。午门作为紫禁城的大门，同时又是皇帝下诏书、下令出征和军队战后凯旋向皇帝献俘的地方。每遇宣读皇帝圣旨，颁发年历书，文武百官都要齐集午门前广场听旨。官员犯死罪，传有“推出午门斩首”之说，其实明、清两朝执行死刑斩首示众的地方是在离午门相当距离的菜市口，午门广场只是对官员执行“杖刑”的地方。午门城台下正面有三个门洞，左右城台各有一门称为掖门。正面中央的门洞是皇帝专用的门道，除皇帝外，皇后在完婚入宫时可进此门。百官上朝，文武官员进出东门，王公宗室进出西门。如遇皇帝升殿，朝见文武百官人数较多，及皇帝殿试各省晋京

图 4-59　午门

的举人时，才把左右掖门打开，文、武官分别进出东、西两掖门。一座午门的五个门洞也表现出如此鲜明的等级制度。

进午门后是紫禁城前朝部分的大门太和门。太和门不是宫城之门，而是一组建筑群体的大门，因此它没有采用城楼门的形式，而是宫殿式大门。大门坐落在汉白石台基之上，面阔9开间，进深4间，上面是重檐歇山顶，这在屋顶等级中仅次于重檐庑殿顶，大门之前有一对坐于高高的石座上的铜狮，张嘴瞪目，形态雄伟，增添了这座大门的威势。明、清帝王除在重大节庆日必须亲临太和殿举行大朝仪式外，平日需要下诏时往往在这座太和门内接见文武百官。所以太和门除了作为前朝的大门外，还有“御门听政”的用处。

图4-60 太和殿

太和殿(图4-60)就是人们俗称的“金銮殿”，面阔11间60.01米，进深5间33.33米，通高35.05米，建筑面积达2377平方米。它是中国遗存的古建筑中开间最多、进深最大、屋顶最高的一座大殿。屋顶采用的是最高等级的重檐庑殿顶，台基有三层，共高8.13米，三大殿共用这座大台基。三层台基的四周有石栏杆相围，台基的前后左右设有台阶，其中前后的台阶有左右并列的三道，中央一道是专供帝王上下的御道，御道上雕着九条龙纹。在最上层台基上，位于太和殿的前方还布置着象征国家长治久安、江山永保的铜龟、铜鹤和成排的铜香炉。殿前有广场，左右是磨砖对缝的海墁地砖，东西各有100余仪仗墩石。御道两旁放置铜制品级山，每行自正、从一品至正、从九品共18级，东西各两行，文东武西。

太和殿是皇帝登基之地，每年元旦、冬至、万寿(皇帝生日)三大节及册立皇后、派将出征、金殿传位时，皇帝都要在这里举行仪式。每当大朝之日，庞大的仪仗队罗列广场，旌旗招展，百官上朝，钟鼓齐鸣，殿前香烟缭绕，这气氛是颇具感染力的。试想当年朝廷百官或各路使节要觐见皇上，先在午门或太和门外候旨，然后经几道门阙进入广场，穿过仪仗队，爬上高高的三层台基才能进到太和殿，这种环境造成了一种何等的威慑力。当年的规划者和匠师们就是这样运用最大的广场、最高的台基与建筑、最讲究的装饰，通过环境的经营及建筑本身的形象与装饰使紫禁城威武壮观。

殿内共有72根楠木柱，其中有6根蟠龙金漆柱，中设楠木金漆雕龙宝座。宝座左右有对称的宝象、角端、仙鹤、香筒等，都是铜胎嵌丝珐琅制品。殿顶正中为穹隆圆顶，称为藻井，有镇压火灾之意，井内巨龙蟠卧，口衔宝珠。

中和殿在太和殿之后，深、广各5间，每面均长24.15米，是一座单檐四角攒尖鎏金宝顶的方形殿宇。保和殿在中和殿之后，广9间，深5间，重檐九脊歇山顶。

紫禁城后宫部分的大门称为乾清门，它位于前朝保和殿的北面，也是一座宫殿式大门。面阔5间，单檐歇山式屋顶，汉白石台基，门前有一对铜狮子把门。因为是后宫的大门，所以在屋顶形式、面阔大小、台基高低等方面都比太和门要低一等级。在礼制规定的许可范围内，为了不失后宫大门的身份，特别加建了两座影壁呈八字形连接在大门的左右，与乾清门连成一个整体，使这座宫门也颇有气势。

后宫部分由三座殿组成。自南向北依次为乾清宫（图4-61）、交泰殿、坤宁宫。三座宫殿同处于中轴线上，并且坐落在同一座台基上。乾清宫与坤宁宫用的是最高等级的重檐庑殿顶。按礼制，后宫比前朝要低一个等级，所以这里的台基只有一层。乾清宫前面的庭院也没有那么宽广，在乾清门与大殿之间还连着一条甬道，使人们进入后宫大门后直接可以走到乾清宫而不必由庭院登上高高的台基。凡此种种，都可以明显地感到这里是供帝王生活的寝宫，不需要像前朝宫殿群那样威严而宏伟。

图4-61　乾清宫

（五）艺术成就

故宫规模宏伟，布局严整，建筑精美，富丽华贵，收藏有许多稀世文物，是我国古代建筑、文化、艺术的精华，也是我国现存最大、最完整的古建筑群。故宫规划严整、气魄宏伟，极为壮观，无论是在平面布局、立体效果，还是形式上的雄伟、堂皇、庄严、和谐等方面，都属于无与伦比的杰作。它标志着我国悠久的文化传统，显示着我国在建筑艺术上的卓越成就。

## 三、天坛

（一）概况

天坛地处原北京外城的东南部。位于故宫正南偏东的城南，正阳门外东侧，总面积为273公顷。始建于明朝永乐十八年（1420），是中国古代明清两代帝王用以“祭天”“祈谷”的建筑。1998年，天坛这一世界建筑艺术中的珍宝被联合国教科文组织列入“世界文化遗产”名录。

（二）整体布局

天坛的正门位于西面居中位置，与北京城中轴线永定门内大路相连。进西门直往东是西天门，路南有一组斋宫建筑。这是一组供皇帝在祭天前居住的地方，每年冬至前一天，皇帝出紫禁城来到斋宫，在这里沐浴和斋戒，表示对祭天的虔诚之心与神圣之意。

图 4-62　圜丘

举行祭祀仪式的建筑布置在天坛的偏东地区，呈南北中轴线布局。最南端的圜丘（图 4-62），是一座露天的圆形坛，明永乐初建时，坛为青色玻璃筑造，清乾隆时改为三层石筑坛台，并且加大了圆坛的直径。现在的圜丘为上下三层白石平台，每层的四周都围有石栏杆；圜丘四周没有房屋建筑，只有里、外两道矮墙相围，两道矮墙的四面各有一座石造的牌楼门。这圆形的圜丘平台就是皇帝举行祭天的中心场所。

祭天大典在每年冬至的黎明前举行，皇帝亲临主祭。这时，坛前的灯杆上高悬着被称为望灯的大灯笼，里面点着高达四尺的大蜡烛。《周礼》规定："以禋祀祀昊天上帝。"（《周礼·春官宗伯第三》）所以在圜丘的东南角特设有一排燎炉，炉内放松香木与桂香木，专门用来燃烧祭天用的牲畜与玉帛等祭品。祭祀时，香烟缭绕，鼓乐齐鸣，造成一种十分神圣的气氛。圜丘以北有一组皇穹宇建筑，主殿为一圆形小殿，平时在里面置放昊天上帝的神牌。主殿两侧有配殿，四周以圆形院墙相围，形成一个圆形的院落。

图 4-63　祈年殿

另一组祭祀建筑祈年殿（图4-63）位于皇穹宇之北，中轴线的北头，是皇帝每年夏季祈求丰年的地方。祈年殿下面有三层汉白玉台基，坐落在院落的靠北居中，前有祈年门，后有皇乾殿，左右各有配殿，四周有院墙相围，形成一组祭祀建筑群。

圜丘与祈年殿，一个祭天神，一个祈丰年，分别位于同一条中轴线的南北，它们之间由一条长达 360 米的名叫"丹陛桥"的大道相连。这条大道宽 30 米，高出地面 4 米，两旁广植松柏，人行其上，仰望青天，四周一片起伏的绿涛，由南往北，仿佛步入昊昊苍天之怀，集中体现了这个祭天环境所要达到的意境。丹陛桥将两组具有不同祭祀内容的建筑连接在一起，成为一个完整的祭祀建筑群体。

天坛除了以上斋宫与祭祀建筑群外，还有位于西门内的神乐署与牺牲所，这是供舞乐人员居住和饲养祭祀用牲畜的地方。在圜丘之西和祈年殿的东北也各有一组宰牲亭和神厨神库的建筑，它们是祭祀时屠宰牲畜和制作祭祀食品、储存祭祀用具的地方。此外，天坛内大部分地区都种植了松柏等长青树木。几组祭祀建筑在占地达 280 公顷的坛区内只占很小一部分，大片的绿色丛林使天坛有了一个与紫禁城完全不同的环境，这就是祭祀天地所需要的肃穆环境。

在整体布局的形式美处理上，天坛的建造者们也做了许多努力。如居于轴线两端的皇穹宇、祈年殿形象相近，首尾呼应；南端的圆台圆院与北端的方院又有对比。两者用丹陛桥联系起来，构成一个整体。此外，各建筑物的尺度、色彩和造型比例都经过仔细推敲，在主要视点处的视觉效果尤其受到重视。站在祈年门的后檐柱处望祈年殿，无论是水平视角还是垂直视角，都处于最佳状态，左右配殿都退出于此视野以外，从而突出了祈年殿的形象。

天坛的斋宫、圜丘、祈年殿和神乐署、牺牲所等建筑不仅在物质功能上满足了祭祀的要求，而且也满足了帝王在祭天方面的精神需求。古代工匠应用了多方面的象征手法，这种象征性手法集中表现在形象、数字与色彩三个方面。

古人相信天圆地方之说，昊昊上天是圆的，四面八方无边无垠，苍茫大地是方的。在天坛，圆与方的形象被大量运用。天坛里外两道围墙，都是上圆下方，因为苍天在上，大地在下。而其外两层矮墙却是内圆外方；皇穹宇的大殿与围墙都是圆的；祈年殿建筑与台基皆圆形，而其外院墙为方形。

苍天是蓝色的，土地是黄色的，这成为人们精神上的象征依据。天坛的许多建筑用了蓝色，圜丘四周的矮墙顶用的是蓝色琉璃瓦；皇穹宇、祈年殿的屋顶也全部用蓝琉璃瓦；连皇穹宇和祈年殿两组建筑的配殿与院门的屋顶也用了蓝琉璃瓦。

中国古代的陵墓和坛庙多喜好在陵区和坛区里广植松柏常青树种，松柏苍绿之色，久而久之带有了肃穆与崇敬的象征意义。在天坛内，如果说形象与数字的象征意义较隐晦，人们不能很明白地领悟到其中的含义，那么在色彩上却一目了然。色彩表现的象征意义是人们能够体验到的。天坛的苍绿环境，由白色与蓝色组成的建筑形象，使整个天坛具有一种极肃穆、神圣而崇高的意境。中国古代工匠在这座祭天祈丰年的建筑上发挥了无与伦比的创造力。

（三）建筑艺术

祈年殿：祈年殿是祈谷坛的中心建筑。整个建筑不用梁、长檩及铁钉，完全依靠柱、枋、桷、闩支撑和榫接起来，俗称无梁殿，是中国古典木结构建筑中的一大奇观。大殿屋顶三层，上层为青色，中层为黄色，下层为绿色。到清乾隆时将三层瓦顶改为一色的青琉璃瓦。

殿内（图 4-64）托起三层巨大屋顶重量的是环形而立的 28 根天象大柱。中央 4 根鎏金缠枝莲花柱是“龙井柱”，也称“通天柱”，象征一年四季；中层 12 根朱红漆柱是“金柱”，象征一年 12 个月；外层 12 根是“檐柱”，象征一日十二个时辰。金柱檐柱相加为 24，象征一年二十四节气。金柱、檐柱、龙柱相加成 28，象征天宇二十八星宿。龙井柱上端的藻井周围有八根铜柱环立，称“雷公柱”，专司惩恶的正义之神雷公高高在上。金柱、檐柱、龙井柱、雷公柱相加为 36，

图 4-64　祈年殿内景

代表三十六天罡,象征天帝的“一统天下”。

整个建筑以圆形表达,年月日时,循环往复,周而复始。这里,似有还无、搏之而不得的抽象时间,以视之可见、立体形象的空间语言表现出来,无形的时间概念通过建筑空间的有形构造被置换了出来。就这样,有限的建筑空间获得了恒久的时间价值,无限而难以捉摸的时间变成了具体而可以把握的现实操作,时间空间二者相融,构架出一幅浑然一体的宇宙时空观。在这样一个往复无限的大殿里祈谷,蕴意着天地自然、春生夏长秋收冬藏的律动,正是与人类社会五谷丰登息息相关的律动。祈年殿,这一中国最大圆形木造结构的杰出典范,就这样以建筑的象征语言含蓄地表达出中国宇宙时空观及其生生不已的律动,圆满圆融,无与伦比。

祈年殿外形高大壮硕,却又优美典雅。在湛蓝的天空下,三层晶莹洁白的圆形汉白玉石台托起一座体态雄伟、构架精巧的圆殿,蓝瓦红柱,金顶彩绘。屋面三层蓝色攒尖屋顶逐级收分向上,汇聚于镏金宝顶之下,既有强烈的动感,又不失端庄稳重。整个造型,比例完美,色彩和谐,以“天何言哉”“不着一字”的风度气魄,无言地“表达了一种对一个伟大文明的进步产生过伟大影响的宇宙观”,成为一部造型优雅、生动立体的宇宙演化图式解说。

圜丘坛:圜丘坛为三层同心圆坛,此为名副其实的天坛,故还有神坛、祭坛、祭天台、拜天台之称。它用三层圆形汉白玉石台叠落而成,整个造型简洁质朴,上覆天宇下承黄土,“坛而不屋”,是人工建筑融入宇宙天地空间的磅礴构思。坛四周森林植被,环境肃穆,融入于宇宙的广袤境界。

世上万物皆分阴阳,数字中单数为阳,其中九为阳数中最大者。在圜丘坛这一祭天的建筑中,数字“九”以其不断重复的音符,高奏着“苍璧礼天”的旋律。坛分三层,是天、地、人之意。圜丘最上一层即举行祭天大礼之场所,坛面全部用青石铺砌,中央一块圆形“天心石”为心,四周皆用扇面石,一层一层依次以“天数”向外作辐射状倍增,寓意围绕在“天道”中央周围。第一层为 9 块扇面石,第二层为 9 × 2 共 18 块扇面石,第三层为 27 块,直至第九层 81 块;第二层、第三层也各为九圈,直到最后一圈为 243(9 × 27)块。整个排列按“周天”360 度的天象,寓意“九重天”。栏板也含九数,三层平台四周皆有栏杆,最上一层的四面栏杆,每面各有 9 块栏板,四面共 36 块;第二层每面 18 块,下层每面则 27 块。坛面上的所有望柱及台阶数也是“天数”,反复强调有关“九”的天数象征意义。圆坛第一层径 9 丈,取“一九”之意,第二层径 15 丈,取

“三五”之意,第三层径21丈,取“三七”之意,以全一、三、五、七、九之满数,象征“一个也不能少”的系统整体配合所达到的完满吉祥;三层径数相加等于45丈,符“九五”之尊,既是天子之位的象征,又合《易经》乾卦“九五,飞龙在天,利见大人”的理论概括,喻示八方四面,空间无限,前程无量,大吉大利。

(四) 艺术成就

天坛整个建筑群落,承载着中国哲学宇宙观思想和深刻的文化内涵,它的气氛庄严肃穆,意境幽远恢宏。天坛通过形、色、数、声等多方面的建筑空间语言,筑起一幅引领精神畅游蓝天宇宙的坐标导游图。它作为迄今为止世界上最大的祭天建筑群落,把对天的认识、对天的崇敬以及对天的期盼表现得淋漓尽致,带给人充实、圆满、无限、和谐、开阔、崇高的审美享受,具有极其珍贵的文化价值、科技价值和艺术价值。世界人类遗产委员会评价天坛说,那“具有象征意义的规划设计,对远东许多国家的建筑和规范曾产生过深远的影响”。

## 四、太原晋祠

(一) 概况

太原晋祠位于太原市区西南25公里处的悬瓮山麓,始建于北魏,为纪念周武王次子姬虞而建。姬虞封于唐,称唐叔虞。虞子燮继父位,因临晋水,改国号为晋。因此,后人习称晋祠。北魏以后,北齐、隋、唐、宋、元、明、清各代都曾对晋祠重修扩建。这里殿宇、亭台楼阁、桥树相互衬托,山环水绕,古木参天,是一处国内少有的祠堂式古典园林,也是我国最古老的唐宋园林。圣母殿、宋塑侍女像、鱼沼飞梁、难老泉等景点是祠内的精华,祠内的周柏、难老泉、宋塑侍女像被誉为“晋祠三绝”,具有很高的历史价值和艺术价值。

(二) 建筑布局

晋祠的选址和环境是非常讲究的。“智者乐水、仁者乐山”,此话赋予自然以人化的道德属性,并使自然之美带上了约定俗成的文化内涵。这种传统建筑与自然的和谐关系,在晋祠中表现得尤为突出。自然本身就是人类最初祠祀的主要对象之一,除一般的地形、朝向、日照、防风、防洪、排水、交通等条件外,用山之峻峭,以壮其势;用水之波涛,以秀其姿,进而增强其神秘气氛。故山神近山,水神近水,利用自然条件的优势,依山傍水,背风向阳,居高而筑,也就成了古代建筑的鲜明特色。

依山作势:晋祠位于晋阳城西南的悬瓮山麓,背负悬山,面临汾水,依山就势,利用山坡之高下,分层设置,在山间高地上充分向外借景,依地势的显露,山势的起伏,构成壮丽巍峨的景观。山坡上的建筑处于视觉注意力的焦点,其整体趋势与山体内在的向上的趋势相呼应,获得了优美的天际廓线。

凭水添姿:在人类的生活中恐怕再没有比水与人的关系更加密切的了。在古代,人们结合水的形态,运用波光倒影和水质水声烘托意境,取得了理想的效果。也许是由于水的纯洁、永恒、神圣这一原始观念的作用,无论东方或西方在宗教和纪念性建筑前,常设一方池水或一湾流水作为神俗之间的沟通。

晋祠是以泉渠水系构景的佳例。水母楼建于晋水源头难老泉之上，并附会“柳氏坐瓮”的美丽传说。泉水从其座下涌出，楼前一八角攒尖泉亭，其下用“人”字堰南北三七分流。中部水镜台、会仙桥、金人台、对越坊、献殿、鱼沼飞梁、圣母殿排列于主轴线上，后以欢喜岭上望川亭作为终止符。南部台骀庙、公输子祠、三圣祠、同乐亭，北部苗裔堂、朝阳洞、唐叔虞祠、关帝庙、东岳庙、文昌宫环周布置。这些建筑群或依山、或临水，自成小院，亭桥殿阁、水榭楼台穿插其间，渠水在建筑之间蜿蜒曲折，叮咚作响，与建筑交织在一起，沿渠组成一组组美丽的风景，给庄严肃穆的祠庙平添了几分灵气与动感。

因高借远：受古人崇拜天而形成的传统观念的影响，高给人以接近天的神秘想象力，同时高也是表达雄伟形象的方法之一。在山川自然之中，祠宇因地制宜，“度高平远近之差，开自然峰峦之势”。依地形及景观的轮廓特征，将建筑与自然景观的优美轮廓相统一，“因其高而愈高之，竖阁磊峰于峻坡之上；因其卑而愈卑之，穿塘凿井于下湿之区”。晋祠通过高借的手法，使其具备深远丰富的层次，以至能近观咫尺于目下，远视千里于眼前。

（三）空间序列

晋祠是中国古代创造的最值得自豪的文明成果之一。它有着明确的纪念意义、强烈的实用功能、高超的科技手段、浓厚的审美价值和强烈的艺术感染力。

建筑是人类生活最基本的环境之一，无论是小小的居室、深深的廊院，还是曲折的园林、神秘的祠庙，只要人们在里面活动，就不能不受到环境气氛的感染，产生相应的审美反应。晋祠巧妙地利用了远山近水和植物等自然条件，合理地安排了建筑空间的关系和建筑群与环境的关系，使它们构成一个有机的整体。北宋欧阳修诗曰：“古城南出十里间，鸣渠夹路河潺潺。行人望祠下马谒，退即祠下窥水源。地灵草木得余润，郁郁古柏含苍烟……”晋祠的空间序列之起点便具有引人入胜之特质。

晋祠的园林是由中部、北部、南部三组建筑群组成的。北部从文昌宫起，有东岳庙、关帝庙、三清洞、唐叔虞祠、朝阳洞、待凤轩、三台阁、读书台和吕祖阁。这组建筑随山势层层叠叠，错落有致，以崇楼高阁取胜。各景之间相互贯通，以增加景的联系和层次感。南部从胜瀛楼起，有白鹤亭、三圣祠、王琼祠、真趣亭、难老泉、水母楼、公输子祠、台骀庙。这组建筑景观既有高台崇寺，又有亭桥点缀其间，泉流环绕，水声潺潺，松风水月映出了古典园林的特色。

而最有特色的应属中部了。眼望悬瓮晴岚，耳闻泉水叮咚，进入祠门，水镜台、会仙桥、金人台、对越坊、献殿、鱼沼飞梁和圣母大殿依次排列在中轴线上。明确的起始，陪衬主体和结尾构成一个有节奏的空间序列，层层深入而渐至高潮，从而产生一种连锁的、强烈的审美感受。

进入晋祠大门，迎面映入眼帘的第一座古建筑就是水镜台（图4-65）。这是一座坐东面西的古戏台，台东部为乐楼，西部为三面开敞的戏台，面向圣母大殿，水镜台前面上部为单檐卷棚顶，背面上部为重檐歇山顶，左右两边各有走廊连通前后。水镜台四周开阔，可容万人聚集。晋祠酬神赛歌、赶庙会的习俗由来已久，农历七月初二到初五，水镜台热闹非凡。因祭祀活动具有广泛的群众性，这种开阔的场所，一直在祠庙建筑中被继承下来。这样由线和面围合成的空间，具有稳定性、聚合性，从而为人们观看戏曲、举行庆典提供了理想的场所。在祠庙中有这样一个露天围合的良好空间，从功能上讲，起到了融合、过渡区域的作用。殿宇、戏楼的“外”构成了院落的“内”，彼此从属又互为依托，创造出一种微妙的内外互含的关系。

图 4-65　水镜台

献殿是举行献礼、陈设祭品的所在，为开敞或半开敞的空间，有较好的通透性，又增加了空间层次，在举行祭典时，透过渺渺的烟雾，更有一种超凡脱俗、虚幻缥缈之感。献殿前的金人台上，四隅各立一尊宋代铁铸武士(图 4-66)，他们如塔似山，为晋祠镇水护祠。在圣母殿与献殿的鱼沼泉上架十字形飞梁，既有四通功用，也增加了灵透感与层次感。

圣母殿是祠庙中敬神祭祖的神圣场所，设于主轴线的后部，殿内的光照环境充分考虑了自然条件，殿内幽暗，前廊光线透过柱廊，斗栱愈显柔和，殿顶瓦垄密密排列，明暗相间，阴阳交错，殿前鱼沼波光粼粼，形成了富于韵律的光影效果。通过自然光的透、折、控、滤等，利用人们的心理效应，创造了忽明忽暗、朦胧仿佛、高深莫测的感觉，使人敬意倍增。

图 4-66　献殿金人塑像

这样，通过层层递进，主次、大小、远近、虚实、动静、明暗的对比突出了主体空间，给人以变化丰富的感受，增强了其意境的表现力。晋祠建造者在组织空间序列时，综合运用了各种手法，着意处理各个空间的连接和过渡，从内部、外部组成一个连绵不断的有机整体，天空、山峦、流水、林木、瓦屋、殿宇交叠显示，时隐时现，那庄重、肃穆、神圣的气氛也愈加强烈。

**(四) 建筑艺术**

环境气氛给予人的感受是直觉的、朦胧的，可意会而很难准确言传。而人们对建筑艺术的审美知觉，则主要是从造型中获得的。远观晋祠，西边山峦绵延，东边汾水长流，殿宇楼台优美的曲线隐约在山麓林梢之间。

晋祠主体建筑圣母殿建成于《营造法式》刊行前百余年。无论是大殿的平面布局、梁架结构、斗栱配置，还是翼角处理、彩画制作等都堪称典范，可谓官颁《营造法式》的重要物证。

图 4-67 圣母殿

圣母殿(图 4-67)采用重檐歇山顶,平面广 7 间,深 6 间,殿身 5 间,周匝副阶,前廊深两间,异常宽敞。殿内无柱,内置神龛,中塑圣母,四周侍从 42 尊,仅前部设直棂窗复加柱廊。圣母殿前廊柱雕木质盘龙 8 条,各抱一根大柱,怒目张爪,距今千年岁月仍栩栩如生,倒映水中,随波浮动。殿顶筒板瓦覆盖,黄绿琉璃剪边,色泽均衡精致,整个殿宇庄重而华丽。宋代喻皓《木经》中的上中下之段的比例法则,《营造法式》中以材为主的"模数",都体现在其中,通过匀称和韵律取得了和谐美。

圣母殿中圣母及侍女群像是极具艺术价值的雕塑群,在我国雕塑艺术史上占有重要的地位。塑像"各有各的特殊形象,身体的丰满与俊俏,脸形的清秀与圆润,各因性格和年龄大小而异,口有情,目有神,姿态自然,各呈现出极不相同的思想感情"。她们的阴柔之美与金人台上宋铸铁人的阳刚之气,也形成了鲜明对比,美学的平衡感,在这些古代不知名的艺术家手中表现得淋漓尽致。

献殿建于金大定八年(1168),面阔进深各三间,单檐歇山顶,前后空间畅通,为穿越通道,四周无壁,槛墙上置直棂栅栏,显得整个殿堂格外疏朗利落。四架椽屋通檐用二柱,殿中前后设门,余筑坚厚槛墙,上安叉子,状如凉亭,格外通透宽敞。

图 4-68 鱼沼飞梁

鱼沼飞梁(图 4-68)位于圣母殿与献殿之间,方池之上架十字形桥,在池中立石柱 34 根,柱头以普柏枋相连,上置大斗,斗上施十字相交之栱,承托梁枋。东西宽广,南北下斜如翼,与圣母殿上翘的翼角遥相呼应,显示了殿翅欲飞之势。这种结构新奇的十字形桥全世界仅此一例,我国古建筑专家梁思成说:"此式石柱桥,在古画中偶见实,则仅此一孤例,洵为可贵。"

细观晋祠建筑的艺术形象,不仅是对单体造型的欣赏,更在于群体序列的推移;不仅是局部的雕琢精巧,更在于整体的神韵气度;不仅是突兀惊异,更在于整体的神韵气度;不仅是看,更在于游。置身于晋祠,你不能不为古人的匠心独具而赞叹。只有单纯的山水花木、亭台楼阁实在活力不大,而一切诗情画意寄情托性,还须观赏者审美心理的再创造。充分调动一切自然的、人工的条件，创造丰富的、流动的步移景异的画面，既有理性的分析，又有浪漫的想象，情景交融才是晋祠之美的真正所在。

## 五、应县木塔

（一）概况

应县佛宫寺释迦塔，俗称应县木塔，位于山西省朔州市应县城佛宫寺内。建于辽清宁二年（1056），金明昌六年（1195）增修完毕。因其“奉敕建造”，故而“规模宏敞，八面玲珑，远眺百余里，称宇内浮屠第一”。它是我国现存最高最古的一座木构塔式建筑，也是唯一一座木结构楼阁式塔。

（二）建筑艺术

应县木塔（图 4-69）位于佛宫寺南北中轴线上的山门与大殿之间，坐落在一个分上下两层、高四米的台基上，下层方形，上层八角形，两侧有石阶，阶基各角的角石上，雕有突起的石狮，共 17 块，刀法古朴。塔高 67.31 米，底层直径 30.27 米，平面为八角形。第一层立面重檐，以上各层均为单檐，共五层六檐，各层间夹设暗层，实为九层。因底层为重檐并有回廊，故塔的外观为六层屋檐。各层均用内、外两圈木柱支撑，每层外有 24 根柱子，内有八根，木柱之间使用了许多斜撑、梁、枋和短柱，组成不同方向的复梁式木架。整体比例适当，建筑宏伟，艺术精巧，外形稳重庄严。该塔身底层南北各开一门，二层以上周设平座栏杆，每层装有木质楼梯，游人逐级攀登，可达顶端。二层至五层每层有四门，均设木隔扇，光线充足，出门凭栏远眺，恒岳如屏，桑干似带，尽收眼底，令人心旷神怡。塔顶作八角攒尖式，上立铁刹，制作精美，与塔协调，更使木塔宏伟壮观。塔每层檐下装有风铃，微风吹动，叮咚作响，十分悦耳。

图 4-69　应县木塔

应县木塔的设计，大胆继承了汉、唐以来富有民族特点的重楼形式，充分利用传统建筑技术，广泛采用斗栱结构（图 4-70）。全塔共用斗栱 54 种，每个斗栱都有一定的组合形式，有的将梁、坊、柱结成一个整体，每层都形成了一个八边形中空结构层。设计科学严密，构造完美，巧夺天工，是一座既有民族风格和特点，又符合宗教要求的建筑，在我国古代建筑艺术上达到了最高水平，即使现在也有较高的研究价值。

该塔设计为平面八角，外观五层，底层扩出一圈外廊，称为“副阶周匝”，与底屋塔身的屋檐构成重檐，所以共有六重塔檐。每层之下都有一个暗层。暗层外观是平座，沿各层平座设栏

图 4-70 应县木塔转角斗栱

杆,可以凭栏远眺,身心也随之融合在自然之中。全塔高 67.31 米,约为底层直径的 2.2 倍,比例相当敦厚,虽高峻而不失凝重。各层塔檐基本平直,角翘十分平缓。平座以其水平方向与各层塔檐协调,与塔身形成对比;又以其材料、色彩和处理手法与塔檐形成对比,与塔身协调。平座、塔身、塔檐重叠而上,区隔分明,交代清晰,强调了节奏,丰富了轮廓线,也增加了横向线条,使高耸的大塔时时回顾大地,稳稳当当地坐落在大地上。底层的重檐处理更加强了全塔的稳定感。塔的整体比例匀称得当,各层檐口逐级收分向上,虽然塔身硕大粗壮,但各层飞檐给它添上几分秀丽,使它看上去粗犷中见秀逸,古朴中具典雅。

千年来,木塔经历了七次大地震的考验。据史书记载,在木塔落成 280 年后,当地曾发生过 6.5 级大地震,余震连续 7 天,塔旁房屋全部倾倒,而木塔巍然而立。军阀混战时期,木塔曾被 200 多发炮弹击中,整体结构也未受到损坏。近几十年来,邢台、唐山地震都波及应县,木塔整体摇动,风铃全部震响,持续约一分钟,但是木塔仍然屹立不倒,是"中国古代建筑抗震能力的杰出代表"。应县木塔本身精巧的结构体系、古代工匠对建筑材料的精心选择和当地适宜保存木材的独特气候,是保证木塔千年不倒的重要原因。

首先,塔的结构采用多层框架,由于塔建在 4 米高的两层石砌台基上,内外两槽立柱,构成双层套筒式结构,柱头间有栏额和普柏枋,柱脚间有地栿等水平构件,内外槽之间有梁枋相连接,使双层套筒紧密结合。暗层中用大量斜撑,结构上起圈梁作用,加强了木塔结构的整体性,是一种很有效的加固防震手段。其次,木材是柔性材料,在外力作用下不容易变形,但在一定程度上又有恢复原状的能力,同时构架中所有节点是榫卯结构,具有一定的柔性,每组斗栱似弹性节点,受外力后减轻冲撞力,这些特征都具有很好的抗震性能。再次是四个暗层的"结构层"作用,金代又在暗层内增加了许多梁柱斜撑,使四个暗层成为四个加固环,更加有效地增强了塔的整体性。

梁思成先生在 20 世纪 40 年代就曾指出:"在中国古代建筑和最现代化的建筑之间有着某种基本的相似之处。"近千年的应县木塔与当今世界上一些高层建筑的空间结构体系具有很多一致性,包括构件立体化、巨柱周边化、结构支撑化、体型圆锥化、材料高强化、建筑轻量化、动力反应智能化等。

(三) 其他艺术成就

塔内明层均塑佛像。一层为释迦牟尼像,高 11 米,面目端庄,神态怡然,顶部有精美华丽的藻井，给人以天高莫测的感觉。内槽墙壁上画有六幅如来佛像，比例适度，色彩鲜艳，门洞两侧壁上也绘有金刚、天王、弟子等，壁画色泽鲜艳，人物栩栩如生。六尊如来顶部两侧的飞天，更是活泼丰满，神采奕奕，是壁画中少见的佳作。二层坛座方形，二层由于八面来光，一主佛、两位菩萨和两位胁从的排列，姿态生动。三层坛座八角形，上塑四方佛，面向四方。四层塑佛和阿难、迦叶、文殊、普贤像。五层塑毗卢舍那如来佛和八大菩萨。各佛像雕塑精细，各具情态，有较高的艺术价值。其利用塔心无暗层的高大空间布置塑像，以增强佛像的庄严感，是建筑结构与使用功能设计合理的典范（图4-71）。

图4-71　应县木塔内部佛像

木塔自建成后，历代名人挂匾题联，寓意深刻，笔力遒劲，为木塔增色不少。其中，明成祖朱棣于永乐四年（1406）率军北伐，驻宿应州，登城玩赏时亲题“峻极神功”；明武宗朱厚照正德三年（1508）督大军在阳和（山西阳高县）、应州一带击败入侵的鞑靼小王子，登木塔宴请有功将官时，题“天下奇观”（图4-72）。塔内现存明、清及民国匾、联54块。对联也有上乘之作，如“拔地擎天四面云山拱一柱，乘风步月万家烟火接云霄”；“点检透云霞西望雁门丹岫小，玲珑侵碧汉南瞻龙首翠峰低”。此外，与木塔齐名的是塔内发现了一批极为珍贵的辽代文物，尤其是辽刻彩印，填补了我国印刷史上的空白。文物中以经卷为数较多，有手抄本，有辽代木版印刷本，有的经卷长达30多米，实属国内罕见，为研究辽代政治、经济和文化提供了宝贵的实物资料。

图4-72　应县木塔局部

## 六、颐和园

### （一）概况

颐和园，原名清漪园，位于北京市西北近郊海淀区，距北京城区15千米，是利用昆明湖、万寿山为基址，以杭州西湖风景为蓝本，汲取江南园林的设计手法和意境而建成的一座大型天然山水园，也是保存最完整的一座皇家行宫御苑，占地300.59公顷，水面约占四分之三。园中有建筑物百余座，大小院落20余处，3000余间古建筑，面积70000多平方米，古树名木1600余株。其中佛香阁、长廊、石舫、苏州街、十七孔桥、谐趣园、大戏台等已成为家喻户晓的代表性建筑。颐和园是我国现存规模最大,保存最完整的皇家园林,为中国四大名园(另三座为承德的避暑山庄,苏州的拙政园、留园)之一。

颐和园的设计立意高远,纵贯古今,表现出独一无二的雄伟气势和至高无上的皇家气派,承袭了中国历代皇家园林"皇权神圣"的主题。颐和园集传统造园艺术之大成,借景周围的山水环境,饱含中国皇家园林的恢宏富丽气势,又充满自然之趣,高度体现了"虽由人作,宛自天开"的造园准则。

(二)历史沿革

清代乾隆九年(1744),圆明园工程完成,乾隆皇帝写了一篇《圆明园后记》,记述了这座园林规模之宏伟,景色之绮丽,同时告诫后世子孙不要废弃此园而重费国力另建新园了。但事隔不久,他却自食其言,又在圆明园的西边新建颐和园。原来这位酷爱园林又好大喜功的皇帝,总感到圆明园虽好但毕竟是平地造园,有水无山,而西郊的香山静宜园和玉泉山之间有一处地方既有山又有水,这就是瓮山泊。当时在瓮山上修有小庙,水中建阁供皇帝偶尔来此游乐。乾隆看中这块有山有水的宝地,于乾隆十五年(1750),借庆贺母亲皇太后六十大寿和整治京城西北郊水系的双重名义开始了颐和园的建造。历时 15 年竣工,是为清代北京著名的"三山五园"中最后建成的一座。

咸丰十年(1860),在第二次鸦片战争中,英法联军火烧圆明园时颐和园也同样遭到严重破坏。

颐和园于光绪十二年(1886)开始重建,光绪十四年(1888)慈禧挪用海军军费修复此园。颐和园成为晚清最高统治者在紫禁城之外最重要的政治和外交活动中心,是中国近代历史的重要见证与诸多重大历史事件的发生地。光绪二十四年(1898),光绪帝曾在颐和园仁寿殿接见维新思想家康有为,询问变法事宜;戊戌变法失败后,光绪被长期幽禁在园中的玉澜堂;光绪二十六年(1900),颐和园又遭八国联军洗劫;1902 年,清政府又予以重修。清朝末年,颐和园成为中国最高统治者的主要居住地,慈禧太后和光绪皇帝在这里坐朝听政、颁发谕旨、接见外宾。

(三)园林布局

万寿山与昆明湖构成了全园的基本山水构架。在总体上可分为三个景区。第一景区为宫廷区(图 4-73),位于全园的东部,万寿山的脚下。清朝离宫型园林都有供皇帝上朝听政的地方,所以在颐和园的主要入口东宫门内首先布置了一组宫廷建筑群。这里有皇帝听政的仁寿殿,帝王、帝后们居住的玉兰堂、宜芸馆、乐寿堂以及各种服务性建筑。它们也和宫殿建筑一样,采取前朝后寝的布局,仁寿殿居前,在它的左右也有配殿,组成一个规整的庭院。不过这里的殿堂都不用琉璃瓦顶,也不用重檐的形式,庭院中多栽植花木,点缀湖石,具有园林的特点。

第二个景区是前山、前湖区。这是颐和园最主要的景区。万寿山经过扩大与增高,形成坐北朝南，面临昆明湖的良好格局。万寿山南麓的中轴线上，金碧辉煌的佛香阁、排云殿建筑群起自湖岸边的云辉玉宇牌楼，经排云门、二宫门、排云殿、德辉殿、佛香阁，终至山巅的智慧海，重廊复殿，层叠上升，贯穿青琐，气势磅礴。巍峨高耸的佛香阁（图4-74）八面三层，据山面湖，统领全园。这一组建筑全部为宫殿形式，琉璃瓦顶，油漆彩画，金碧辉煌，高耸于万寿山，成为颐和园全园的标志和风景中心。在这组主要建筑

图4-73　颐和园内宫廷区

群的东西两侧，对称布置着成组建筑，其中有宗教建筑转轮藏、五方阁，有游乐建筑听鹂馆、画中游、景福阁，还有许多供休息玩乐的院落建筑。特别是在万寿山南面山脚下，沿着昆明湖畔，建造了一条长达728米的长廊（图4-75），自东往西，贯穿整个前山区，将前山的散布景点串联在一起。人们漫步廊中，向两边观望，可以欣赏到湖光山色和组组殿堂馆所；内望廊里，可以看到每一间廊子的梁架上都画满了山水风景、神话故事等不同题材、不同内容的彩画。这条有273间的长廊，成了一条绚丽多彩的画廊，一条能观赏园内风光的游廊。

图4-74　颐和园内佛香阁

图4-75　颐和园内长廊

万寿山南面的昆明湖，经过扩展与改建，除在东面筑起一道堤坝外，在西面又特别留出一道长堤，将昆明湖分隔成为大小三个湖面，在其中有南湖岛、治镜阁和藻鉴堂三个中心岛屿，以象征东海中蓬莱、方丈和瀛洲三座仙山神岛。蜿蜒曲折的西堤犹如一条翠绿的飘带，萦带南北，横绝天汉，堤上六桥，婀娜多姿，形态互异。在长堤上依照杭州西湖苏堤上的六桥，也建造了六座桥，其中有形如拱月的石桥，有四方、六角、八角形的各式桥亭，它们散置在长堤上，烟波浩渺的昆明湖中，宏大的十七孔桥如长虹偃月倒映水面，丰富了湖面的景色。在颐和园内，北面的山临水，南面的水环山。登山瞭望，近处一汪碧水，远处万顷良田，远近相连，一览无余，园林风光在这里得到了无穷尽的延伸。

图 4-76　颐和园内皇家买卖街

颐和园的第三个景区是后山后湖区。在万寿山北麓,紧靠北园墙,地势狭窄,本没有什么景观,但造园者却巧妙地在山脚下沿着北园墙挖出一条河道,河道宽窄相间,组成大小不同的水面,并用挖出的土就近在北岸堆成山丘,两岸密植树木,然后将昆明湖水自西头引入后山,形成一条夹峙在山丘之间的后溪河。并在这条溪河的中段模仿苏州城水街建造了一条买卖街,酒幌临风,店肆熙攘,仿佛置身于二百多年前的皇家买卖街(图 4-76)。泛舟后溪河,或处于自然山林之中,水面忽宽忽窄,忽幽忽明;或进入繁华市街,河两岸鳞次栉比地排列着各式店铺。与这条后溪河相平行的,在山腰上还有两条山道,道旁高树参天,林荫深处,散置着几组亭台楼阁。

后山中央还建有一组藏传佛寺弥灵境庙,这是清廷为了表示与西藏民族团结和睦而专门建造的,有成组的佛殿、日月台、喇嘛塔,沿着北山坡组成规模很大的佛教建筑群,成为后山区的中心。

东麓山脚下的谐趣园是园中之园,乾隆皇帝下江南时,看中了无锡惠山的寄畅园,仿其意而建,名惠山园。虽说它是仿照无锡惠山的寄畅园修建的,但其趣更佳,是运用北方建筑形式,结合北方的自然条件,在皇家园林中带入了江南园林的妩媚风情,但求神似而不拘泥于形似的艺术再创造,曲水复廊,足谐其趣。全园布局特点是以满植荷花的水池为中心,围绕"L"形水池,在四周土山的环境中修建了小巧别致的园林建筑,以游廊串联起来,以涵远堂作为全园中心,引后湖的水自园西流入水池再由南流出园外。

如果以前山前湖景区与后山后湖景区相比,则前者开阔,后者收敛;前者气势宏伟,后者幽静深邃。二者既形成对比,又互相联系,使颐和园的景观多姿多彩。

(四) 艺术成就

颐和园是中国历史上最后兴建的一座皇家园林。全园建筑构图严谨、气魄宏大,儒、释、道三教文化,倾注在充满诗情画意的湖光山色之中。它继承了中国历代园林艺术的优秀传统,博采各地造园手法的长处,兼有北方山川雄伟宏阔的气势和江南水乡婉约清丽的风韵,并蓄帝王宫室的富丽堂皇、民间宅居的精巧别致和宗教庙宇的庄严肃穆,气象万千而又与自然环境和谐一体。其辉煌的宫殿、壮丽的建筑群、精妙的园林造景以及精湛的工艺,代表了中国皇家园林修建的最高水平。

## 七、拙政园

（一）概况

拙政园位于苏州古城区东北，是江南园林的代表，也是苏州园林中面积最大的古典山水园林，被誉为“中国园林之母”，是中国四大名园之一。1997 年被联合国教科文组织列为世界文化遗产。拙政园全园占地 78 亩（52000 平方米），分为东、中、西和住宅四个部分。住宅是典型的苏州民居，现布置为园林博物馆展厅。

（二）历史沿革

明正德四年（1509），拙政园由王献臣初建，取名“拙政”是因晋朝文人潘岳《闲居赋》中的一段话：“筑室种树，逍遥自得……灌园鬻蔬，以供朝夕之膳……此亦拙者之为政也。”暗喻把浇园种菜作为自己（拙者）的“政”事，有朴实之人在自家花园为政的巧意。

史籍上记载，王献臣曾委托书画家文徵明做最早的设计，并存文氏之《拙政园图》《拙政园记》和《拙政园咏》传世，比较完整地勾画出园林的面貌和风格。当时，全园面积约 13.4 公顷，规模比较大。园多隙地，中亘积水，浚沼成池，池广林茂。有繁香坞、倚玉轩、芙蓉限及轩、槛、池、台、坞、涧之属。整个园林竹树野郁，山水弥漫，近乎自然风光，充满浓郁的天然野趣。

根据文徵明在《王氏拙政园记》中的描述，一开始建造此园时，他就发觉这块地不太适合盖相当多建筑，地质松软，积水弥漫，而且湿气很重。因此，文徵明以水为主体，辅以植栽，因地制宜设计出了各个景点，并将诗画中的隐喻套进视觉层次中。园中至今仍留有许多文徵明的对联与诗，其中以“梧竹幽居亭”中的“爽借清风明借月，动观流水静观山”最能带出此园的意境。此外，园中所栽种的紫藤相传是文徵明亲手种植的。由此可看出文徵明相当喜爱植物，有学者分析在 31 个景点中，超过一半的景点都与植物和植物本身的意涵有关。

四百多年来，拙政园屡换园主，曾一分为三，园名各异，或为私园，或为官府，或散为民居，直到 20 世纪 50 年代，才完璧合一，恢复初名“拙政园”。现存之园林已不尽当年之风采。

（三）园林布局

拙政园共分为三个部分：东园、西园和中园，三部分各有特色（图 4-77）。

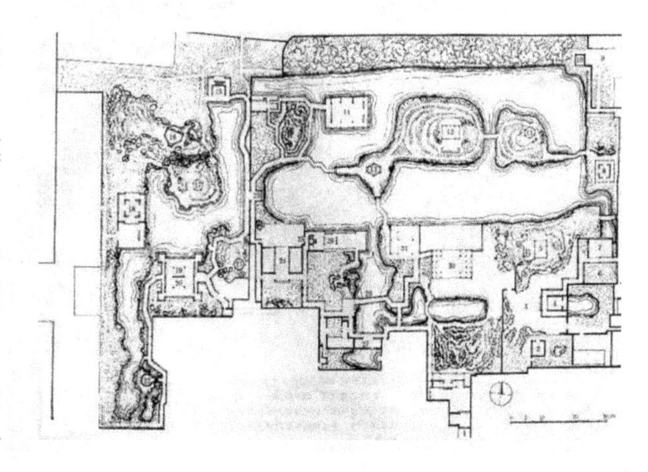

图 4-77　拙政园总平面图

东园：东园的面积约 31 亩，其规模大致以明朝王心一所设计的“归园田居”为主，布局以平冈远山、松林草坪、竹坞曲水为主，配以山池亭榭，仍保持疏朗明快的风格。但现有的建筑大多为新建，重要的有秫香馆、松林草坪、芙蓉榭、天泉亭等。园的入口设在南端，经门廊、前院，过兰雪堂，即进入园内。东侧为面积旷阔的草坪,草坪西面堆土山,上有木构亭,四周萦绕流水,岸柳低垂,间以石矶、立峰,临水建有水榭、曲桥。西北土阜上密植黑松、枫杨,林西为秫香馆。再西有一道依墙的复廊,上有漏窗透景,又以洞门数处与中区相通。

西园:西园面积约为12.5亩,其水面迂回,布局紧凑,依山傍水建以亭阁。该园以池水为中心,有曲折水面与中区大池相接。有塔影亭、留听阁、浮翠阁、笠亭、与谁同坐轩、宜两亭等景点。又新建卅六鸳鸯馆和十八曼陀罗花馆,装修精致奢丽。园中建筑以南侧的鸳鸯厅为最大,方形平面带四耳室,厅内以隔扇和挂落划分为南北两部,南部称"十八曼陀罗花馆",北部名"卅六鸳鸯馆",夏日用以观看北池中的荷蕖水禽,冬季则可欣赏南院的假山、茶花。池北有扇面亭"与谁同坐轩",造型小巧玲珑。东北为倒影楼,同东南隅的宜两亭互为对景。

中园:中园为全园精华之所在,虽历经变迁,与早期拙政园有较大变化和差异,但园林以水为主,池中堆山,环池布置堂、榭、亭、轩,基本上延续了明代的格局。从咸丰年间《拙政园图》、同治年间《拙政园图》和光绪年间《八旗奉直会馆图》中可以看到山水之南的海棠春坞、听雨轩、玲珑馆、枇杷园和小飞虹、小沧浪、听松风处、香洲(图4-78)、玉兰堂等庭院景观与诸景现状毫无二致。因而拙政园中部风貌的形成,应在晚清咸丰至光绪年间。

图4-78 拙政园香洲

中园面积约为18.5亩,其中水面占三分之一。水面有分有聚,临水建有形体各不相同、位置参差错落的楼台亭榭多处。主厅远香堂为原园主宴饮宾客之所,四面长窗通透,可环览园中景色;厅北有临池平台,隔水可欣赏岛山和远处亭榭;南侧为小潭、曲桥和黄石假山;西循曲廊,接小沧浪廊桥和水院;东经圆洞门入枇杷园。园中以轩廊小院数区自成天地,外绕波形云墙和复廊,内植枇杷、海棠、芭蕉、竹等花木,建筑处理和庭院布置都很雅致精巧。

图4-79 拙政园远香堂

远香堂(图4-79)既是中园的主体建筑,又是拙政园的主建筑,园林中各种各样的景观都是围绕这个建筑而展开的。远香堂是一座四面厅，建于原“若墅堂”的旧址上，为清乾隆时所建，青石屋基是当时的原物。它面水而筑，面阔三间，结构精巧，周围都是落地窗，可以从里面看到周围景色。堂里面的陈设非常精雅，堂的正中间有一块匾额，上面写着“远香堂”三字，是明代文徵明所写。堂的南面有小池和假山，还有一片竹林。堂的北面是宽阔的平台，平台连接着荷花池。每逢夏天来临的时候，池塘里荷花盛开，每当微风吹拂，就有阵阵清香飘来。

堂的北面也是拙政园的主景所在，池中有东西两座假山，西山上有雪香云蔚亭，亭子正对远香堂的两根柱子上挂有文徵明手书“蝉噪林愈静，鸟鸣山更幽”的对联，亭的中央是元代倪云林所书“山花野鸟之间”的题额。东山上有待霜亭。两座山之间以溪桥相连接。山上到处都是花草树木，岸边则有众多的灌木。远香堂的东面，有一座小山，小山上有“绣绮亭”，这里还有枇杷园、玲珑馆、嘉实亭、听雨轩、梧竹幽居等众多景点。从梧竹幽居向西远望，还能看到耸立云霄之中的北寺塔。水池的中央还建有荷风四面亭，亭的西面有一座曲桥通向柳荫路曲。在这里转向北方可以看到见山楼。亭子的南部有一座小桥连接着倚玉轩，从这里向西走就到了小飞虹（图 4-80），这是苏州园林中唯一的廊桥。桥的南面有小沧浪水阁，桥的北面是香洲。

图 4-80　拙政园小飞虹

（四）造园艺术

拙政园的不同历史阶段，园林布局有着一定区别，特别是造园初期的拙政园与今日的现状有很多不同之处。正是在不断发展变化中，逐步形成了拙政园独具个性的特点，其主要特点如下：

1. 因地制宜，以水见长

据《王氏拙政园记》和《归园田居记》记载，园地“居多隙地，有积水亘其中，稍加浚治，环以林木”，“地可池则池之，取土于池，积而成高，可山则山之。池之上，山之间可屋则屋之”。这充分反映出拙政园利用园地多积水的优势，疏浚为池，望若湖泊，形成晃漾渺弥的个性和特色。拙政园总体布局特点，东疏西密，曲水环绕，水面面积约占全园面积的三分之一，特别是中部，水的面积几乎占全园的五分之三。整个水面既有分隔变化，又彼此贯通，互相联系，并在东、中、西南留有水口，与外界流通。拙政园中一切造园景物都以与池水相调和、相映衬为原则。

其一，景点布置疏疏落落，不求其聚，亦不觉其散，都因以水为中心，有桥梁道路，通其脉络；有长廊逶迤，填其空虚；有岛屿土山，映其顾盼。看似结构松散，却精神密集。

其二，“凡诸亭槛台榭，兼因水为面势”。临水建筑物特别多，形式多平宽开敞，富有安定感，与广漠的池水相协调。

其三，拙政园的通景线水陆交错，一重池水，一重陆地，又一重池水……池水与陆上植栽相映衬，荇藻空明，树树皆成倒影。春宜晨，夏宜风，秋宜月，冬宜雪，四季皆成奇观。

拙政园的池水处理，务求其迂回曲折，一览不尽，是与一般苏州园林集中用水相对立的分散用水。其特点是：用化整为零的方法把水面分割成互相连通的若干小块，这样便可因水的来去无源流而产生隐约迷离和不可穷尽的幻觉。分散用水还可以使水面相对狭窄的溪流起沟通连接的作用，这样，各空间环境既自成一体，又相互连通，从而具有一种水路潆洄、岛屿间列和小桥凌波而过的水乡气氛。拙政园就是以这种方法给人以深邃藏幽的感觉。

2. 疏朗典雅，天然野趣

早期拙政园，林木葱郁，水色迷茫，景色自然。园林中的建筑十分稀疏，仅“堂一、楼一、为亭六”而已，建筑数量很少，大大低于今日园林中的建筑密度。竹篱、茅亭、草堂与自然山水融为一体，简朴素雅，一派自然风光。拙政园中部现有山水景观部分，约占据园林面积的五分之三。池中有两座岛屿，山顶池畔仅点缀几座亭榭小筑，景区显得疏朗、雅致、天然。

3. 庭院错落，曲折变化

拙政园的园林建筑，早期多为单体，到晚清时期发生了很大变化。首先表现在厅堂亭榭、游廊画舫等园林建筑明显增加。中部的建筑密度达到了16.3%。其次是建筑趋向群体组合，庭院空间变幻曲折。如小沧浪，从文徵明《拙政园图》中可以看出，仅为水边小亭一座。而现在由小飞虹、得真亭、志清意远、小沧浪、听松风处等轩亭廊桥依水围合而成，独具特色。水庭之东还有一组庭园，即枇杷园，由海棠春坞、听雨轩、嘉实亭三组院落组合而成，主要建筑为玲珑馆。在园林山水和住宅之间，穿插了这两组庭院，较好地解决了住宅与园林之间的过渡。同时，对山水景观而言，由于这些大小不等的院落空间的对比衬托，主体空间显得更加疏朗、开阔。

这种园中园式的庭院空间的出现和变化，究其原因除了使用方面的理由外，恐怕与园林面积缩小有关。光绪年间的拙政园，仅剩下1.2公顷园地。与苏州其他园林一样，占地较小，因而造园活动首要解决的问题是在不大的空间范围内，能够营造出自然山水的无限风光。这种园中园、多空间的庭院组合以及空间的分割渗透、对比衬托，空间的隐显结合、虚实相间，空间的蜿蜒曲折、藏露掩映，空间的欲放先收、欲扬先抑等手法，其目的是要突破空间的局限，收到小中见大的效果，从而取得丰富的园林景观。这种处理手法，在苏州园林中带有普遍意义，也是苏州园林共同的特征。

4. 园林景观，花木为胜

拙政园以“林木绝胜”著称，数百年来一脉相承，沿袭不衰。早期王氏拙政园三十一景中，三分之二景观取自植物题材，如桃花片，“夹岸植桃，花时望若红霞”；竹涧，“夹涧美竹千挺”，“境特幽回”；“瑶圃百本，花时灿若瑶华”。归田园居也是丛桂参差，垂柳拂地，“林木茂密，石藓然”。每至春日，山茶如火，玉兰如雪。夏日荷花盛开，清香四溢。秋日之木芙蓉，如锦帐重叠。冬日老梅偃仰屈曲，独傲冰霜。有泛红轩、至梅亭、竹香廊、竹邮、紫藤坞、杏花涧等景观。

至今，拙政园仍然保持了以植物景观取胜的传统，荷花、山茶、杜鹃为著名的三大特色花卉。仅中部23处景观，百分之八十是以植物为主景的。如远香堂、荷风四面亭的荷（“香远益清”，“荷风来四面”），倚玉轩、玲珑馆的竹（“倚槛碧玉万竿长”，“月光穿竹翠玲珑”），待霜亭的桔（“洞庭须待满林霜”），听雨轩的竹、荷、芭蕉（“听雨入秋竹”，“蕉叶半黄荷叶碧，两家秋雨一家声”），玉兰堂的玉兰（“此生当如玉兰洁”），雪香云蔚亭的梅（“遥知不是雪，为有暗香来”），听松风处的松（“风入寒松声自古”），以及海棠春坞的海棠，柳荫路曲的柳，枇杷园、嘉实亭的枇杷，得真亭的松、竹、柏，等等。

## 八、明十三陵

### （一）概况

明十三陵是中国明朝皇帝的墓葬群，坐落在北京西北郊昌平区境内的燕山山麓的天寿山。明十三陵是明朝迁都北京后13位皇帝陵墓和皇家陵寝的总称，依次建有长陵（成祖）、献陵（仁宗）、景陵（宣宗）、裕陵（英宗）、茂陵（宪宗）、泰陵（孝宗）、康陵（武宗）、永陵（世宗）、昭陵（穆宗）、定陵（神宗）、庆陵（光宗）、德陵（熹宗）、思陵（思宗），故称十三陵。这里自永乐七年（1409）五月始作长陵，到明朝最后一帝崇祯帝葬入思陵止，其间230多年，先后修建了13座皇帝陵墓、7座妃子墓、1座太监墓。共埋葬了13位皇帝、23位皇后、2位太子、30余位妃嫔、1位太监，总面积120余平方公里。

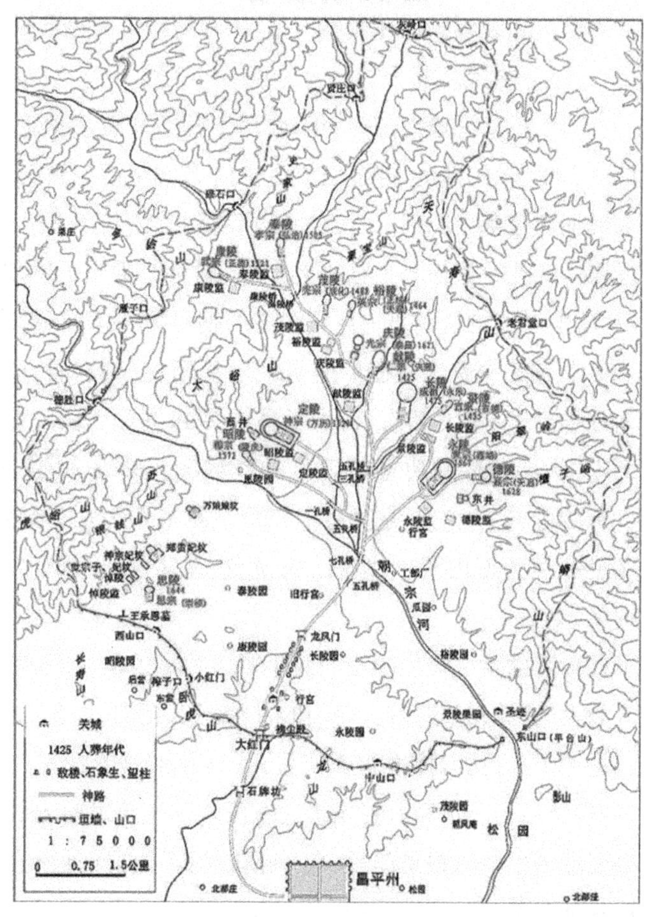


图4-81 明十三陵总平面图

### （二）整体布局

明十三陵位于一个天然山区，其山属太行余脉，西通居庸，北通黄花镇，南向昌平州，不仅是陵寝之屏障，实乃京师之北屏。十三陵地处东、西、北三面环山的小盆地之中，陵区周围群山环抱，中部为平原，陵前有小河曲折蜿蜒，山明水秀，景色宜人，形成了体系完整、规模宏大、气势磅礴的陵寝建筑群。

明十三陵，既是一个统一的整体，各陵又自成一个独立的单体，陵墓规格大同小异。每座陵墓分别建于一座山前。陵与陵之间少者半公里，多者八公里。除思陵偏在西南一隅外，其余均呈扇面形分列于长陵左右（图 4-81）。在中国传统风水学说的指导下，十三陵从选址到规划设计，都十分注重陵寝建筑与大自然山川、水流和植被的和谐统一，追求形同“天造地设”的完美境界，用以体现“天人合一”的哲学观点。明十三陵作为中国古代帝陵的杰出代表，展示了中国传统文化的丰富内涵。

对明十三陵依山建陵的布局，英国著名史学家李约瑟这样评价：皇陵在中国建筑形制上是一个重大的成就，它整个图案的内容也许就是整个建筑部分与风景艺术相结合的最伟大的例子。“在门楼上可以欣赏到整个山谷的景色，在有机的平面上沉思其庄严的景象，其间所有的建筑都和风景融汇在一起，一种人民的智慧由建筑师和建筑者的技巧很好地表达出来。”英国城市规划师爱德蒙·培根认为，“建筑上最宏伟的关于‘动’的例子就是明代皇帝的陵墓”。他指出：依山而建的陵墓建筑群的布局“它们的气势是多么壮丽，整个山谷之内的体积都利用来作为纪念死去的君王”。他们形象生动地描绘了明陵建筑与自然景观的有机结合。

2003 年明十三陵被列入世界遗产目录。世界遗产委员会评价：明清皇家陵寝依照风水理论，精心选址，将数量众多的建筑物巧妙地安置于地下。它是人类改变自然的产物，体现了传统的建筑和装饰思想，阐释了封建中国持续五百余年的世界观与权力观。

（三）建筑艺术

明太祖朱元璋在位 31 年，死后下葬于孝陵。孝陵位于南京城东钟山主峰之下。陵墓前为长达 1800 米的神道，神道上依序排列着大金门、石碑、石像生、石柱等直到棂星门。进门过金水桥到达陵墓中心区，由南至北布置着大红门、祾恩门、祾恩殿、方城明楼、宝城、地宫。这些建筑均排列在一条南北中轴线上，北面正对着钟山的主峰。地面建筑除神道两边的石雕外均已毁坏，但孝陵的这种布局成了明清两朝皇陵的标准模式。

十三陵中首先建造的是明永乐皇帝的长陵，位于环形地势的北端，后有主山峰依托，前呈开畅之势，坐北朝南，占据了最中央的位置。长陵建成后不到 10 年，在陵区的南端立起了一座“大明长陵神功圣德碑”，并在碑后开辟了神道，安放了一系列石雕。此后又经过几代皇帝的经营，才使得陵区逐步完善。原来作为长陵前的神道成了整个陵区的共同神道，各座皇陵都在天寿山下寻找自己的位置，呈放射形分布于山之南麓，形成了中国历史上最大的陵区。

陵区的主入口位于南面两座对峙的小山包之间，最前方为一座五开间的大石牌楼，作为陵区的大门，牌楼遥对着天寿山的主峰。从此向北，经大红门、碑亭及 18 对包括有马、骆驼、象、武将、文臣等的石像生直至棂星门，全长约 2.6 公里。神道沿着山间地势又考虑到四周的山景，蜿蜒而行，到 18 对石像生这一段才取直正对前方的棂星门，造成极为神圣而肃穆的视觉与心理环境。进入棂星门后，有一条大道穿过河滩地段直去长陵，同是在这条道上先后有分道通达其他各陵。

石牌坊（图 4-82）为陵区前的第一座建筑物，建于明嘉靖十九年（1540）。牌坊结构全部用汉白玉雕砌,在额枋和柱石的上下,刻有龙、云图纹及麒麟、狮子等浮雕。这些图纹上原来曾饰有各色彩漆,因年代久远,现已剥蚀净尽。整个牌坊结构恢宏,雕刻精美,反映了明代石质建筑工艺的卓越水平。

图 4-82 十三陵石牌坊

过了石牌坊,即可看到在神道左右有两座小山。东为龙山(也叫蟒山),形如一条奔越腾挪的苍龙;西为虎山(俗称虎峪),状似一只伏地警觉的猛虎。中国古代道教有“左青龙,右白虎”为祥瑞之兆的传说,“龙”“虎”分列左右,威严地守卫着十三陵的大门。

大红门坐落于陵区的正南面,门分三洞,又名大宫门,为陵园的正门。大门两旁原各竖一通石碑,上刻“官员人等至此下马”字样。凡是前来祭陵的人,都必须从此步入陵园,以显示皇陵的无上尊严。大门两侧原设有两个角门,并连接着长达 80 里的红色围墙。在蜿蜒连绵的围墙中,另设有一座小红门和十个出入口,均派有重兵驻守,是百姓不可接近的禁地。现在这些围墙早已坍塌,有些残迹尚依稀可辨。

大红门后的大道,叫神道,也称陵道(图 4-83)。起于石牌坊,穿过大红门,一直通向长陵,原为长陵而筑,但后来便成了全陵区的主陵道了。该道纵贯陵园南北,全长 7 公里,沿线设有一系列建筑物,错落有致,蔚为壮观。

图 4-83 明十三陵陵道前石雕群

碑亭位于神道中央,是一座歇山重檐、四出翘角的高大方形亭楼,为长陵所建。亭内竖有龙首龟趺石碑一块,高 6 米多,上题“大明长陵神功圣德碑”。碑亭四隅立有 4 根白石华表,其顶部均蹲有一异兽,名为望天吼。华表和碑亭相互映衬,显得十分庄重浑厚。

石雕群是陵前放置的石雕人、兽,古称石像生(石人又称翁仲)。从碑亭北的两根六角形的石柱起,至龙凤门止的千米神道两旁,整齐地排列着 24 只石兽和 12 个石人,造型生动,雕刻精细。其数量之多,形体之大,雕琢之精,保存之好,是古代陵园中罕见的。石兽共分 6 种,每种 4 只,均呈两立两跪状。将它们陈列于此,赋有一定含义。例如,雄狮威武,而且善战;獬豸为传说中的神兽,善辨忠奸,惯用头上的独角去顶触邪恶之人;狮子和獬豸均是象征守陵的卫士;麒麟,为传说中的“仁兽”,表示吉祥之意;骆驼和大象,忠实善良,并能负重远行;骏马善于奔跑,可为坐骑。石人分勋臣、文臣和武臣,各4尊,为皇帝生前的近身侍臣,均为拱手执笏的立像,威武而虔诚。在皇陵中设置这种石像生,早在两千多年前的秦汉时期就有了,主要起装饰点缀作用,以象征皇帝生前的威仪,表示皇帝死后在阴间也拥有文武百官及各种牲畜可供驱使,仍可主宰一切。

棂星门又叫龙凤门,由四根石柱构成三个门洞,门柱类似华表,柱上有云板、异兽。在三个门额枋上的中央部分,还分别饰有一颗石雕火珠,因而该门又称“火焰牌坊”。龙凤门西北侧,原建有行宫,是帝后祭陵时的歇息之处。

图4-84　明十三陵长陵祾恩殿

长陵的规模居13座陵墓之首,超过了孝陵,但形制与孝陵相同。最前方为大门,其后为祾恩门、祾恩殿(图4-84)、方城明楼、宝顶,其中最重要的是祾恩殿。祾恩殿是祭祀先皇的大殿,它在皇陵中的地位相当于紫禁城中的太和殿。它面阔九开间,进深五间,虽然赶不上太和殿的十一开间面阔,但宽度达到66.75米,还超过太和殿3米。大殿坐落在三层白石台基之上,用的是重檐庑殿式最高等级的黄琉璃瓦屋顶。大殿室内60根立柱,全部用整根楠木制成,其中直径最大的达1.17米,较现存太和殿内的柱子质量更高。顶上全部用井字天花,红棕色的楠木柱子配上青绿色的天花,使殿内充满了肃穆的气氛。尽管这座大殿在面阔、柱子用料方面超过太和殿,屋顶、台基也用了最高等级的式样,但它毕竟是陵墓的大殿,所以在大殿四周没有那么多配殿与廊庑,没有那么大的广场,没有那么高的台基,在总体环境上,远不及太和殿那样宏伟与气魄。太和殿与祾恩殿是目前留存下来的最大的两座古建筑。

(四) 陵寝特色

明代皇陵与唐陵、宋陵以及以前各朝的皇陵有什么不同呢?明陵仿唐陵也是选择以大山为靠背而成的有利环境,但它没有开山做地宫、以山为宝顶而是在山体前挖地藏地宫,在地宫上堆土成宝顶。不同于秦汉皇陵的方锥形陵体,明陵做成圆形的宝顶,宝顶之上不建陵殿,所有陵墓地面建筑全部列在宝顶之前,形成前宫后寝的格局。明皇陵与宋皇陵一样,都集中建造在一起,但它与宋陵不同的是,各座皇陵既各自独立,又有共同的入口、共同的神道,它们相互联系在一起,组成一个统一的庞大皇陵区,既完整又有气势。

## 九、北京四合院

（一）概况

所谓“四合”，“四”指东、西、南、北四面，“合”即四面房屋围在一起，形成一个“口”字形布局。北京的四合院之所以有名，在于构成的独特之处，在中国传统住宅建筑中具有典型性和代表性。它院落宽绰疏朗，四面房屋各自独立，彼此之间有走廊连接，起居十分方便。经过数百年的营建，北京四合院从平面布局到内部结构、细部装修都是中国民居中所特有的。北京的四合院有着深厚的生活气息，庭院方阔，尺度合宜，成为中国北方院落式民居建筑的代表，是中国民居建筑史上的一朵奇葩。

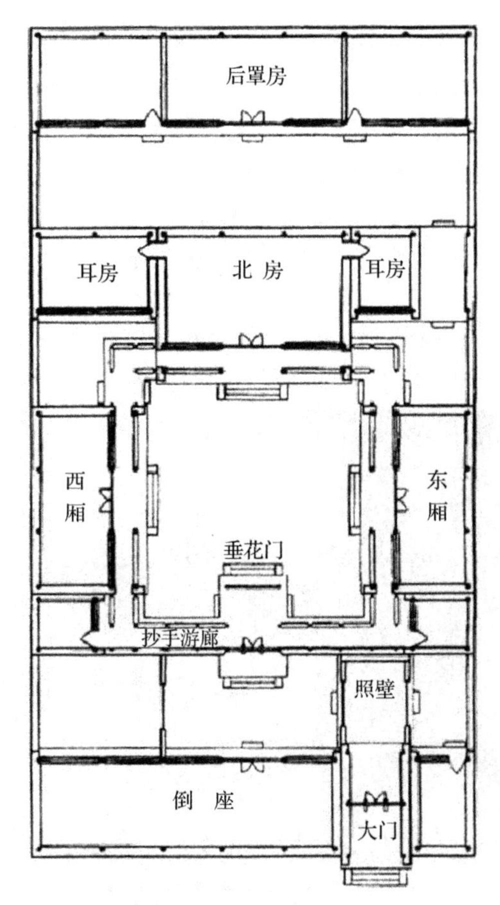


图 4-85　北京四合院平面

（二）环境与建筑布局

北京四合院（图 4-85）都是平房，规模小者只有一院，多数有前（外）后（内）两院。外院横长，大门开在前左角，即东南角（图4-86），进入大门迎面在内院东厢房的南山墙上筑砖影壁一座（或为独立影壁），与大门组成一个小小的过渡空间，由此西转进入外院。外院正对民居中轴的南房称“倒座”，作客房。倒座最东即紧邻门屋的一间为男仆室，隔门屋东有一座小院，为家塾。倒座最西一间即全院最西南角为厕所，隔以门墙，相当隐蔽。由外院正中向北，通过一座垂花门式的中门进入方阔的内院，即全宅主院。北面正房称“堂”，三间，间宽约 2.7 米或更宽，遵守着明清朝廷“庶民庐舍不过三间五架，不许用斗栱，饰彩色”的规定。正房开间和进深尺寸及高度都较厢房为大，故体量最大。正房左右有时各

图 4-86　北京四合院大门

接一间或两间耳房,居尊者长辈。耳房前有小小角院,十分安静,所以也常用作书房。这种一正两耳的布局称作"纱帽翅"。正房之前院子两侧各有厢房,前沿不越正房山墙,宽度适中,空间感觉良好,为后辈居室。正房、厢房朝向院子大多有前廊,廊边常设坐凳栏杆,可以在廊内坐赏院中花树。所有房屋都采用青瓦硬山顶。

四合院的规模与讲究程度随主人权势之高低和经济实力的大小而决定。普通百姓之家,只有四边房屋围合成院,既无前院也无后罩房。官吏、富商殷实之家,如果三世或四世同堂,则会出现把几座标准四合院纵向或横向相串联组合而成的大型四合院住宅。这种串联并不是简单地叠加重复,而是有主有从,根据使用的要求,有大小与比例上的变化。例如,两座标准四合院纵向组合,则把前面的四合院取消后罩房,后面的四合院取消前院,使两座四合院的内院前后直接相通,前院的正房变成厅堂,穿过厅堂进入后内院。清朝将诸王集中于京都,奉以厚禄,于是在北京出现了一大批专门供皇亲国戚居住的住宅,称为王府。王府一般由多座四合院纵横组合而成,有的还有专门的园林部分,这些都是最讲究的四合院。

图 4-87　北京四合院内院

北京四合院庭院方阔,尺度合宜,亲切宁静,有浓厚的生活气息,并且为冬季多纳阳光提供了条件(图4-87)。院内植花置石,是十分理想的室外生活空间,好比一座露天的大起居室,把天地拉近人心,最为人们所钟情。院内四面走通的游廊是北京四合院的最大特色,把庭院分成几个大小空间,但分而不隔,互相渗透,增加了层次的虚实映衬和光影对比,也使得庭院更符合人的日常生活尺度,家庭成员在这里得到交流,为营造亲切的生活情趣起了很大的作用。

(三) 建筑意境

传统的四合院多以宁静、恬淡来形容,而四合院营造出的氛围和意境远不止这些。仔细品味四合院,在不同的位置会带给你不同的感受。

大门一般位于院落东南角,是四合院重点装饰的部位,大多会做得或华丽或庄重,而且一般都会高出周围的建筑,这样让它在整条胡同当中会很显眼。当人们站在它前面的时候,精美的砖雕和彩画、深邃的门廊都会带给人一种肃然起敬的感觉,给人以宅第不凡的感想。而当推开它的木质板门进入门内时,视线却被框定在了一个很小的范围之内:迎面非常素雅的影壁(或一字影壁)(图 4-88),视线上沿大门上的倒挂楣子以及与影壁组合成封闭空间的屏门所组成的狭窄空间。这是园林景观的"抑景"手法。随着你三五步转过屏门以后,眼前一条由临街房和看面墙组成的狭长空间依然不那么使人视野开阔,仅是看面墙的什锦窗和墙中间位置一

图 4-88　北京四合院影壁

座遍饰木雕、秀巧的垂花门(有的也做成月亮门形式)为这个空间增添了一抹秀丽和文雅之气,使空间不致过于干涩。这个部分则运用了造园技巧中的“障景”手法。此时人的心情比起在屏门之内时开始起了兴致,但仍不能知庭院全貌。

当走入垂花门之后,行至垂花门侧面的抄手廊时,一座宽敞明亮的庭院和庭院尽头高出其他建筑的正房,使眼前豁然开朗。透过廊子檐下的倒挂楣子或者垂花门后侧的门框抬头仰望正房,正房显得异常高大庄严,人的心情被带到一个最高点。这样一个小的范围,营造出这么多重的感受,可谓是四合院建筑的一大成就。而比较大的四合院如果还有宁谧的花园,人漫步其中,尽得曲径通幽的感受,更是锦上添花。过了前庭之后的内宅,建筑就开始淡雅起来,古人谦恭、内秀的风格尽显其中,其建筑要比前庭矮一些、朴素一些,更富有生活气息。

(四) 伦理形态

在长幼有序、尊卑有别的封建社会,儒教经典的影响是非常大的,由此也影响到了北京四合院的建筑。北京四合院内宅居住的分配是非常严格的,内宅中位置优越显赫的正房,都要给老一代的老爷、太太居住。堂屋是家人起居、招待亲戚或过年过节时设供祭祖的地方,两侧多做卧室。东西两侧的卧室也有尊卑之分,在一夫多妻的制度下,东侧为尊,由正房居住,西侧为卑,由偏房居住。东西厢房则由晚辈居住,厢房也是一明两暗,正中一间为起居室,两侧为卧室。而后罩房主要是供未出阁的女子或女佣居住。北京四合院的居住形式在儒教经典的影响下,形成了自己独有的特色。

## 十、徽州民居

(一) 概况

徽州古称新安,范围在以黄山为中心的安徽南部地区,总面积 9807 平方公里,区内是“八山半水半分田,一分道路和庄园”。自从北宋宋徽宗以帝号改新安为徽州后,这个名字一直沿用至今。古徽州下设黟县、歙县、休宁、祁门、绩溪、婺源(今属江西)六县。

徽州民居是我国传统建筑中的宝贵遗产,从美学的角度来分析,它不仅具有群体的律动美、单体的构成美,还充分体现了时空模糊美的美学特征。苏州园林以“造景寄情”独具匠心,北京四合院以“移景寓情”颇见于方寸中,那么徽州民居的借景抒情、融于自然的格局,则充分体现出返璞归真、寄托山水的美学追求。

图4-89　徽州村落

### （二）环境布局

由传统民居集聚而成的徽州村落（图4-89），绝大部分融合在山光水色之中，或背山临水，或依山跨水，或枕山面水。比如黟县的西递村，溪水穿村而过；黟县的屏山、休宁的临溪，溪水傍村而过；黟县的碧山、歙县的潜口，村落附近有较大溪水，或小涧连于村落；等等。这种环境有利于形成良好的生态循环小气候。背山屏挡冬季北向寒风，面水迎来南向季风。村落一般都坐落在山水之间的缓坡上，随着地形与道路方向逐步延伸，房屋高低错落，形成富有节奏变化的院落组合。另外，缓坡还能避免淹涝之灾和保护水土。

徽州传统村落总体来看，都是以山峦为村落的骨架，溪水是村落的血脉。房屋群落与周围环境巧妙结合，村落顺溪水走向展开，形成了优美的村镇风貌。由于徽州地少，大部分徽民经商，村镇沿河溪，既方便交通运输，又有利于贸易集散；另外徽州民居为木结构，街巷庭院中的溪水对于居民生活用水、防火用水均很重要。在徽州地区一些大的居住群体所组成的集镇，往往有一条比较热闹的商业街道，街的两侧分布着商店、茶馆、饭铺等。街巷端头一般设券门、矮墙或漏花墙，这样既分割和丰富了狭长的街巷空间，又加强了建筑群的整体性，使环境充满生活气息。村内大街小巷皆以青石、麻石等石材铺路，这种石板路使得多雨之地的徽州村镇不受泥泞之苦。

图4-90　徽州村落巷道

徽州村落建筑密度很高。因当时交通不发达，无大型交通工具，民居组群间的巷道一般是曲折幽深的（图4-90），宽度仅达建筑层高的五分之一左右，显得异常宁静，生活气息很浓。这种布局在当时有不少优点，其一是幽深的巷道在夏季可避免炎热阳光直射，比较阴凉；其二是建筑布局比较紧凑，能节省用地。但也存在冬季日照条件差、不利于防火、车马难以入内等弊端。村头，是徽州村落环境景观的重要组成部分，是民居村落的入口和前奏。村头作为村落与外界的过渡，一般利用不同的山势、溪流、湖塘等配置以牌楼、亭榭、桥梁等标志性建筑物作为空间环境的界定，徽州人也称村头为

“水口”，这样的地段是村落风景最美、最具不同风格特色的地方，甚至成为一座村落的重要标志。

（三）建筑特色

徽州民居在中国传统民居共性的基础上，展示了其建筑文化的强烈个性，它的历史价值、文化价值已为世人所公认。探寻和发掘徽州民居特色，以及它的创作思想、观念意识、格局气质和精神风貌等对于今天的建筑发展有很大的意义。在外观上，徽州民居大多为两层的楼房，楼下低矮，楼上则宽敞，外用高高的白墙围合。整个墙面仅开少数漏窗，一楼基本不对外开窗。靠村落巷道上的墙面基本上是一门二窗的主题，这样就很好地解决了因密居而造成的各家之间的私密性问题。房屋两端山墙的升高超过屋面及屋脊。山墙面顶部呈阶梯形，即封火墙。一般封火墙凸出三阶，少数凸出五阶，每阶以水平条状的山墙檐收顶，为了避免山墙顶距屋面高度过大，采取了向屋檐方向逐渐跌落形式，每阶收头处做出翘犀头，当地称马头墙。这种阶梯式山墙既与两坡屋面相协调，又富于变化，打破了一般墙面的单调，大大丰富了建筑的轮廓线。封火墙经艺术处理后，成为一个很有鲜明个性的外观特征(图4-91)。远看民居群的外墙轮廓之所以千变万化、高低错落，一方面由于村落一般都坐落在山水之间的缓坡上，地形本身有高低起落；另一方面则是民居群自己有许多变化因素，这些因素包括宅基高低不等、层数不等、进数不等、组合不等、用料大小不等，建筑群随之也高低起伏。马头墙和屋顶相互穿插、交相辉映，赋予村落浓郁的乡土特色。在功能上，由于徽州民居内部均是木结构组合而成，加上房屋间距小，这就不得不考虑防火问题，马头墙在防止火灾蔓延上起着很重要的作用。

图4-91　徽州民居封火墙

徽州民居的艺术风格以淡雅、朴实、秀丽著称。在外观色调上以灰、白、黑为主，不用重彩浓色，并且尽可能保持材料的自然质感。屋顶采用坡屋面，墙顶以小青瓦铺成鱼鳞状，朴素大方。墙面均粉白灰，沿滴水头处墙面用浓淡墨线绘出两条粗细砖纹墨线，同时在墙体转角处绘收头花纹，远望徽州村落青瓦白墙的房屋，在山水之间及绿树丛中显得特别古朴文雅。

由于明清时期对民居建筑有严格的规定，庶民庐舍不得超过三间五架，所以徽州民居一般为三开间，即明间、次间，中间为厅堂，两侧为厢房，庭院比较狭小，成为天井。平面布局以天井为核心，外围封闭，内部开敞，是秩序井然的三合院模式。平面构成序列是：入口大门—天井—半开敞的堂屋—左右厢房—堂屋屏风后楼梯间(或在天井一侧)—厨房。南向的是主要房间，东西向是很次要的、开间较小的辅助房间，一般为楼梯间、储藏室等。

民居平面虽方整但不呆板，虽紧凑但不局促，虽格局统一但仍多变化，天井起了相当关键

图 4-92 徽州民居内的天井

的作用(图4-92)。天井小而狭长,呈长方形。它是平面里最积极、最活跃的构成因素。天井的主要作用是:它在封闭的空间起到采光、通风等功能;它是一个起联系、导向作用的枢纽空间;它是由大门进入宅内的过渡;它是通向建筑两侧小巷、杂院、庭院的地带。天井上缘由屋顶四向的屋檐和墙壁组合构成,然而,天井虽由屋檐框定,但它不是连续的封闭的围合,天井四周屋檐标高不一,也使天井的空间丰富了很多。由于徽州地区少雪多雨,屋顶出檐较长,使天井变小,光线变暗。每当降雨时节,四周的坡屋顶雨水皆顺檐流入天井,形成“四水归堂”之势,以附和徽商“肥水不外流”“老天降福”“财源滚滚来”等心愿。天井一般设排水通道,开敞的井口底下地面潮湿,以青麻石铺地。天井使民居在炎热的夏天,增加了几分清凉,同时它在防火方面也有很重要的功能。天井延伸了堂屋的空间。堂屋在住宅中占最重要的位置,它供全家聚集活动,祭祀、迎宾、红白喜事都在这里举行。天井使半开敞的堂屋扩大了活动的视角范围,使室内外空间互相渗透,丰富了内外空间的层次,形成了天、地、人三者合一的思想。

正是由于天井承接阳光雨露、日月精华,纳气通风,具有“藏风具气,通天接地”的功能,使徽州民居在当时具有很强的生命力。

天井也是室内重点装饰的地方,徽州民居天井中总有长条石供桌,上置盆景,粉墙上饰以砖刻花窗。富户则在天井周围装修的木雕上做文章。讲究的用银杏、梓等贵重木材,为炫耀木材材质,又怕油漆后损害了雕刻的细部,很多都不油漆,涂以桐油,表露木质和纹理的自然美。

(四)装饰艺术

徽州民居是朴素简洁的,但一般都比较讲究装饰,配置各种精美的雕刻,形成一种清丽高雅的艺术格调。在装饰手法上,徽州的砖雕、木雕、石雕在建筑中得到绝妙的运用,到处可见这种精美的佳作。特别是对主入口的门楼、门墙、门罩多做重点装饰,飞檐叠瓦、斗栱重重。既打破了水平墙面的单调感,又增加了大门的气势。门口大部分用青砖雕刻,雕工非常讲究,形象别致醒目,比例尺度适当。雕文大多为戏文故事、民间传说,也有花鸟虫鱼以及各种几何图案等。

住宅室内大多为木雕,这种雕刻的重点部位是院内的槅、面向天井的栏杆、靠凳、屏风、挂落、檐口、梁等。由于木质细韧,比较易于加工,线条更流畅,丰满华丽而细腻。在石雕方面,用于民居厅堂的台阶石雕水平一般,而许多民居的柱础则比较考究。艺术水平特别高的石雕常见于民居群中的一些牌坊、祠堂和亭台等。这些精美的雕刻,造型生动,题材丰富,极具艺术感染力,体现了徽州民居既庄重素雅又活泼多姿的风格。

# 第五章　现代建筑艺术

对建筑艺术家来说，建筑设计中老的经典已经被推翻，如果要与过去挑战，我们应该认识到，历史上的过往式样对我们来说已经不复存在，一个属于我们自己时代的新的设计样式已经兴起，这就是革命。

——勒·柯布西耶

## 第一节　现代建筑的探索

人类社会进入19世纪以后，建筑领域出现了许多新的事物，建筑发展速度显著加快，许多方面发生了根本性的转变：西欧和美国完成了资产阶级革命，工业革命促成了资本主义生产工业化，科学技术有了长足的进步，城市的数量、结构、规模、设施和面貌等发生了很大变化。在文化领域，19世纪末20世纪初西方文化界掀起了一场以反传统为特征的运动。经过这样一次运动，西方现代文化逐渐形成和确立，并进入一个新的历史阶段。尽管各方面的变迁并不平衡，传统并没有也不可能消除殆尽，但世界大部分地区终于跨进既有工业化又有现代文化的历史时期。

世界建筑在历史上有过多次重大变迁，但19世纪末20世纪初的这次变革的内容最广泛、最全面，其中在西方建筑界主张改革和倾向改革的流派或运动主要有以下这些。

### 一、工艺美术运动

工艺美术运动(Arts & Crafts Movement)是起源于19世纪下半叶英国的一场设计改良运动。在装饰艺术、家具、室内产品、建筑等领域，因为工业革命的批量生产带来设计水平下降，艺术家试图通过自觉的设计改良运动来改变颓势,反对新兴的机器制品。在建筑上,它主张用浪漫的"田园风格"来抵制机器大工业对人类艺术的破坏,同时也力求摆脱古典建筑形式的束缚。当时大规模生产和工业化方兴未艾,工艺美术运动意在抵抗这一趋势而重建手工艺的价值,要求塑造出"艺术家中的工匠"或者"工匠中的艺术家"。

工艺美术运动的先驱有艺术评论家约翰·拉斯金(John Ruskin,1819—1900)和艺术家、诗人威廉·莫里斯(William Morris,1834—1896)。莫里斯有感于当时实用工艺美术品设计质量不高,主张美术家和工匠结合,认为这样才能设计制造出有美学质量的为群众所享用的工艺品。他强调艺术和实用结合,认为"美就是价值,就是功能"。他的名言:"不要在你家里放一件虽然你认为有用,但你认为并不美的东西。"其含义自然是指功能与美的统一。莫里斯的设计不仅包括平面设计,也有室内设计、纺织品设计等。他认为要复兴中世纪哥特式的风格,只有该风格的设计才是"真挚"的。以莫里斯为首的工艺美术运动设计家创造了许多以后设计家广泛运用的编排构图方式,比较典型的是将文字和曲线花纹拥挤地结合在一起,将各种几何图形插入或用之分隔画面等。

图 5-1 莫里斯红屋

莫里斯的理论与实践在英国产生了很大影响,一些年轻的艺术家和建筑师,如沃赛、马克穆多和阿什比等人纷纷效仿,进行设计的革新。尽管有其先天的局限,但他们首先提出了"美与技术结合"的原则,主张美术家从事设计,反对"纯艺术"。另外,还强调设计应"师承自然"、忠实于材料和适应使用目的,并创造出了一些朴素而适用的作品,为全世界的设计革新运动做出了杰出的贡献。

工艺美术运动的代表性建筑有建筑师魏布(P. Webb)设计的莫里斯红屋(图 5-1)和美国甘布尔兄弟设计的甘布尔住宅。

## 二、新艺术运动

新艺术运动(Art Nouveau)是 19 世纪末、20 世纪初在欧洲、美国产生和发展起来的一次影响面相当大的装饰艺术运动,一次内容很广泛的设计革新探索,对建筑也产生了很大影响。新艺术运动最初的中心在比利时首都布鲁塞尔,随后向法国、奥地利、德国、荷兰以及意大利等地扩展。

作为新艺术运动的创始人之一,费尔德(Henry van de Velde,1863—1957)在 19 世纪 80 年代致力于建筑艺术革新的目的是要在绘画、装饰与建筑上创造一种不同于以往的艺术风格。在建筑上,极力反对历史样式,意欲创造一种前所未有的,能适应工业时代精神的装饰方法。

“新艺术派”的思想主要表现为用新的装饰纹样取代旧的程式化的图案。受英国工艺美术运动的影响，主要从植物形象中提取造型素材，在家具、灯具、广告画、壁纸和室内装饰中，大量采用自由连续弯绕的曲线和曲面，形成自己特有的富于动感的造型风格。

“新艺术派”在建筑方面表现为：在朴素地运用新材料、新结构的同时，处处浸透着艺术的考虑。建筑内外的金属构件有许多曲线，或繁或简，冷硬的金属材料看起来柔化了，结构显出了韵律感。“新艺术派”建筑是努力使工业技术与艺术在房屋建筑上融合起来的一次尝试。新艺术运动的作品大都以运动感的曲线条为造型特征，但各国各地又有不同的特色，有的还有不同的名称——在德国称为“青年风格”(Jugend Stil)，在维也纳则称为“分离派”(Secession)。

图 5-2 米拉公寓

新艺术运动的代表性建筑有西班牙建筑师高迪(Antoni Gaudi，1852—1926)设计的米拉公寓(图 5-2)、巴特罗公寓，比利时建筑师霍尔塔(V. Horta，1861—1947)设计的布鲁塞尔让松街 6 号住宅、索尔威旅馆等。

## 三、分离派

19 世纪末，维也纳美术界以学院派为主建立的“艺术家协会”中，一些持不同艺术见解的青年艺术家于 1897 年成立了“奥地利造型艺术协会”。不久克里姆特(Gustav Klimt)等八位青年艺术家因观点不同退出该协会，于 1897 年 4 月 3 日在维也纳另行组织成立名为“分离派”的团体。他们并没有明确的艺术纲领，意思是要与传统的和正统的艺术分手，于是便形成了所谓的维也纳分离派(Secession)。

分离派画家反对古典学院派艺术，宣称与其分离，主张创新，追求表现功能的“实用性”和“合理性”，既强调在风格上发扬个性，又尽力探索与现代生活的结合，创造出一种新的样式。分离派是在绘画、装饰美术、建筑设计上有过影响的新艺术流派。它在形式上虽然喜欢使用直线而其根本精神却在于反对传统规范艺术，主张与现代文化接触、与现代生活融合。分离派的画家们在反对学院派旧艺术形式这一点上是一致的，但在艺术倾向和风格上始终是多种多样的，所以说它并没有明确统一的纲领。

1898 年，奥地利建筑师奥尔布里希(Joseph Maria Olbrich，1867—1908)设计的维也纳“分离派会馆”，在厚重的纪念性建筑之上安置了一个很大的金属镂空球体，使那个原本一般的建筑变得轻巧活泼起来(图 5-3)。

图 5-3　维也纳分离派会馆

然而,1910 年以后,维也纳分离派建筑师又向古典主义倾斜,如 1911 年建筑师瓦格纳(Otto Wagner,1841—1918)的"维也纳第 22 区"规划方案、霍夫曼(Josef Hoffmann,1870—1955)为 1911 年罗马国际艺术大展设计的奥地利馆等。

## 四、未来主义

第一次世界大战爆发前数年,意大利出现了一种名为"未来主义"的社会思潮。意大利诗人、作家兼文艺评论家马里内蒂(Filippo T. Marinetti,1876—1944)于 1909 年 2 月在《费加罗报》上发表了《未来主义的创立和宣言》一文,标志着未来主义的诞生。随之而来的是文化界各领域冠以"未来主义"名称的宣言纷纷发表。

1914 年意大利青年建筑师圣伊里亚(Antonio Sant-Elia,1888—1916)发表了《未来主义建筑宣言》,激烈批判复古主义,认为历史上建筑风格的更迭变化只是形式的改变,因为人类生活环境没有发生深刻改变,而现在这种改变却出现了。因此,未来的城市应该有大的旅馆、火车站,巨大的海港和商场,明亮的画廊,笔直的道路以及对我们还有用的古迹和废墟……在混凝土、钢和玻璃组成的建筑物上,没有图画和雕塑,只有它们天生的轮廓和体形给人以美。这样的建筑物将是粗犷的,像机器一样简单,需要多高就多高,需要多大就多大……城市的交通用许多交叉枢纽与金属的步行道和快速输送带有机地联系起来。……建筑艺术必须使人类自由地、无拘无束地与他周围的环境和谐一致,也就是说,使物质世界成为精神世界的直接反映……

"未来主义"的建筑观点虽然带有一些片面性和极端性质,但它的确是到第一次世界大战前为止,西欧建筑改革思潮中最激进、最坚决的一部分,其观点也是最肯定、最鲜明、最少含糊和妥协的。

## 五、表现主义

20 世纪初,欧洲出现了名为"表现主义"的绘画、音乐和戏剧等艺术流派。表现主义者认为,艺术的任务在于表现个人的主观感受和体验。例如,画家心目中认为天空是蓝色的,他就会不顾时间地点,把天空都画作蓝色的。绘画中的马,有时画成红色的,有时又画成蓝色的,一切都取决于画家主观的"表现"需要,他们的目的是引起观者情绪上的激励。

第一次大战前后,表现主义在德国、奥地利等国盛行。在 1905 年至 1925 年间出现了一些表现主义的建筑。表现主义建筑师常常采用奇特、夸张的建筑体形来表现某些思想情绪,象征某种时代精神。德国建筑师门德尔松(Eric Mendelsohn,1887—1953)20 世纪在 20 年代设计过一些表现主义的建筑,其中最有代表性的是 1921 年建成的德国波茨坦市爱因斯坦天文台(图 5-4)。

图 5-4　爱因斯坦天文台

表现主义建筑常常与建筑技术和经济上的合理性相左,因而与 20 世纪 20 年代的现代主义建筑思潮有所抵触。在 20 年代中期,表现主义的建筑不很盛行,却也时有出现,不绝如缕,因为总是不断有人要在建筑中突出表现某种情绪和心理体验。

## 六、芝加哥学派

19 世纪以前,芝加哥是美国中西部的一个小镇。随着美国西部的开发与建设,这个位于东部和西部交通要道的小镇在 19 世纪后期急速发展起来,到 1890 年人口已增至 100 万。经济的高速发展、人口的快速增长对新建房屋的需求急速上升,也刺激了建筑业的发展。然而 1871 年 10 月 8 日在芝加哥市中心发生了一场大火,熊熊大火烧毁了全市近 1/3 的建筑。大火灾后,芝加哥面临城市的重建和对住房的大量需求。为了在有限的市中心区内建造尽可能多的住房面积,高层建筑开始在芝加哥涌现。这些建筑该如何建造,是在原来的建造方法与美学观点下争取层数的增加还是有较大的变革或革新,是当时摆在所有与此有关的人面前的问题。“芝加哥学派”(Chicago School)就此应运而生。在当时已有材料和建筑手段中,芝加哥的建筑师们选择这样一种建筑:高层、铁(或钢)框架结构。用铁构成的框架足以承担重量,外墙已无承重功能;高层建筑便于容纳更多的人。这些做法的出发点是为了赶时间,弥补火灾的损失,也恰恰符合经济高速发展对建筑的需要。

芝加哥学派突出功能在建筑设计中的主要地位,明确提出形式服从功能的观点,力求摆脱折中主义的羁绊,探讨新技术在高层建筑中的应用,强调建筑艺术应反映新技术的特点,主张简洁的立面以符合时代工业化的精神。芝加哥学派最兴盛的时期是 1883—1893 年,它在建筑造型方面的重要贡献是创造了“芝加哥窗”,即整开间开大玻璃,以形成简洁立面的独特风格。在工程技术上的重要贡献是创造了高层金属框架结构和箱形基础。高层、铁框架、横向大窗、简单的立面成为“芝加哥学派”的建筑特点。

工程师詹尼(William Le Baron Jenney 1832—1907)是芝加哥学派的创始人,1885 年建成的第一座钢铁框架结构建筑——“家庭保险公司”(The Home Insurance Building)标志着芝加哥学派的真正创立。

图 5-5　芝加哥 C. P. S 百货公司大楼

19 世纪末，"芝加哥学派"中最著名的建筑师是沙利文。在芝加哥的建筑设计实践中，沙利文体会到新的功能需要在旧的建筑样式中常常受到"抑制"，所以需要发展新的建筑设计理念和方法，其中"使用上的实际需要应该成为建筑设计的基础，不应让任何建筑教条、传统、迷信和习惯做法阻挡我们的道路"就是这一理念的最好诠释。沙利文在艺术上不仿古，不追随某一种已有的风格。他广泛汲取各种各样的手法，然后灵活运用，创造出自己独特的风格，代表性的作品有会堂大厦、保证金大厦、温赖特大厦、芝加哥 C. P. S 百货公司大楼（图 5-5）等。

## 七、德意志制造联盟

1870 年德国成为统一的国家，并采取一系列改革措施，经济得到迅速发展。到 19 世纪末，德国的工业水平已赶上了英国、法国，居于欧洲第一位。德国在上升期不仅要求进一步工业化，而且希望成为工业时代的领袖。为了使德国商品能够在国际市场上与英国抗衡，1907 年，德国的企业家、艺术家和技术人员组成了全国性的组织——德意志制造联盟（Deutscher Werkbund），旨在通过艺术、工业和手工艺的结合，提高德国的设计水平，设计出优良产品。

德意志制造联盟认为设计的目的是人而不是物，工业设计师是社会的公仆，而不是以自我表现为目的的艺术家。在肯定机械化生产的前提下，把批量生产和产品标准化作为设计的基本要求，努力向社会各界推广工业设计思想，介绍先进设计成果，促进各界领导人支持设计的发展，以推进德国经济和民族文化素养的提高。

德意志制造联盟是德国现代主义设计的基石，在理论与实践上都为 20 世纪 20 年代欧洲现代主义设计运动的兴起和发展奠定了基础。其创始人有德国著名外交家、艺术教育改革家和设计理论家穆特休斯（Hermann Muthesius，1861—1927），现代设计先驱贝伦斯（Peter Behrens，1868—1940）及设计师威尔德（Henry Van de Velde，1865—1957）等人。

德意志制造联盟的设计师在实践中不断取得前所未有的成就。1912—1919 年联盟出版的年鉴，先后介绍了贝伦斯为德国电器联营公司设计的厂房及其一系列产品，格罗皮乌斯为同盟设计的行政与办公大楼、幕墙式的法格斯鞋楦厂房，陶特为科隆大展设计的玻璃宫，纽曼的商业化汽车设计等，都具有明显的现代主义风格。尤其是对 1914 年科隆大展的展品介绍，更令人耳目一新。年鉴还及时向人们展示国际工业技术发展新动态，如美国福特汽车公司首创的装配流水线，并发表不同观点的理论文章，让人们在争论中求得真理。

1908年，贝伦斯为通用电气公司设计的通用电气公司透平机工厂（图5-6）是工业界与建筑师结合提高设计质量的一个成果，也是现代建筑史上一件大事。工厂的主要车间位于街道转角处，主跨采用大型门式钢架，钢架顶部呈多边形，侧柱自上而下逐渐收缩，到地面上形成铰接。在沿街立面上，钢柱与铰接点坦然暴露出来，柱间为大面积的玻璃窗，划分成简单的方格。屋顶上开有玻璃天窗，车间的采光和通风良好。外观体现工厂车间的性格，在街道转角处的车间端头，贝伦斯做了特别处理，角部以砖石砌筑，墙体稍向后仰，显得敦厚稳固。贝伦斯以著名建筑师的身份来设计一座工厂厂房，不仅把它当作实用房屋认真设计，而且将它当作一个“建筑艺术作品”来对待，表明工业建筑进入了建筑师的业务范围。

图5-6　通用电气公司透平机工厂

1914年，联盟内部发生了设计界理论权威穆特休斯和著名设计师威尔德关于标准化问题的论战。前者以有力的论证说明：现代工业设计必须建立在大工业文明的基础上，而批量生产的机械产品必然要采取标准化的生产方式，在此前提下才能谈及风格和趣味问题。这次论战是现代工业设计史上第一次具有国际影响的论战，是德国工业同盟所有活动中最重要、影响最深远的事件。第一次世界大战使其活动中断，但它所确立的设计理论和原则，为德国和世界的现代主义设计奠定了基础。

## 第二节　现代主义建筑

第一次世界大战后，随着商业、交通运输、体育娱乐、文化教育等行业的迅速发展，社会生活更加丰富多彩，建筑类型也进一步增加。例如电影的普及使电影院建筑发展起来，航空运输的发展带来了更多的航站建筑等。建筑师的任务愈来愈复杂多样，在遇到更多更大挑战的同时也获得了更多的机遇，建筑创作的路子更加宽广。20世纪20—30年代，在西欧地区首先兴起了一股改革、试验、创新的浪潮，从中产生了20世纪最重要的建筑思潮和流派，即后来所谓的“现代主义建筑”。

## 一、格罗皮乌斯与包豪斯

格罗皮乌斯出生与柏林,青年时期在柏林和慕尼黑高等学校学习建筑,1907—1910 年在柏林著名建筑师贝伦斯的建筑事务所工作。1910—1914 年自己开业,1919 年任包豪斯学校校长,1928 年同勒·柯布西耶等组建国际现代建筑协会,并在 1929—1959 年任副会长。

图 5-7　法古斯工厂

1911 年,格罗皮乌斯与迈耶合作设计的法古斯工厂,采用了非对称的构图,以及简洁整齐的墙面,没有挑檐的坡屋顶,大面积的玻璃和取消柱子的建筑转角等设计方法(图 5-7)。这个时期,格罗皮乌斯已经明确提出了要突破旧传统、创造新建筑的主张,主张建筑走工业化的道路。他说:"在各种住宅中,重复使用的相同的部件,就能进行大规模生产,降低造价,提高出租率。"

1919 年,第一次世界大战刚刚结束,格罗皮乌斯出任德国魏玛艺术与工艺学校校长后,将该校与魏玛美术学校合并成立专门培养新型工业日用品和建筑设计人才的高等学院,取名为魏玛公立建筑学院,简称"包豪斯"(Bauhaus)。包豪斯是世界上第一所完全为发展现代设计教育而建立的学院,它的成立标志着现代设计的诞生,也对世界现代设计的发展产生了深远的影响。

在格罗皮乌斯的指导下,包豪斯学校在设计教学中贯彻一套新的方针、方法。它具有以下特点:第一,在设计中强调自由创造,反对模仿因袭、墨守成规。第二,将手工艺同机器生产相结合,格罗皮乌斯认为新的工艺美术家既要掌握手工艺,又要了解现代大机器生产的特点,要在掌握手工业生产和机器生产的区别与各自的特点中设计出高质量的能提供给工厂大规模生产的产品。第三,强调各门艺术之间的交流融合,提倡工艺美术和建筑设计向当时的抽象派绘画和雕塑艺术学习。第四,培养学生既有动手能力又有理论素养。第五,把学校教育同社会生产相挂钩。

以包豪斯为基地,20 世纪 20 年代形成了现代建筑中的一个重要派别——现代主义建筑,即主张适应现代大工业生产和生活需要,以追求建筑功能、技术和经济效益为特征的学派。包豪斯对于现代工业设计的贡献是巨大的,特别是对设计教育有着深远的影响,其教学方式成了世界许多学校艺术教育的基础,它培养出的杰出建筑师和设计师把现代建筑与设计推向了新的高度。包豪斯的影响不在于它的实际成就,而在于它的精神。包豪斯的思想在一段时间内被奉为现代主义的经典。

1925 年,包豪斯从魏玛迁到德绍,格罗皮乌斯为它设计了一座新校舍(图 5-8)。包豪斯新校舍把建筑的实用功能作为建筑设计的出发点,在功能处理上有分有合,关系明确,方便而实用。在构图上采用了灵活的不规则布局,建筑体型纵横错落,变化丰富;立面造型上按照现代建筑新材料和新结构的特点,运用建筑本身的要素取得建筑艺术效果。

图 5-8　包豪斯新校舍

包豪斯也有自己的局限,它对工业设计造成的不良影响受到了批评。例如包豪斯为追求新的、工业时代的表现形式,在设计中过分强调抽象的几何图形。“立方体就是上帝”,无论何种产品,何种材料都采用几何造型,从而走上了形式主义的道路,有时甚至破坏了产品的使用功能。这说明包豪斯的“标准”和“经济”含义更多是美学意义上的,强调的“功能”也是高度抽象的。另外,严格的几何造型和对工业材料的追求使产品具有一种冷漠感,缺少应有的人情味。包豪斯积极倡导为普通大众的设计,但由于包豪斯的设计美学抽象而深奥,只能为少数知识分子和富有阶层所欣赏。

随着德国法西斯的得势,包豪斯的处境愈来愈困难,由于受到纳粹的迫害,1928 年,格罗皮乌斯离开包豪斯后在柏林从事建筑设计和研究工作,并特别注意居住建筑、城市建设和建筑工业化问题。希特勒上台以后,德国变成了法西斯国家,1934 年,格罗皮乌斯离开德国到了英国。1937 年格罗皮乌斯接受美国哈佛大学的聘任后离开德国到达美国,主要从事建筑教育活动。例如,在培养建筑师的方案设计能力上,他强调要鼓励和启发学生的想象力,极力推崇自发的主观随意性。“设计教师一开始的任务就是把学生从知识的包袱下解脱出来,要鼓励他信任自己下意识的反应,恢复孩提时代没有成见的接受能力。”

格罗皮乌斯是一位伟大的建筑师和建筑教育家,现代主义建筑学派的奠基者和领导人之一,在推动现代建筑发展方面起到非常积极的作用,是现代建筑史上一位十分重要的革新家。

## 二、勒·柯布西耶

勒·柯布西耶,是 20 世纪最重要的建筑师之一,是现代建筑运动的激进分子和主将,被称为“现代建筑的旗手”。

柯布西耶出生于瑞士西北靠近法国边界的小镇,父母从事钟表制造,少年时曾在故乡的钟表技术学校学习,对美术感兴趣。1907 年先后到布达佩斯和巴黎学习建筑,在巴黎到以运用钢筋混凝土著名的建筑师奥古斯特·贝瑞处学习,后来又到以尝试用新的建筑处理手法设计新颖的工业建筑而闻名的德国贝伦斯事务所工作,在那里他遇到了同时在那里工作的格罗皮乌斯和密斯·凡·德·罗,他们互相之间都有影响,一起开创了现代建筑的思潮。

1923 年,柯布西耶出版了《走向新建筑》一书。这是一本宣言式的小册子,里面充满了激愤的甚至是狂热的言语,观点也很芜杂甚至相互矛盾,但是中心思想是明确的,就是极力否定 19 世纪以来因循守旧的建筑观点和复古主义、折中主义的建筑风格,主张创造表现新时代的新建筑。柯布西耶在书中极力鼓吹用工业化的方法大规模建造房屋,"工业像洪水一样使我们不可抗拒","规模宏大的工业必须从事建筑活动,在大规模生产的基础上制造房屋的构件",甚至把住房比作机器。同时,他又强调建筑的艺术性,强调一个建筑师不是一个工程师而是艺术家,"建筑艺术超出了实用的需要,建筑艺术是造型的东西","建筑师用形式的排列组合,实现一个纯粹是他精神创造的程式"。这些表明柯布西耶既是理性主义者又是浪漫主义者,这种两重性也表现在他的建筑活动和建筑作品中。

**图 5-9　萨伏伊别墅**

1926 年柯布西耶就自己的住宅设计提出了"新建筑五点":底层的独立支柱,屋顶花园,自由的平面,横向的长窗,自由的立面。按照"新建筑五点"要求设计的住宅都是由于采用框架结构,墙体不再承重以后产生的建筑。柯布西耶充分发挥这些建筑特点,在 20 世纪 20 年代设计了一些同传统的建筑完全异趣的住宅建筑,萨伏伊别墅(图 5-9)就是一个著名的代表作。萨伏伊别墅位于巴黎附近,是建筑平面约为 22.5 × 20 米的一个方形,采用钢筋混凝土结构,底层三面有独立的柱子,中心部分有门厅、车库、楼梯和坡道以及仆役房间,二层有客厅、餐厅、厨房、卧室和院子,三层有主人卧室及屋顶晒台。萨伏伊别墅深刻地体现了现代主义建筑所提倡的新的建筑美学原则,表现手法和建造手段相统一,建筑形体和内部功能相配合,建筑形象合乎逻辑性,构图上灵活均衡而非对称,处理手法简洁,体型纯净,在建筑艺术中吸取视觉艺术的新成果等,这些建筑设计理念启发和影响着无数建筑师。

1932 年建成的巴黎瑞士学生宿舍是建造在巴黎大学区的一座学生宿舍,主体是长方形的五层建筑,底层敞开,只有 6 对柱墩,二层到四层,每层 15 间宿舍,五层主要是管理人员的寓所和晒台。柯布西耶在建筑处理上特意采用了种种对比手法,如玻璃墙面与实墙面的对比,上部大体块和下面较小的柱墩的对比,多层建筑与相邻的低层建筑的对比,方整规则的空间与带曲线的不规则空间的对比，等等。

勒·柯布西耶对现代城市提出过很多设想。他不反对大城市，但主张用全新的规划和建筑方式改造城市。1922年，他提出了一个300万人口的城市规划和建筑方案。城市中有适合现代交通工具的整齐的道路网，中心区有巨大的摩天楼，外围是高层楼房。楼房之间有大片的绿地，各种交通工具在不同的平面上行驶，交叉口采用立交形式。人们住在大楼里面，除了有屋顶花园外，楼上住户还可以有“阳台花园”。20世纪20年代后期，他按照这些设想提出了巴黎中心区改建方案。柯布西耶认为在现代技术条件下，可以做到既保持人口的高密度，又形成安静卫生的城市环境，关键在于利用高层建筑和处理好快速交通问题。在城市应当分散还是集中的争论上，他是一个集中主义者。他的城市建筑主张在技术上是有根据的，他所提出的许多措施，如高层建筑和立体交通等，后来在现代城市中已经得到实现。

在第二次世界大战以前的20年左右时间中，勒·柯布西耶的建筑作品相当丰富，其中包括大量未实现的方案。如1928年为莫斯科苏维尔宫设计竞赛提出的方案，1933—1934年为北非阿尔及尔所做的许多建筑设计等。他的建筑构思非常活跃，经常把不同高度的室内空间灵活地结合起来。在北非的一个博物馆设计中，他采用方的螺旋形博物馆平面，便于以后陆续扩建。对高层建筑提出过十字形、板式、Y形、菱形等多种形式，在第二次世界大战以后这些形式都陆续出现。

1952年落成的马赛公寓（图5-10）为城市公寓建筑提出了一种新模式，其粗犷的形式还推动了当时一种被称为粗野主义思潮的发展。勒·柯布西耶设计的惊世之作朗香教堂（图详见本章第四节）推翻了他在20世纪二三十年代极力主张的理性主义原则和简单几何图形，其带有表现主义倾向的造型震动了当时整个建筑界。其后，他为印度昌迪加尔设计的政府建筑群（图5-11）和法国拉图莱特的修道院等说明了现代建筑不是一成不变的，它可以在尊重功能、结构与材料性能下以多种不同的形式出现。

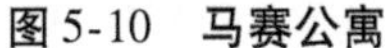
图5-10 马赛公寓

图5-11 昌迪加尔法院

勒·柯布西耶在现代建筑设计的许多方面都是一个先行者，是多才多艺的建筑家、规划家、艺术家，是最具影响力的现代主义建筑大师之一。

## 三、密斯·凡·德·罗

密斯·凡·德·罗生于德国亚琛，是最著名的现代主义建筑大师之一。童年的时候，他在父亲的雕塑店里工作，后来搬到柏林加入了 Bruno Paul 的工作室。1908—1912 年，密斯在贝伦斯的设计工作室工作。贝伦斯的工作环境影响了密斯对那个年代设计理论与德国文化是否能够结合的一些看法。密斯没有受过正规学校的教育，他的知识和技能主要是在建筑实践中得来的。

第一次世界大战后，许多建筑师没有实际工作可做，但建筑思潮相当活跃，密斯也投入到建筑思想的争论和新建筑方案的探讨之中。1919—1924 年，他先后提出了五个建筑示意方案，其中最引人注目的是 1921—1922 年的两个玻璃摩天楼的示意图，它们通体上下全用玻璃做外墙，高大的建筑像是透明的晶体，从外面可以清楚地看见里面一层层楼板，“用玻璃做外墙。新的结构原则可以清楚地被人看见。今天这是实际可行的，因为在框架结构的建筑物上，外墙实际不承担重量，为采用玻璃提供了新的解决方案”。

虽然这些只是停留在纸上的方案，没有实现的机会，但这时候密斯已经同传统建筑决裂，积极探求新的建筑原则和建筑手法。他强调建筑要符合时代特点，要创造新时代的建筑而不能模仿过去，“在我们的建筑中使用以往时代的形式是没有出路的”，“必须满足我们时代的现实主义和功能主义的需要”。他重视建筑结构和建造方法的革新，“我们今天的建造方法必须工业化。……建造方法的工业化是当前建筑师和营造商的关键问题，一旦在这方面取得成功，我们的社会、经济、技术甚至艺术的问题都会容易解决”。

1929 年，密斯设计了著名的巴塞罗那博览会德国馆（图详见本章第四节）。这座展览馆所占地段长约 50 米，宽约 25 米，其中包括一个主厅、两间附属用房、两片水池和几道围墙。主厅平面呈矩形，厅内设有玻璃和大理石隔断，纵横交错，隔而不断，有的并延伸出去成为围墙，形成既分隔又联系、半封闭半开敞的空间，使室内各部分之间、室内外之间的空间相互贯穿。建筑形体简单，不加装饰，利用钢、玻璃和大理石的本色与质感，显示着简洁高雅的气氛。它是“现代主义建筑”的代表作之一。特殊的是这个展览建筑除了建筑本身和桌椅外，没有其他的陈列品，实际上是一座供人参观的“亭榭”，它本身就是唯一的展品。

1928 年，密斯提出了著名的“少就是多”的建筑处理原则，而他本人也在自己的建筑创作中实践着自己的建筑哲学。对于“少就是多”，密斯从来没有很好解释过，其具体内容主要寓意于两个方面：一是简化结构体系，精简结构构件，从而产生偌大的、没有屏障或屏障极少的可作任何用途的建筑空间；二是净化建筑形式，精确施工，使之成为不附有任何多余东西的只是由直线、直角组成的规整、精确和纯净的钢与玻璃方盒子。

范斯沃斯住宅（图 5-12）是密斯设计的一栋住宅，1950 年落成，住宅四周是一片平坦的牧野，夹杂着丛生茂密的树林。与其他住宅建筑不同的是，范斯沃斯住宅以大片的玻璃取代了阻隔视线的墙面，成为名副其实的“看得见风景的房间”。住宅造型类似于一个架空的四边透明的盒子,建筑外观也简洁明净,高雅别致。袒露于外部的钢结构均被漆成白色,与周围的树木草坪相映成趣。由于玻璃墙面的全透明观感,建筑视野开阔,空间构成与周围风景环境一气呵成。

20 世纪 50—60 年代,密斯按照“少就是多”的理念,设计了芝加哥湖滨公寓、西格拉姆大厦(图 5-13)、伊利诺工学院克朗楼(图 5-14)、西柏林国家美术馆新馆(图 5-15)等“玻璃盒子”建筑。

图 5-12 范斯沃斯住宅

图 5-13 西格拉姆大厦

图 5-14 伊利诺工学院克朗楼

图 5-15 西柏林国家美术馆新馆

密斯·凡·德·罗一生专注于钢与玻璃在现代建筑中的使用研究,并使钢和玻璃建筑在空间布局、形体比例、结构布置甚至节点处理等方面,均达到严谨、精确以至精美的程度。他是 20 世纪现代建筑发展中最具影响力的人物之一,也是著名的建筑教育家。

## 四、赖特与有机建筑

弗兰克·劳埃德·赖特,1869 年出生在美国威斯康星州,他在大学中原来学习土木工程,后来转而从事建筑。他从 19 世纪 80 年代后期就开始在芝加哥从事建筑活动,曾经在当时芝加哥学派的众多建筑事务所工作过。赖特开始工作的时候，正是美国工业蓬勃发展、城市人口急速增加的时期。但是赖特对现代大城市持批判态度，他很少设计大城市里的摩天楼。赖特对于建筑工业化不感兴趣，他一生中设计最多的建筑类型是别墅和小住宅。他设计的许多建筑受到普遍赞扬，是现代建筑中有价值的瑰宝。赖特对现代建筑有很大的影响，但是他的建筑思想和欧洲新建筑运动的代表人物有明显的差别，他走的是一条独特的道路。

从 19 世纪末到 20 世纪最初的十年中，赖特在美国中西部的威斯康星州、伊利诺伊州和密执安州等地设计了许多小住宅和别墅。这些住宅大都属于中产阶级，坐落在郊外，用地宽阔，环境优美。材料是传统的砖、木和石头，有出檐很大的坡屋顶。在这类建筑中赖特逐渐形成了一些具有特色的建筑处理手法。赖特这一时期设计的住宅建筑被称为“草原住宅”，虽然它们并不一定建造在大草原上，如 1902 年伊利诺伊州的威立茨住宅、1909 年的芝加哥罗比住宅(图 5-16)等。

图 5-16　罗比住宅

1904 年建成的纽约州布法罗市的拉金公司大楼是一座砖墙面的多层办公楼。在外形上，赖特完全摒弃传统建筑样式，除极少的地方重点装饰外，其他地方都是朴素的清水砖墙，檐口也只有一道简单的凸线。1915 年，赖特设计的东京帝国饭店，在建筑风格上来说是日本和西方的混合，而在装饰图案上又夹有墨西哥传统艺术的某些特征。

在 20 世纪 20—30 年代，赖特的建筑风格经常出现变化。他一度喜欢用许多图案来装饰建筑物，随后又用得很节制；房屋的形体时而极其复杂，时而又很简单；木和砖石是他惯用的材料，但进入 20 年代，他也将混凝土用于住宅的外表。

1936 年，赖特设计的“流水别墅”(图详见本章第四节)就是一座别出心裁、构思巧妙的建筑艺术品。流水别墅是赖特为卡夫曼家族设计的别墅。在瀑布之上，赖特实现了“方山之宅”的梦想，悬的楼板锚固在后面的自然山石中，主要的一层几乎是一个完整的大房间，通过空间处理而形成相互流通的各种从属空间，并且有小梯与下面的水池联系。正面在窗台与天棚之间,是一金属窗框的大玻璃,虚实对比十分强烈。整个构思是大胆的,成为无与伦比的世界最著名的现代建筑。

1939 年,赖特设计了在亚利桑那州冬季使用的总部,称为“西塔里埃森”(图 5-17)。建筑是一片单层的建筑群,其中包括工作室、作坊等。建筑形象十分特别,粗粝的乱石墙、没有油饰的木料和白色的帆布板错综复杂地交织在一起。在内部,有些角落如洞天府地,有的地方开阔明亮,与沙漠荒野连通一气。这是一组不拘形式的、充满野趣的建筑群。它同当地的自然景物倒很匹配,给人的印象是建筑物本身好像沙漠里的植物,也是从那块土地里长出来的。

图 5-17　西塔里埃森

1959 年落成的古根海姆博物馆是赖特在纽约的唯一建筑设计作品。建筑主要部分呈现向上、向外螺旋上升的形态,内部为一个高约 30 米的圆形空间,周围有盘旋而上的螺旋形坡道,内部的曲线和斜坡则直通到 6 层。螺旋的中部形成一个敞开的空间,从圆形玻璃屋顶采光。在纽约大街上,这座美术馆的形体显得很特殊。“在这里,建筑第一次表现为塑性的……处处可以看到构思和目的性的统一。”

赖特把自己的建筑称为有机的建筑(Organic Architecture)。有机建筑崇尚自然并且赋予其生命,自然是有机建筑基本和设计的灵感之源。任何活着的有机体,它们的外在形式与内在形式结构都为设计提供了自然且不被破坏的思想启迪,有机建筑与造型理论的“自内设计”理念有密切的关系,也就是说每一次设计都始于一种理论、一种概念,由此向外发展,在变化中获得形式。不仅如此,建筑本身就是一个有机体,一个不可分割的整体,而人类也是属于大自然生态的一部分,不能超越大自然的力量,所以人与自然生态的关系对未来的启示相当重要。

赖特的一生经历了一个摸索建立空间意义和对它进行表达的过程,从实体转向空间,从静态空间到流动和连续空间,再发展到四度的序列展开的动态空间,最后达到戏剧性的空间。布鲁诺·塞维如此评价赖特的贡献:“有机建筑空间充满着动态、方位诱导、透视和生动明朗的创造,他的动态是创造性的,因为其目的不在于追求耀眼的视觉效果,而是寻求表现生活在其中的人的活动本身。”

赖特在20世纪建筑历史上的探索，永远绽放着异彩。他的作品是田园诗，是抒情诗。人们面对他的“流水别墅”时，享受到的是天赐人间的美，是“自然的建筑”。人们面对他的古根汉姆美术馆时，一种奇妙的美感油然而生。赖特的独特是无与伦比的，他的“有机建筑”理论更像醇厚的美酒，与人们的生活共存，与大自然共存。

## 五、“二战”后现代主义建筑的发展

第二次世界大战以后，现代主义建筑出现了多样化发展的趋势。其原因是：一方面在20世纪50—60年代世界科学技术和生产力有了新的发展，发达国家的物质生活水平有了很大的提高，社会生活方式也发生了明显的变化，对建筑和建筑艺术提出了新的要求；另一方面，当初在西欧形成的现代主义建筑在向世界其他地区传播的过程中，遇到不同的自然条件和社会文化环境。新一代建筑师要求修正和突破第二次世界大战前的现代主义，导致国际现代建筑协会在1959年停止活动。越来越多的建筑师要求建筑形象更有表现力，他们不再遵从“形式随从功能”“少就是多”“装饰就是罪恶”“住宅是居住的机器”等信条。他们提出建筑可以而且应该有超越功能和技术的考虑，可以而且应当施用装饰，并在一定程度上吸收历史上的建筑手法和样式，现代建筑也应该具有地方特色等理念。

第二次世界大战后，在现代主义思想影响下，一方面现代主义建筑继续发展、成熟，另一方面也应运而生了许多流派。

### （一）理性主义建筑

“理性主义”建筑是指形成于两次世界大战之间的以格罗皮乌斯和他的包豪斯学派及柯布西耶等人为代表的欧洲“现代建筑”。它因讲究功能而有“功能主义”之称；它因不论在何处均以一色的方盒子、平屋顶、白粉墙、横向长窗的形式出现，而又被称为“国际式”。

图5-18　山梨文化会馆

第二次世界大战后的“理性主义”是一种相当普遍的思潮，其特点是坚持两次世界大战之间的“理性主义”设计原则与方法，但对它的缺点与不足做了一些充实与提高，特别是在讲究功能和技术合理的同时，注意结合环境与服务对象的需要，并在这方面进行了不少创造，其中有些还具有相当的独特性。“理性主义”建筑力图在新的要求与条件下把同建筑有关的各种形式上的、技术上的、社会上的和经济上的问题统一起来。

代表作品有协和建筑师事务所设计的哈佛大学研究生中心、匈牙利建筑师马塞尔·布劳耶(M Breuer,1902—1981)设计的国际商业机器公司研究中心、荷兰建筑师凡·艾克(Aldo Van Eyck)设计的阿姆斯特丹儿童之家等。

20 世纪 60 年代,日本建筑师开始登上国际建筑舞台,丹下健三以其纯熟、大方、多产的作品让世界刮目,如东京代代木国立综合体育馆、山梨文化会馆(图 5-18)等。黑川纪章以"共生思想"和"新陈代谢主义"作为建筑创作的理论支柱,使他在 20 世纪末为世界所瞩目,代表作有 1975 年的福冈银行本部、1982 年的琦玉县立近代美术馆等。

(二)典雅主义建筑

典雅主义建筑致力于运用传统的美学法则来使用现代的材料和结构而产生规整、端庄与典雅的庄严感。

进入 20 世纪 50 年代,现代建筑运动开始分化,美国的建筑思潮十分活跃,在对"现代主义"建筑原则质疑的基础上走向了个性化的道路,也走向了"黄金时代"。以菲利浦·约翰逊、爱德华·斯东(E. D. Stone,1902—1978)、雅马萨奇(Yamasaki,1912—1986)等建筑师为代表的"典雅主义"风行一时。他们喜爱对古典主义的创新,强调人本主义的哲学,追求优美的形象和比例。他们的作品大都华贵、大方而有新意,如美国驻印度大使馆、1958 年布鲁塞尔世界博览会美国馆、2001 年 9 月 11 日被恐怖主义毁坏的纽约世界贸易中心大厦(图 5-19)等。

图 5-19 纽约世界贸易中心大厦

(三)粗野主义建筑

"粗野主义",亦译为"野性主义"或"朴野主义",是 20 世纪 50 年代中期到 60 年代中期,以著名建筑师勒·柯布西耶的粗犷的建筑风格为代表的一种设计倾向。

粗野主义同纯粹主义一样,以表现建筑自身为主,讲究建筑的形式美,认为美是通过调整构成建筑自身的平面、墙面、空间、车道、走廊、形体、色彩、质感和比例关系而获得的。粗野主义建筑把表现与混凝土的性能及质感有关的沉重、毛糙、粗鲁作为建筑美的标准,在建筑材料上保持了自然本色,以大刀阔斧的手法给建筑外形造成粗野的面貌,突出地表现了混凝土"塑性造型"的特征。

勒·柯布西耶是粗野主义最著名的代表人物,代表作品有巴黎马赛公寓和印度昌迪加尔法院。这些建筑用当时还少见的混凝土预制板直接相接，没有修饰，预制板没有打磨，甚至包括安装模板的销钉痕迹也还在。

粗野主义的代表作还有英国建筑师詹姆斯·斯特林（Sir James Sterling，1926—1992）设计的兰根姆住宅、美国建筑师保罗·鲁道夫（Paul Rudolph，1918—　）设计的耶鲁大学建筑与艺术系大楼（图5-20）、美国建筑师路易斯·康设计的理查德医学研究中心（图5-21）、日本建筑师丹下健三设计的仓敷市厅舍等。

图5-20　耶鲁大学建筑与艺术系大楼

图5-21　理查德医学研究中心

（四）讲求个性与象征

讲求个性与象征的建筑思潮开始活跃于20世纪50年代末，到60年代已很盛行，是对两次世界大战之间的“现代主义”在建筑风格上只允许千篇一律的、客观的“共性”的反抗。它在建筑设计上采用几何形构图，运用抽象象征和具体象征的表现手段。讲求个性与象征的倾向常把建筑设计看作是建筑师个人的一次精彩表演，建筑师并不把自己固定在某一种手段上，也不与他人结成派，只是各显神通地努力达到自己预期的效果。

在运用几何形构图中，赖特设计的流水别墅、古根海姆博物馆、普赖斯塔楼等建筑就是典型代表。1978年落成的美国华盛顿国家美术馆东馆（图详见本章第四节）是华裔建筑师贝聿铭（I. M. Pei，1917—　）的设计作品，是一座非常有个性的成功运用几何形体的建筑。

运用抽象的象征来表达建筑个性的典型代表是柯布西耶设计的朗香教堂（图详见本章第四节）。德国建筑师夏隆（Hans Scharoun，1893—1972）设计的柏林爱乐音乐厅（图5-22）以其独特的造型，寓意成为一座“里面充满音乐”的“音乐的容器”。

在讲求个性与象征中运用具体的象征手段的有美国建筑师埃罗·沙里宁设计的纽约肯尼迪国际机场的环球航空公司候机楼、华盛顿杜勒斯国际机场（图5-23），丹麦建筑师伍重设计的澳大利亚悉尼歌剧院（图详见本章第四节）等。

图 5-22 柏林爱乐音乐厅

图 5-23 杜勒斯国际机场

（五）地域主义建筑

建筑创作中的地域性是指对当地的自然条件（如气候、材料）和文化特点（如生活方式和习惯、审美等）的适应、运用与表现。讲究地域化的建筑最先活跃于北欧，它是 20 世纪 20 年代“理性主义”设计原则结合北欧的地方性与民族生活习惯的发展。芬兰建筑师阿尔托在地域化建筑中突出使用传统的建筑材料，在使用新材料与新结构时，总是尽量处理得“柔和些”或“多样些”。其代表作珊纳特赛罗镇中心主楼在对比中寻求互补，寻求北欧的“人情化”和“地域化”。

图 5-24 日本香川县厅舍

50 年代末，日本在探求自己的地域性建筑方面也做了许多尝试，其中不少还带有一定的民族传统特色。以丹下健三为代表的一些年轻建筑师对于创造日本的现代建筑充满着浓厚的兴趣。丹下说：“传统是可以通过对自身的缺点进行挑战和对其内在的连续性进行追踪而发展起来的。”由他设计的香川县厅舍（图 5-24）和仓敷县厅舍，虽然有人因为他使用了钢筋混凝土墙面及其构件比较粗鲁而将之归于“粗野主义”，但从这两个建筑无论是规划还是建筑细部，都会看到日本传统建筑的踪影。

## 第三节　现代建筑的多元化

21世纪是一个怀念与希望并存的时代，是一个演变的时代，也是一个等待新的挑战和机遇的时代。我们正处在这样的时代，似乎一切都显得朦胧。正像日本建筑师矶崎新说的那样：“未来不明朗，这是当今各学术领域中的共同话题。与执着地、坚定地信奉现代主义的那些年代相比较，近20年来的建筑设计理念尚未得到归纳整理，而是处于一种分崩离析状态。也许正是这个原因，将此称为多元主义的观点才应运而生。”

可以说当代建筑艺术正处于多元状态，但并不是分崩离析，而是欣欣向荣，流光溢彩，可能正在酝酿新的突破。虽然有不少设计家在20世纪70年代认为现代主义已经穷途末路了，认为国际主义风格充满了与时代不适应的成分，因此必须利用各种历史的、装饰的风格进行修正，从而引发了后现代主义运动，但是，有一些设计家依然坚持现代主义的传统，完全依照现代主义的基本语汇进行设计，他们根据新的需要给现代主义加入了新的形式和意义。

### 一、后现代主义建筑

第二次世界大战后，现代主义建筑成为世界许多地区占主导地位的建筑潮流，直到20世纪60年代以来，在美国和西欧出现了反对或修正现代主义建筑的思潮。1966年，美国建筑师文丘里在《建筑的复杂性和矛盾性》一书中，提出了一套与现代主义建筑针锋相对的建筑理论和主张，在建筑界特别是年轻的建筑师和建筑系学生中，引起了震动和响应。到20世纪70年代，建筑界反对和背离现代主义的倾向更加强烈。对于这种倾向，曾经有过不同的称呼，如“反现代主义”“现代主义之后”和“后现代主义”，以后者用得较广。

后现代主义风格建筑的特征可以概括为以下几点：

(1) 回归历史，热衷于运用历史建筑元素，尤其是古典建筑元素；

(2) 追求隐喻的设计手法，以各种符号的广泛使用和装饰手段来强调建筑形式的含义及象征作用；

(3) 走向大众化与通俗文化，戏谑地使用古典元素。

被誉为后现代第一个作品的是罗伯特·文丘里1962年设计的栗子山母亲住宅(图5-25)。他一反美国流行的平顶洋楼式样，用坡屋顶再现了早期殖民式风格的山庄别墅形象，巨大的人字屋顶被中央的切槽、入口以及烟道分割成两部分，右侧是狭长的带形窗，而左侧是四方窗，中央入口上部施以拱形线饰以增加装饰性效果。

1982年，由美国建筑师迈克尔·格雷夫斯设计的波特兰市政大厦(图5-26)落成，标志着后现代主义已进入美国官方大型建筑。建筑形似一个笨重的方盒子，立面做传统的三段式处理,以实体墙面为主,中间深色墙面的上部呈斗形,下部对称地开了 8 条竖窗,以隐喻古典柱式。建筑色彩艳丽丰富,像一幅抽象派拼贴画,打破了现代办公楼简洁冰冷的形式,是一座比较成功的后现代建筑作品。

图 5-25　栗子山母亲住宅

图 5-26　波特兰市政大厦

图 5-27　美国电话电报大楼

美国后现代主义建筑师菲利普 · 约翰逊设计的美国电话电报大楼(图 5-27)于 1984 年落成,该建筑坐落在纽约市曼哈顿区繁华的麦迪逊大道。约翰逊把这座高层大楼的外表做成石头建筑的模样。楼的底部有高大的石柱廊;正中一个圆拱门高 33 米;楼的顶部做成有圆形凹口的山墙,有人形容这个屋顶从远处看去像是老式木座钟。约翰逊解释,他是有意继承 19 世纪末和 20 世纪初纽约老式摩天楼的样式。

## 二、解构主义建筑

解构主义是20世纪80年代晚期到90年代初期在西方出现的一种先锋建筑流派。“解构主义”本是西方哲学界兴起的哲学学说，是在与20世纪前期的结构主义哲学思想争论中产生的。法国哲学家德里达(J. Derrida，1930—)“把解构的矛头指向了一切固有的确定性。所有的既定界线、概念、范畴、等级制度，在德里达看来都是应该推翻的”。

在此哲学基础上，以盖里和埃森曼(P. Eisenman，1932—)等为代表的建筑师，通过追求一种施工现场般的建筑景象以及不受传统约束的建筑材料运用，迫切地寻找一条新的建筑之道。在某种意义上，他们和后现代主义一样，表现出对已僵化为教条的现代主义的不满。他们在建筑中通过非常的“间离效应”追求一种“被干扰的完美”，以碎裂的、表现力极强的建筑来表达社会的无序，并试图把现实中的无穷片段能让人在一个完整的风景中加以感知。

“解构主义”的建筑创作显得无拘无束、自由散漫，常常采取散乱、突变、动势、残缺、奇绝等艺术手法，形成滚动、错移、翻倾、坠落，甚至坍塌的不安态势，或是以轻盈、活泼、灵巧、飞升的动态印象令观者惊诧叫绝、叹为观止。对于什么是解构主义建筑的原则和特征，至今仍无公认的说法，我们只能通过建筑师的代表作品来感悟。

“解构主义”的先锋派人物美国建筑师盖里，从1978年设计自己的住宅开始，不断强化他的碎片雕塑手法，推出了不少大型作品，如美国明尼苏达大学的魏斯曼美术馆、1997年建成的西班牙毕尔巴鄂古根海姆美术馆(图详见本章第四节)、美国迪斯尼音乐厅、德国维特拉家具博物馆(图5-28)等。另外还有法国建筑师屈米(B. Tshumi，1944—)设计的巴黎维莱特公园(图5-29)，美国建筑师埃森曼设计的俄亥俄州立大学韦克斯纳艺术中心(图5-30)、辛辛那提大学建筑艺术规划学院(图5-31)，德国建筑师李伯斯金(D. Libeskind，1946—)设计的柏林犹太人博物馆新馆(图5-32)等建筑。

图5-28　维特拉家具博物馆

图 5-29　巴黎维莱特公园

图 5-30　俄亥俄州立大学韦克斯纳艺术中心

图 5-31　辛辛那提大学建筑艺术规划学院

图 5-32　柏林犹太人博物馆新馆

## 三、高技派建筑

高技派建筑是指不仅在建筑中坚持采用新技术，而且在美学上极力鼓吹表现新技术的倾向。进入 20 世纪 50 年代后期，欧洲建筑师特有的理性创作态度，使“高技术”流派在欧洲取得了长足发展。进入 70 年代以后，英国建筑师理查·罗杰斯（Richard Rogers）和意大利建筑师伦佐·皮亚诺（Renzo Piano）合作设计的巴黎蓬皮杜国家艺术文化中心（图详见本章第四节），使“高技术”建筑的风格逐步为人们所接受。其后，罗杰斯又于 1979 年设计了他的第二个“高技术”风格的项目即伦敦劳埃德保险公司大楼（图 5-33），他更为夸张和炫耀建筑中的高技术特征和材料，给人以深刻的印象。另一位“高技术”流派大师是英国建筑师诺曼·福斯特，他的一系列“高技术”风格的作品，使他成为“高技术”流派的领导人物。他在 1981 年设计 1986 年建成的香港汇丰银行大楼（图 5-34），以其出色的新结构体系、独特的建筑外观和高超的技术设施，成为 20 世纪世界最杰出的建筑作品之一。

到了 20 世纪 80 年代，高技派建筑除了仍旧对科学技术的发展和工业生产保持着强烈的敏锐性，并一直追求技术手段与表现手法的统一性之外，还致力于探索如何使高技术建筑体现出艺术性、情感性以及地域性等特征，使之具有更强的识别性。

自 1851 年英国水晶宫建成以来，玻璃开始在建筑中展现出无尽的风采。从别墅到办公

图 5-33　伦敦劳埃德保险公司大楼

图 5-34　香港汇丰银行大楼

楼,玻璃无处不在,成为象征未来的建筑材料和主题。在法国建筑师让·努维尔(Jean Nouvel,1945—)那里我们看到了一种新的几乎是诗意的当代玻璃建筑。努维尔设计的位于巴黎塞纳河畔的阿拉伯世界研究中心(图 5-35),由博物馆、临时展厅、报告厅和餐厅组成。努维尔把阿拉伯世界传统建筑元素与玻璃的高科技建筑结合为一体。南立面的窗户由 27000 个可以根据阳光强弱进行调节的太阳镜构成,在形式上吸取了阿拉伯世界的几何装饰纹样,功能上不仅作为一种通常意义上的遮阳设施,还带给建筑的室内以无穷的光影变化。福斯特对柏林国会大厦的改建也是玻璃建筑的一个闪光点。国会大厦顶部新建的直径 40m 的玻璃穹顶以其开放和透明的空间感象征统一后联邦德国的民主政治(图 5-36)。

图 5-35　巴黎阿拉伯世界研究中心

图 5-36　柏林国会大厦改建穹顶内部

工程师自古以来就是建筑创新的推动者,埃菲尔铁塔、芝加哥高层等都是例证。在世纪交替之际的当代多元状态中,"高技术"流派又有强劲的发展,一大批具有新颖造型的公共项目在世界各地建成。例如西班牙建筑师卡拉特拉瓦(Santiago Calatrava,1951—　)设计的法国里昂火车站(图 5-37)、意大利建筑师伦佐·皮阿诺设计的日本大阪关西国际机场、英国建筑师诺曼·福斯特设计的中国香港国际机场等，都显示了“高技术”流派具有无限的可能性，不仅技术上具有长远的潜力，在艺术表现上也魅力无穷。

图 5-37　法国里昂火车站

## 四、新地域主义风格

新地域主义这一名称的提出在形式上与后现代主义或新理性主义有着明显的不同。它并不是那种列出一系列标志性建筑活动与代表性任务的建筑运动或建筑思潮，而是一种遍布广泛、形式多样的建筑实践倾向。这些实践有一个共同的思想基础和努力目标，那就是，建筑总是联系着一个地区的文化与地域特征，应该创造适应和表征地方精神的当代建筑，以抵抗国际式建筑的无尽蔓延。

20 世纪 70 年代以来，与传统地域性建筑相比，新地域主义风格在以下几个方面有了进一步发展。

（一）追求本土化情调

建筑师以多种手法体现地方特色。如利用建筑强化地域特征和环境气质，或从环境关联中表达地方文化的内涵，或注重气候特点，从地方建筑中吸收成功经验。建于 1994 年的吉欧巴文化中心（图 5-38）位于新卡里首府努米亚的一个美丽的半岛上，设计师伦佐·皮阿诺从当地的棚屋中得到启发，进而提炼出其中的精华所在——木肋结构。

图 5-38　吉欧巴文化中心

图 5-39　国家罗马艺术博物馆

（二）探索乡土化和民俗化的艺术表达

设计师关注乡土文化和生活原型，运用隐喻、象征等手段，并通常采用乡土材料和建造技术，以丰富的色彩和独具个性的形式来表达地方风貌、民俗民情和场所感。西班牙著名建筑师拉斐尔·莫尼奥（Rafael Moneo，1937—　）设计的国家罗马艺术博物馆显现了建筑来源于场地又超越场地的设计策略(图5-39)。

图5-40　马来西亚双子塔

(三)"高技乡土"倾向

将高技术与地理气候、地域环境、乡土文化以及建筑营造方法相结合,追求既有信息、智能及生态技术功能,又能体现地域文化特色的建筑。西萨·佩里(Cesar Pelli,1926—　)设计的马来西亚吉隆坡的双子塔,建筑平面呈具有伊斯兰教象征意义的八角形,立面采用了不锈钢的遮阳篷,以适应这个城市的热带气候(图5-40)。

## 五、新现代主义

"新现代"的所指比较含糊,没有统一的学术理论,一般来讲,主要指那些相信现代主义建筑依然有生命力,并力图继承和发展现代派建筑师的设计语言与方法的建筑创作倾向。

20世纪70年代以来世界建筑舞台异彩纷呈,热热闹闹的后现代主义、气派非凡的高技派以及耸人听闻的解构主义都轰动一时。而与此同时,饱受争议的主张简单、明确和功能主义的现代主义并未就此消亡。相反,在以贝聿铭、理查德·迈耶(R. Meier,1934—　)、让·努维尔、安藤忠雄等为代表的一大批建筑大师的不懈努力下,现代主义建筑思想被注入了技术和情感相结合的充满个性化的活力,并且在当今多元化的社会中日益受到应有的重视。

图5-41　亚特兰大海尔艺术博物馆

美国建筑师理查德·迈耶是当代最有影响力的建筑师之一,现代主义建筑"白色派"教父。迈耶的白色建筑以其颜色上震撼人心的纯净给人们留下了极为深刻的印象,其建筑作品总是犹如凌波仙子般超凡脱俗,理性思维和高度精细的构件处理使他获得了成功,位于亚特兰大市的海尔艺术博物馆是迈耶风格成熟的代表作(图5-41)。

80年代初,由建筑师贝聿铭设计的巴黎卢浮宫的扩建曾在这个著名的历史文化名城引起轩然大波。贝聿铭以强烈几何特征的透明金字塔作为入口,将其置于古老的历史建筑卢浮宫广场中央,以表明与后现代主义完全不同的历史态度。

日本建筑师安藤忠雄最杰出的作品有光的教堂和水的教堂等系列宗教建筑。因其在教堂一面墙上开了一个十字形的洞而营造了特殊的光影效果，使信徒们产生了接近上帝的错觉而名扬于世。

## 六、极简主义风格

20世纪90年代以来，在习惯了现代建筑的流动空间、后现代主义的隐喻和解构主义的分裂特征之后，建筑界开始关注一种继承和发展现代建筑一个明显特征的潮流——向“简约”回归。这种风格被命名为“极简主义”或“极少主义”。

这一风格的作品所表现出来的共性和特征包括：(1) 对建造形式、元素和方式的简化。(2) 追求建筑整体性的表达，强调建筑与场所的关联。(3) 十分重视材料的表达，以对材料的关注替代建筑的社会、文化和历史意义。

瑞士建筑师赫尔佐格(Herzog，1950—　)和皮埃尔·德梅隆(Pierre De Meuron，1950—　)的建筑表现为简约的形体，对建筑形体的严肃性、材料运用的精确性以及对适合特定建造地段的建筑的特殊功能尤为关注。慕尼黑戈兹美术馆(图5-42)的外形是一个严谨的横长向立方体，在材料上则由混凝土、木材和磨毛玻璃组成。画廊的底层有图书馆，底层的外墙由磨毛玻璃围合而成，由此产生一种独特的、柔和而有节制的色调，赋予博物馆封闭的外观以轻盈与明快。二、三层展厅的外墙由桦木板和松木边框组成，在材料的使用上显示出赫尔佐格和德梅隆的兴趣点。浅色平滑的桦木与深色粗糙的松木互为铺承。在这两层长方形的木块之上还有一层与底层相仿的展厅，毛玻璃外墙既提供室内展厅的照明，也在外观上完善了该建筑和谐的对称性。赫尔佐格和德梅隆的建筑含蓄而隽永，平淡中蕴含着高度的建筑艺术。

图5-42　慕尼黑戈兹美术馆

葡萄牙建筑师阿尔瓦罗·西扎(Alvaro Siza，1933—　)的作品在建筑形体上没有像那些解构派建筑师或具有浪漫主义倾向的有机建筑那样震撼人心，但这并不是说建筑使人无动于衷，恰恰相反，这些作品同样扣人心弦。西扎设计的建筑外观简单朴素，有白色立方体之称。西班牙加利西亚艺术中心(图5-43)就是如此。这一建在三角形地段的博物馆紧邻一座17世纪中叶建成的修道院。西扎尊重历史文脉，采用了当地建筑常用的花岗岩，以简洁的形体把时代精神与历史环境巧妙地融合在了一起。

图 5-43　西班牙加利西亚艺术中心

## 第四节　现代建筑精选

### 一、巴黎埃菲尔铁塔

图 5-44　巴黎埃菲尔铁塔

1889 年适逢法国大革命 100 周年纪念,法国政府决定隆重庆祝,在巴黎举行一次规模空前的世界博览会,以展示工业技术和文化方面的成就,并建造一座象征法国革命和巴黎的纪念碑。筹委会本来希望建造一所古典式的,有雕像、碑体、园林和庙堂的纪念性群体,但在 700 多件应征方案里,最后选中了桥梁工程师居斯塔夫 · 埃菲尔 ( Gustave Eiffel, 1832—1923)的设计:一座象征机器文明、在巴黎任何角落都能望见的巨塔(图 5-44)。

埃菲尔铁塔坐落在塞纳河南岸马尔斯广场的北端,于 1887 年 1 月 26 日动工,1889 年 5 月 15 日开放,距今已有 100 多年的历史。如今,埃菲尔铁塔与巴黎圣母院、卢浮宫、凯旋门、香榭丽舍大街一样,已经成为法国巴黎的地标性建筑。

埃菲尔铁塔高300米，天线高24米，总高324米。塔分三楼，分别在离地面57.6米、115.7米和276.1米处，其中一、二楼设有餐厅，第三楼建有观景台，从塔座到塔顶共有1711级阶梯。塔使用了1500多根巨型预制梁架，18038个钢铁构件，施工时共钻孔700万个，使用铆钉259万颗，塔身总重量7000吨，由250个工人花了17个月建成。塔采用交错式结构，由四条与地面成75度角的、粗大的、带有混凝土水泥台基的铁柱支撑着高耸入云的塔身，内设四部水力升降机（现为电梯）（图5-45）。

图5-45　巴黎埃菲尔铁塔

埃菲尔铁塔是当时席卷世界的工业革命的象征，也是世界建筑史上的技术杰作，在从设计、分解、生产零件、组装到修整过程中，总结出一套科学、经济而有效的方法，显示了资本主义初期工业生产的强大威力。同时，也显示出法国人异想天开式的浪漫情趣、艺术品位、创新魄力和幽默感。

就像第二次世界大战胜利后远渡大西洋、在纽约落户的自由女神像一样，埃菲尔铁塔在不和谐中求和谐，不可能中觅可能。它对新艺术运动的意义决不能牵强附会地理解为只是从塔尖到塔基那条大曲线，或者塔身上面那些铁铸件图案花边，铁塔恰如新艺术派一样，代表着当时的欧洲正处于古典主义传统向现代主义过渡与转换时期。

## 二、巴塞罗那博览会德国馆

1929年，国际博览会在西班牙巴塞罗那举办，各国都展出了代表自己国家的最新的工农业成果。而德国馆内却没有任何产品供展出，唯一的展品就是由现代主义建筑大师密斯·凡·德·罗设计的展览馆本身（图5-46）。整个德国馆建在一个不高的基座上面，占地1250平方米，由一个主厅、两间附属用房、两片水池、一个少女雕像和几道围墙组成。除少量桌椅外，没有其他展品，其目的是显示这座建筑物本身所体现的一种新的建筑空间效果和处理手法。所有的参观者都被那大片的透明玻璃墙、轻盈灵巧的建筑架构、灵活开闭的空间深深震撼了（图5-47）。这样的建筑形式前所未有，完全体现了密斯提出的“少就是多”的设计思想。

德国馆的第一个特点是空间灵活自由。大理石和玻璃构成的墙布置灵活，纵横交错，似有意似无意，像内墙又似外墙，形成既分割又连通、既简单又复杂的空间序列；有的墙体还直接延伸出去，成了院墙，室内室外也互相穿插贯通，没有截然的分界。由此，形成了作为整个建筑典型风格特征的“流动空间”：半封闭，半开敞；既分隔，又连通；室内与室外相穿插，内部空间与外

图 5-46　巴塞罗那博览会德国馆外观

图 5-47　巴塞罗那博览会德国馆内部

部空间相交融。第二个特点是体形简洁。整个建筑没有附加的装饰,对建筑材料的颜色、纹理、质地的选择十分精细,搭配异常考究,比例推敲精当。材料和构件交接处不做任何过渡,直接相交,处理手法干净利落,也更突出了作为建筑主角的形体空间。整个建筑物显出高贵、雅致、生动、鲜亮的品质,向人们展示了历史上前所未有的建筑艺术质量。第三个特点是对材质的表达。密斯在此建筑的用材上十分考究,选用了大理石和玻璃两种材料,对这两种材料在材质、肌理、色彩、搭配、放置位置等方面都做了精细的安排,形体的简单处理更是使材料的美感充分显露出来。

巴塞罗那博览会德国馆被人们赞誉为“可以凭此同历史上的伟大时代进行较量”的现代经典建筑之一。德国馆在建筑空间划分和建筑形式处理上创造了成功的新经验,充分体现了现代主义建筑大师密斯的名言——“少就是多”,用新的材料和施工方法创造出丰富的艺术效果。

半个世纪以后,为纪念巴塞罗那博览会德国馆在现代主义建筑发展中所开创的历史,西班牙政府于 1986 年在其原址——现西班牙巴塞罗那的蒙胡奇公园里重建了这个展览馆。

## 三、流水别墅

1934 年,德裔富商考夫曼在宾夕法尼亚州匹兹堡市东南郊的熊跑溪买下一片地产,那里远离公路,高崖林立,草木繁盛,溪流潺潺。考夫曼把著名建筑师赖特请来为他设计一座周末别墅。赖特对熊跑溪进行了细致的踏勘,并索要了标记有每一块石头和直径 6 英寸以上树木的地形图。在长达近半年的冥思苦想中,赖特在耐心地等待灵感到来的那一瞬间。直到有一天,赖特急速地在地形图上勾画了第一张草图,别墅已经在赖特脑中孕育而出。他描述这个别墅是“山溪旁的一个峭壁的延伸,生存空间靠着几层平台而凌空在溪水之上——一位珍爱着这个地方的人就在这平台上,他沉浸于瀑布的响声,享受着生活的乐趣”。他为这座别墅取名为“流水”。

流水别墅共三层,建筑面积约 380 平方米,以二层(主入口层)的起居室为中心,其余房间向左右铺展开来,别墅外形强调块体组合,使建筑带有明显的雕塑感。两层巨大的平台高低错落,一层平台向左右延伸,二层平台向前方挑出,几个高耸的片石墙交错着插在平台之间,富有力度。溪水由平台下怡然流出，建筑与溪水、山石、树木自然地结合在一起，像是由地下生长出来似的(图5-48)。

流水别墅坐落于岩崖之中，似乎全身飞跃而起，指挥着整个山谷，瀑布所形成的雄伟的外部空间使别墅更为完美，在这儿自然和人悠然共存，呈现了天人合一的最高境界。整个建筑看起来像是从地里生长出来的，但是它更像是盘旋在大地之上。那些水平伸展的地坪、便道、车道、阳台及棚架，沿着各自的伸展方向，越过山谷而向周围凸伸，这些水平的推力，以一种诡异的空间秩序紧紧地集结在一起，巨大的露台扭转回旋，恰似瀑布水流曲折迂回地自每一平展的岩石突然下落一般。

图5-48　流水别墅全貌

流水别墅的内部空间使人犹如进入一个梦境。前往巨大的起居室空间的过程中，先通过一段狭小而昏暗的有顶盖的门廊，然后进入反方向上的主楼梯，透过那些粗犷而透孔的石墙，右边是垂直交通的空间，左边便可进入起居的二层踏步(图5-49)。赖特对自然光线的巧妙掌握，使内部空间仿佛充满了盎然生机，光线流动于起居的东、南、西三侧，最明亮的部分光线从天窗泻下，一直通往建筑物下方的楼梯，东、西、北侧是呈围合状的空间，相比之下较暗。从北侧及山崖反射进来的光线和反射在楼梯上的光线显得朦胧柔美。在心理上，这个起居室空间的气氛，随着光线的明暗变化而显现出多样的风采。

图5-49　流水别墅局部

在材料的使用上，流水别墅也是非常具有象征性的。所有的支柱都是粗犷的岩石，石的水平性与支柱的垂直性，产生一种明的对抗，所有混凝土的水平构件飞腾跃起，赋予建筑以动感与张力，例外的是地坪使用的岩石，似乎出奇地沉重。然而当你站在人工石面阳台上，而为自然石面的壁柱所包围时，对于内部空间或许会有更深一层的体会。因为室内空间透过巨大的水平阳台而延伸，衔接了巨大的室外空间——崖隘。

流水别墅是现代建筑的杰作之一。别墅的室内空间处理也堪称典范,室内空间自由延伸,相互穿插;内外空间互相交融,浑然一体。流水别墅在空间的处理、体量的组合及与环境的结合上均取得了极大的成功,为有机建筑理论作了确切的注释,在现代建筑历史上占有重要地位。

## 四、朗香教堂

朗香教堂位于法国东部索恩地区距瑞士边界几英里的浮日山区,坐落于一座小山顶上,由法国现代建筑大师勒·柯布西耶设计,1955 年建成。教堂规模不大,仅能容纳 200 余人,教堂前有一可容万人的场地,供宗教节日时来此朝拜的教徒使用(图 5-50)。

图 5-50　朗香教堂外观

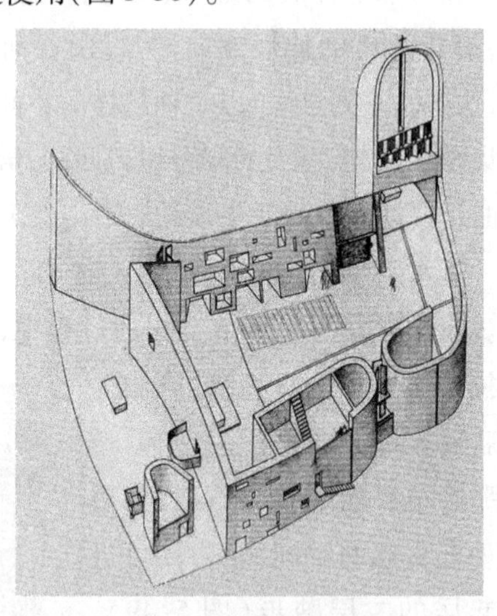

图 5-51　朗香教堂室内空间

图 5-52　朗香教堂内部空间光影

教堂造型奇异,平面不规则(图 5-51);墙体几乎全是弯曲的,有的还倾斜;塔楼式的祈祷室的外形像座粮仓;沉重的屋顶向上翻卷着,它与墙体之间留有一条 40 厘米高的带形空隙;粗糙的白色墙面上开着大大小小矩形的窗洞,上面嵌着彩色玻璃;入口在卷曲墙面与塔楼交接的夹缝处;室内主要空间也不规则,墙面呈弧线形,光线透过屋顶与墙面之间的缝隙和镶着彩色玻璃的大大小小的窗洞投射下来,使室内产生了一种特殊的气氛(图 5-52)。

朗香教堂是第二次世界大战以后,勒·柯布西耶设计的一件最引人注目的作品,他摒弃了传统教堂的模式和现代建筑的一般手法,把它当作一件混凝土雕塑作品加以塑造。其雄浑刚劲的建筑形体，如有机体般蕴含着勃发的生命力，并且凝聚着一种悠远的诗意和许多丰富的隐喻，充分地体现出设计师对建筑艺术的独特理解和娴熟驾驭形体的卓越技艺。朗香教堂可以说是柯布西耶创作生命里一篇伟大的自传，一首艰涩复杂、让人沉思冥想、具有远古气息和田园风味的伟大诗篇。

朗香教堂的设计对西方"现代建筑"的发展产生了重大影响，被誉为20世纪最为震撼、最具有表现力的建筑。在某种意义上，勒·柯布西耶的朗香教堂预示了后现代主义建筑美学的兴起。

## 五、悉尼歌剧院

悉尼歌剧院位于澳大利亚悉尼市区北部贝尼朗岬角，由丹麦建筑师约恩·伍重设计。该建筑于1959年3月开始动工，1973年10月正式竣工交付使用，耗时达14年之久。

悉尼歌剧院三面临水，环境开阔，以其特有的造型和独具特色的设计思路而闻名于世。它的外形像三组三角形翘首于河边，屋顶白色的形状犹如贝壳，因而有"翘首遐观的恬静修女"之美称(图5-53)。从远处看，悉尼歌剧院就像一艘正要起航的帆船，带着所有人的音乐梦想，驶向蔚蓝的海洋。从近处看，它像一个陈列着贝壳的大展台，贝壳也争先恐后地向着太阳立正看齐。

图5-53　悉尼歌剧院

悉尼歌剧院的外观为三组巨大的壳片，耸立在南北长186米、东西最宽处为97米的现浇钢筋混凝土结构的基座上。第一组壳片在地段西侧，四对壳片成串排列，三对朝北，一对朝南，内部是大音乐厅。第二组在地段东侧，与第一组大致平行，形式相同而规模略小，内部是歌剧厅。第三组在它们的西南方，规模最小，由两对壳片组成，里面是餐厅。其他房间都巧妙地布置在基座内。整个建筑群的入口在南端，有宽97米的大台阶，车辆入口和停车场设在大台阶下面。

图5-54　悉尼歌剧院

歌剧院在功能上主要由歌剧厅、音乐厅和贝尼朗餐厅组成。歌剧厅、音乐厅及休息厅并排而立，建在巨型花岗岩石基座上，各由4块巍峨的大壳顶组成。这些“贝壳”依次排列，前三个一个盖着一个，面向海湾依抱，最后一个则背向海湾侍立，看上去很像是两组打开盖倒放着的蚌。高低不一的尖顶壳，外表用白格子釉瓷铺盖，在阳光照耀下，既像竖立着的贝壳，又像两艘巨型白色帆船，飘扬在蔚蓝色的海面上，故有“船帆屋顶剧院”之称（图5-54）。那贝壳形尖屋顶，是由2194块每块重15.3吨的弯曲形混凝土预制件，用钢缆拉紧拼成的，外表覆盖着105万块白色或奶油色的瓷砖。

悉尼歌剧院是澳大利亚的地标建筑，也是20世纪最具特色的建筑之一，2007年被联合国教科文组织认定为世界文化遗产。

## 六、美国国家美术馆东馆

美国国家美术馆东馆是美国国家美术馆（即西馆）的扩建部分，由美籍华裔建筑师贝聿铭设计并于1978年建成。东馆总建筑面积56000平方米，包括展出艺术品的展览馆、视觉艺术研究中心和行政管理机构用房。东馆造型新颖独特，平面为三角形组合，既与周围环境和谐一致，又造成醒目的效果（图5-55）。

图5-55　美国国家美术馆东馆

东馆位于一块3.64公顷的梯形地段上，东望国会大厦，西隔100余米正对西馆，南临林荫广场，北面斜靠宾夕法尼亚大道，附近多是古典风格的重要公共建筑。东馆既要与之保持延续与呼应，又不能墨守成规，同时还要令这块3.64公顷的梯形土地物尽其用。为了达成与西馆似与不似的旨趣，东馆同样采用了田纳西州的大理石来做饰面，甚至墙面分格和分缝宽度都保持与西馆相同，给贝氏标志性的立体几何块面的建筑增添了温婉柔和的气质。

东馆必须与四周的原有建筑相协调。贝聿铭使东馆——等腰三角形的中垂线与西馆的东西轴线重合，东馆的西墙面对西馆，东西呼应。东西两馆之间，贝聿铭别出心裁地设计出一个7000平方米的小广场，全部用鹅卵石铺砌成，仿佛圆形向心状“石地毯”。地面耸立起一串金字塔形的三棱镜地面采光窗，合理地利用了自然光。采光窗北边是一排喷泉，泉水涌出后顺着石阶向南沿着采光井向地下流去，正好成为美术馆东西两馆地下连接通道的银色水帘，也给地下通道带来跃动的韵律。

在平面布局上，贝聿铭用一条对角线把梯形分成两个三角形，西北部面积较大，是等腰三角形，底边朝西馆，以这部分作展览馆。三个角上突起断面为平行四边形的四棱柱体。东南部是直角三角形，为研究中心和行政管理机构用房。对角线上筑实墙，两部分只在第四层相通。这种划分使两大部分在体形上有明显的区别，但整个建筑又不失为一个整体。

展览馆和研究中心的入口都安排在西面一个长方形凹框中。展览馆入口宽阔醒目，它的中轴线在西馆的东西轴线的延长线上，加强了两者的联系。研究中心的入口偏处一隅，不引人注目。划分这两个入口的是一个棱边朝外的三棱柱体，浅浅的棱线，清晰的阴影，使两个入口既分又合，整个立面既对称又不完全对称。展览馆入口北侧有大型铜雕，无论就其位置、立意和形象来说，都与建筑紧密结合，相得益彰。

在内部空间上，贝聿铭把三角形大厅作为中心，展览室围绕它布置，观众通过楼梯、自动扶梯、平台和天桥出入各个展览室，透过大厅开敞部分还可以看到周围建筑，从而辨别方向。厅内布置树木、长椅，通道上也布置一些艺术品。大厅高 25 米，顶上是 25 个三棱锥组成的钢网架天窗，自然光经过天窗上一个个小遮阳镜折射、漫射之后，落在华丽的大理石墙面和天桥、平台上，非常柔和。天窗架下悬挂着美国雕塑家 A. 考尔德的动态雕塑（图 5-56）。

图 5-56　美国国家美术馆东馆大厅

1978 年，美国国家美术馆东馆的设计建造，奠定了贝聿铭作为世界级建筑大师的地位。当时的美国总统吉米·卡特在东馆的开幕仪式上称，“它不但是华盛顿市和谐而周全的一部分，而且是公众生活与艺术情趣之间日益增强联系的象征”，亦称贝聿铭是“不可多得的杰出建筑师”。

## 七、蓬皮杜艺术文化中心

蓬皮杜艺术文化中心是坐落于法国首都巴黎拉丁区北侧、塞纳河右岸博堡大街的现代艺术博物馆。1998 年，法国总统乔治·蓬皮杜（Georges Pompidou）为纪念带领法国于第二次世界大战时击败希特勒的戴高乐将军，于是倡议兴建一座艺术与文化中心。1977 年中心落成时，蓬皮杜总统已经逝世，时任总统吉斯卡尔·德斯坦就把这个文化中心以蓬皮杜总统的名字命名。

蓬皮杜艺术文化中心，建筑面积共 10 万平方米，地上 6 层，南北长 166 米，宽 60 米，高 42 米。整座建筑共分为工业设计中心、公共情报图书馆、现代艺术馆以及音乐与声乐研究中心四大部分。设计者是从 49 个国家的 681 个方案中获胜的意大利建筑师伦佐·皮亚诺和英国建筑师理查德·罗杰斯，被公认为高技派最早期、最为重要的代表作之一（图 5-57）。

图 5-57　蓬皮杜艺术文化中心

整个建筑由两排间距为 44.8 米的 28 根圆形钢管柱支承，室内空间除去一道防火隔墙以外，没有一根内柱，也没有其他固定的墙面。各种使用空间由活动隔断、屏幕、家具或栏杆临时划分，内部布置可以随时改变，使用灵活方便。

整个建筑采用钢结构，钢结构的梁、柱、桁架、拉杆等主要构件都暴露在建筑立面上，甚至涂上颜色的各种管线也不加遮掩地暴露出来，红色的是电梯等交通运输设备，蓝色的是空调设备和管道，绿色的是给排水管道，黄色的是电气设备和管线（图 5-58）。人们从大街上可以望见复杂的建筑内部设备，琳琅满目。在面对广场一侧的建筑立面上悬挂着一条巨大的透明圆管，立面安装有自动扶梯，作为上下楼层的主要交通工具（图 5-59）。中心打破了文化建筑所应有的设计常规，突出强调现代科学技术同文化艺术的密切关系。

图 5-58　蓬皮杜艺术文化中心外部管道

图 5-59　蓬皮杜艺术文化中心外部交通设施

蓬皮杜艺术文化中心的设计在国际建筑界引起广泛注意和争议。有的盛赞它是“一座法兰西伟大的纪念物”；有的则指责这座艺术文化中心给人以“一种骇人的体验”。直到现在，仍有不少评论家批评它是一种“波普派乌托邦的大杂烩”，全然不顾环境，过分重视物质，忘记了人和精神、文化和艺术；内部空间也过于灵活，互相干扰，使用并不方便。而且外观那种过于五花八门的形象，也冲淡了馆内展品的重要性。

## 八、毕尔巴鄂古根海姆博物馆

毕尔巴鄂古根海姆博物馆是一个专门展出现当代艺术作品的博物馆，位于西班牙工业城毕尔巴鄂（Bilbao），由美国古根海姆基金会创建，是全世界数个古根海姆美术馆的其中之一，于1997年正式落成启用（图5-60）。博物馆是美国解构主义建筑师法兰克·盖里的代表作。

图5-60　毕尔巴鄂古根海姆博物馆外观

图5-61　毕尔巴鄂古根海姆博物馆鸟瞰

博物馆选址于城市门户之地——旧城区边缘、内维隆河南岸的艺术区域，一条进入毕尔巴鄂市的主要高架通道穿越基地一角，是从北部进入城市的必经之路。从内维隆河北岸眺望城市，该博物馆是最醒目的第一层滨水景观（图5-61）。博物馆建筑面积2.4万平方米，陈列空间约1.1万平方米，分成19个展示厅，其中一间还是全世界最大的艺廊之一。

整个建筑由一群外覆钛合金板的不规则双曲面体量组合而成，其形式与人类建筑的既往实践均无关系，超离任何习惯的建筑经验之外。从外表看，与其说它是个建筑物，不如说是件抽象派的艺术品。盖里将建筑表皮处理成向各个方向弯曲的双曲面，随着日光入射角度的变化，建筑的各个表面都会产生不断变化的光影效果，避免了大尺度建筑在北向的沉闷感（图5-62）。尽管建筑本身是个耗用了5000吨钢材的庞然大物，但由于造型飘逸，色彩明快，丝毫不给人沉重感。

博物馆的中庭设计被盖里称为“将帽子扔向天空中的一声欢呼”，它创造出以往任何高直空间都不具备的、打破简单几何秩序性的强悍冲击力（图5-63）。朝向中庭的墙壁、天棚、走道、平台、楼梯等倾斜、交错、穿插、扭转，除了上下穿梭的透明电梯在空中划出一条运动的直线外，其他建筑元素呈现出的几乎都是动感十足的曲线。如此诡异复杂的空间形态，带给人的直接感官刺激是一种难以名状的震撼。整个建筑并不是毫无章法，所有展室都围绕着中庭这个中心，向东、南、西三个方向旋转伸展，展室虽然大小不等、形状不一，但室内格局多数规整方正，简洁素雅，便于布展与陈列，相对封闭安静的空间又让人能专心欣赏艺术品，完全满足功能的要求。

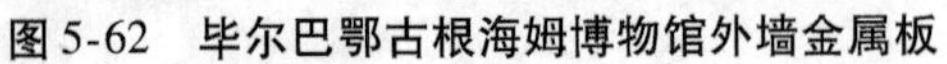

图 5-62　毕尔巴鄂古根海姆博物馆外墙金属板

图 5-63　毕尔巴鄂古根海姆博物馆中庭

毕尔巴鄂古根海姆博物馆以奇美的造型、特异的结构和崭新的材料举世瞩目，被媒体称为“世界上最有意义、最美丽的博物馆”。1996 年普利策建筑奖得主、西班牙著名建筑师拉斐尔·莫尼奥对此由衷叹服道：“没有任何人类建筑的杰作能像这座建筑那样如同火焰在燃烧。”

## 九、中国国家体育场

中国国家体育场位于北京奥林匹克公园中心区南部，为 2008 年北京奥运会的主体育场（图 5-64）。场内观众座席约为 91000 个，其中临时座席约 11000 个（可在赛后拆除）。奥运会期间，在此举行了奥运会、残奥会开闭幕式，田径比赛及足球比赛决赛等。奥运会后，可承担特殊重大比赛、各类常规赛事以及非竞赛项目（如文艺演出、团体活动、商业展示会等），并可提供运动、休闲、健身和商业等综合性服务，并成为地标性的体育建筑和奥运遗产。

国家体育场是北京奥林匹克公园内的标志性建筑，是国内最大的、具有国际先进水平的多功能体育场，由瑞士赫尔佐格和德梅隆建筑师事务所、中国建筑设计研究院、英国 Ove Arup 工程顾问公司联合设计。整个体育场结构的组件相互支撑，形成网格状的构架，外观看上去就仿若树枝织成的“鸟巢”（图 5-65）。

国家体育场主体建筑为南北长 333 米、东西宽 298 米的椭圆形，最高处高 69 米、最低处 40 米；中间开口南北向 182 米、东西宽 124 米。主体钢结构形成整体的巨型大跨度交叉旋转编织式“鸟巢”结构，体育场看台为钢筋混凝土框架支撑的碗形结构，两部分在结构体系上相互脱开。屋顶围护结构为钢结构上覆盖的双层膜结构，即固定于钢结构上弦之间的透明防雨的 ETFE 薄膜和固定于钢结构下弦之下的半透明的PTFE 声学吊顶，一级内环侧壁的半透明防水 PTFE 膜。

国家体育场采用了先进的节能设计和环保措施，比如良好的自然通风和自然采光、雨水的

图 5-64　中国国家体育场俯视

图 5-65　中国国家体育场外观

全面回收、可再生地热能源的利用、太阳能光伏发电技术的应用等。“鸟巢”的外观之所以独创为一个没有完全密封的鸟巢状,就是考虑既能使观众享受自然流通的空气和光线,又尽量减少人工的机械通风和人工光源带来的能源消耗。“巢”内使用的光源,都是各类高效节能型环保光源;在行人广场等室外照明中也尽可能地采用太阳能发电照明系统。在“鸟巢”中足球场地的下面是312口地源热泵系统井，通过地埋换热管，冬季吸收土壤中蕴含的热量为“鸟巢”供热，夏季吸收土壤中存贮的冷量向“鸟巢”供冷，可以节省不少电力资源。在“鸟巢”的顶部装有专门的雨水回收系统，被收集起来的雨水最终变成了可以用来绿化、冲厕、消防甚至是冲洗跑道的回收水。诸多先进的绿色环保举措使国家体育场成为名副其实的大型“绿色建筑”。

“鸟巢”设计与建设中充分体现了人文关怀。碗状座席环抱着赛场的收拢结构，上下层之间错落有致，无论观众坐在哪个位置，和赛场中心点之间的视线距离都在140米左右。“鸟巢”的观众席里，还为残障人士设置了200多个轮椅座席，这些轮椅座席比普通座席稍高，保证残障人士和普通观众有一样的视野。比赛时，场内还将提供助听器并设置无线广播系统，为有听力和视力障碍的人提供个性化的服务。

中国国家体育场融独特的东方美学、人文风范和当代艺术、奥林匹克精神为一体，给人以强烈的动感和活力。在这里，中国传统文化中镂空的手法、陶瓷的纹路、红色的灿烂与热烈，与现代最先进的钢结构设计完美地相融在一起，甚至体育场大楼梯上人的活动也成为立面的构成元素。

# 中西方建筑艺术比较

建筑学是地区的产物，建筑形式的意义与地方文脉相连，并成为地方文脉的诠释。但是，地区建筑学并非只是地区历史的产物，它关系到地区的未来。……我们在为地方传统所鼓舞的同时，不能忘记我们的任务是创造一个和而不同的未来建筑环境。

——《北京宪章》

建筑艺术是艺术世界中最庞大、最引人注目的一员。它不仅具有实用价值，是人们遮风避雨、抵御烈日冰雪的必要生活设施，而且具有很强的社会文化价值。在人类历史上，由于文化背景不同，形成了中国传统建筑和西方传统建筑两大风格及艺术特征迥异的建筑类别。它们都有各自产生和发展的历史，从而形成了各自的传统与特色，无论在形象特征还是文化审美上，都存在很大差异。中国传统建筑，绝大多数是以木材为主要结构框架材料，它并不突出某一建筑的单体，而是将院落、围墙、建筑组合起来，以实和虚相互搭配的群体效果取胜。而西方传统建筑则以石材或者砖作为建筑的承重构件，其外形虽然因地区、民族或者宗教的不同而极为多样，但总体上都是以构图严密的单体建筑为中心，并且常常在垂直方向上加以扩展和强化，以高耸的穹顶、钟楼和尖塔等来渲染艺术特性。

对于中西方建筑为什么会出现不同的风貌，不少学者从客观物质条件和环境等方面去寻找原因，认为建筑形式和当地的地理气候及材料物产密切相关。显然，除了物产和环境之外，造成中西方建筑差异的还有深层次的原因，如民族性格、价值观念、伦理思想、道德标准、宗教感情、审美价值等。这些构筑民族传统文化精粹的基本要素，在建筑艺术特性的形成过程中所起的作用是巨大的。

一般西方建筑史学家对于西方传统建筑的界定是以欧洲为地理本位来划分的，包括古希腊建筑、古罗马建筑、中世纪哥特式建筑、文艺复兴时期建筑等。事实上，纪元前的北非、西亚建筑与古希腊、古罗马建筑本来就是一个大系统的三个分支，公元6世纪后崛起的伊斯兰建筑也直接受到东罗马帝国拜占庭建筑的影响。印度由于与西亚邻接,11 世纪初起又逐渐被阿拉伯民族征服,接受了伊斯兰文化,许多著名建筑继承了西亚的风格。因此,本章所述的西方传统建筑包含着上述较为广博的地域范围。

# 第一节　建筑形象比较

## 一、建筑形态比较

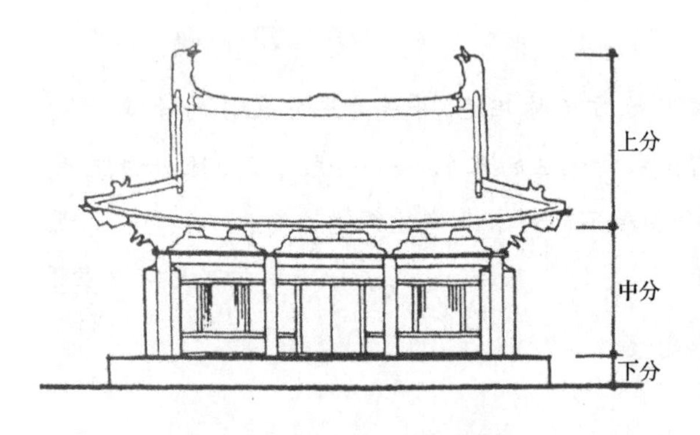


图 6-1 “屋有三分”示意图

中国木构架建筑体系,从唐宋到明清,经历了从程式化到高度程式化的演进,形成了一套极为严密的形制。这种高度程式化的建筑体系,首先体现在单体建筑的定型化,特别是在明清官式建筑的单体上表现得最为典型和严密。中国传统建筑单体正如北宋著名匠师喻皓所著的《木经》上说的“凡屋有三分,自梁以上为上分,地以上为中分,阶为下分”(图 6-1)。这是对整栋房屋的水平层划分,反映在立面上,可以说“上分”就是屋顶;“中分”就是屋身,包括墙柱和外檐装修;“下分”就是台基。它们构成了单体建筑立面的三大组成部分。显然,这种三分式的立面构成,是由以土木为主建筑材料和以木构架为主承重结构体系所决定的。

图 6-2　河北蓟县独乐寺观音阁

中国传统建筑的屋顶体现了木构架体系条件下的实用功能、技术做法和审美形象的和谐统一。深远的挑檐、凹曲的屋面、反宇的檐部,起到了排泄雨水、遮蔽烈日、收纳阳光、改善通风等诸多功能。早在春秋时期,古人已经从车盖篷顶中认识到“上尊而宇卑,则吐水疾而霤远”的原理和“盖已卑,是蔽目也”的现象。中国建筑屋顶通过一系列与功能、技术和谐统一的美化处理,创造了极富表现力的形象,消除了庞大屋顶带来的笨大、沉重的消极效果,造就了宏伟、挺拔、飘逸的独特韵味(图 6-2)。我国古建筑专家梁思成指出:历来被视为极特异、极神秘之中国屋顶曲线,其实只是结构上直率自然的结果,并没有什么超出力学原则以外的矫揉造作之处,同时在使用及美观上皆异常成功。这种屋顶全部的曲线及轮廓,上部巍然高崇,檐部如翼轻展,使本来极无趣、极拙笨的实际部分,成为整个建筑物美丽的冠冕,是别系建筑所没有的特征。

斗栱是中国传统建筑屋顶中必不可少的重要组成部分,它在中国传统建筑结构上起到支撑屋顶并将屋檐向外悬挑的作用(图6-3)。同时,斗栱的形成与发展在审美上也有极高的价值,它的美体现在自身的轻盈精巧与屋顶的坚实厚重形成的对照中。明清以后,斗栱已演化为单纯的装饰部件。中国传统建筑中的斗栱有两大特点:一是本身样式的丰富多彩;二是组合方式的变化多端。

图6-3　斗栱结构

《木经》中所说的"中分"就是指建筑的屋身,也就是阶以上、梁以下部分。这里的屋身包含着两方面的内容,一方面是屋身立面,即前后檐从柱础到檐檩的立面和两侧的山墙立面;另一方面是指内里空间,即殿屋的身内空间和廊内空间。一般说来,屋身是建筑的主体部分,内里是人在室内的活动空间,人们建造房屋的目的就是为了取得内里空间。

"下分"即台基,是基于实用的需要而被强调成建筑形象的重要组成部分。中国传统建筑中的台基分为须弥座(图6-4)和普通台基两个等级类型。在建筑群体组合中,台基能起到组织空间、调度空间和突出空间的重要作用。台基的技术功能和审美功能,使得它很早就被选择作为建筑上的等级标志,《考工记》记述:"殷人……堂崇三尺","走入明堂……堂崇一筵(九尺)"。在同一建筑群的主次建筑之间,台基的高度也有明显的差异,通过对台基等级的控制,有助于区分建筑之间的主从关系,从而加强组群自身的整体协调性。

图6-4　须弥座

在建筑形态上,西方传统建筑在外轮廓处理上有意强调建筑的几何体量,特别是那些巨大的穹顶,更是赋予建筑一种向上和向四周扩张的气势;那些纯粹几何形的造型元素,与自然山水林泉等柔曲的轮廓线形成对比与反衬;那些坐落于郊野或河边的建筑,往往形成一种以自然为背景的孑然孤立的空间氛围。

西方传统建筑是以石构为本体，这种以石柱为主要构架的建筑本身体现出审美价值，就是将“成熟的美的建筑”突出表现在石柱的柱基和柱头上，它们就像音乐里的旋律要有一种明确的结束，也像书里一句话要用一个大写字母开头，用一个句号结束一样。在中世纪，“句首的大写字母”还要特别放大，而且用彩色加以美化，句尾也有同样的装饰，为的是要突出起点和终点。

建筑形象的选择和人的审美情趣、价值观念等有着密切的关系。木结构建筑有它自己固有的形象特征，它比较符合中国人的审美习惯和欣赏情趣。比如，我国古代木构建筑最具有风姿的大屋顶，它微微向上的反翘、甚为柔和美观的凹曲线的形成，便是古人按照自己的审美理念，结合建筑的使用要求，长期改进而形成的。我国是个礼仪之邦，古代人们对衣冠仪表也颇为重视，屋顶是极为形象的建筑的“冠”，有着重要的装点美化作用，因此人们对它格外有兴趣，赋予它更多的美学意味。西方传统建筑的屋顶造型，常常是结构形式的直接表露，如圆形或葱头形的穹顶，这种不加遮掩修饰直接表露在空气中，显然不符合中国传统的审美标准和习惯。

## 二、建筑材料比较

翻开建筑的发展历史，我们会清楚地发现：以中国为代表的东方建筑艺术体系，是以木构为主发展而来的，无论是宫廷殿阁，还是佛寺道观，都是以木构为主体；而以欧洲为代表的西方建筑体系，却是以石构为基础发展的，无论是教堂、宫殿还是一般住房，都与石构分不开。中西方建筑艺术，分别以木石为主旋律，奏响着不同音韵与节奏，一石一木，一柔一刚，泾渭分明，各具特色。

中国传统建筑的主体——木构架建筑体系，在汉代已经基本形成，到唐代达到成熟，具有历史悠久、体系独特、分布地域广阔、遗产丰富、持续发展等特征。木构架体系建筑的承重结构与围护结构分离，“墙倒屋不塌”，墙体可有可无、可厚可薄，庭院可大可小、可宽可窄，单体殿屋可严密围隔，也可以充分敞开，能够灵活适应不同地区的气候需要。

作为木构架体系主要用材的木和土，在我国资源分布相当广泛，供建筑使用的树种较多，除了黄土地区的黏土外，东北地区的栗色土、黑色土，云贵赣湘的红色土都可以作为建筑材料。由于墙体不承重，占建筑用材很大比重的墙体材料可以版筑、坯筑，可用竹编、砖构，可用毛石、片石等，能够适应大部分地区的就地取材要求。木构架结构组合方便，特别是穿斗式结构更为灵便，既便于展延面阔进深，也便于构筑楼层；既可以凹凸进退，也可以高低错落，可以灵活地适应平原、坡地、依山、傍水等不同地形地貌。

以梁柱结合的木构框架为主结构体系的中国传统建筑，与西方的以砖石为主体材料的建筑相比较，更具有温和、实用、平易、轻捷的艺术特征，洋溢的是人世的生活情趣，内含的是时间理性精神。正如日本学者伊东忠太所说：“以木料为本位的建筑，其构造为楣式，其檐深而轻，有轻快之情趣。以砖石为本位的建筑，其构造为拱券式，其檐浅而重，有厚重之情趣。”基于自然环境和科学技术条件的不同，古代西方建筑突出了以石为主体的特征，体现的是以神为崇拜对象的宗教神灵精神。古希腊古罗马的神庙、中世纪的拜占庭和哥特式建筑以及文艺复兴时期建筑采用的主要建筑材料都是冷硬、厚沉、庞大的石块和石柱，追求的是一种高大、壮丽、神秘、威严和震慑的效果，体现的是一种弃绝尘寰的宗教精神。蔡元培(1868—1940)先生说过："我国建筑，既不如埃及式之阔大，亦不类哥特式之高骞，而秩序谨严，配置精巧，为吾族数千年守礼法宗之精神所表示焉。"

中国和西方建筑之所以形成木构和石构这样截然不同的两种体系，一方面是和地理环境、气候条件、材料物产有关，更主要的是和民族性格、价值观念、伦理思想、道德标准、宗教感情、审美情趣等相关。中国的建筑是人住的房子，西方的建筑更像是神住的殿堂，这就牵涉到以人为本和以神为本的文化观念问题。自古以来，中国除了陵墓建筑和纪念性建筑外，一直没有把建筑物看成是一件永久性的东西，房子破了，可以拆除重建，甚至整座城市可随着朝代的更替而重新建造。历史上，除了唐朝和清朝外，差不多所有的开国国君都是重新建造自己的宫殿和都城的。明代建筑家计成在《园冶》中说："固作千年事，宁知百岁人。足以乐闲，悠然护宅。"意思是说，人和物的寿命是不相称的，物可以传至千年，人生却不过百岁，我们所造的住宅和其他建筑物，只要能满足自己使用的年限就足够了，何必越俎代庖留给后代子孙呢？西方人把建筑看成是永久性的环境，在对建筑材料的选择上充分表现出来。

西方以狩猎方式为主的原始经济，造就出重物的原始心态。从西方人对石材的肯定，可以看出西方人求智求真的理性精神，在人与自然的关系中强调人是世界的主人，人的力量和智慧能够战胜一切。中国以原始农业为主的经济方式，造就了原始文明中重选择、重采集、重储存的活动方式，由此衍生发展起来的中国传统哲学，所宣扬的是"天人合一"的宇宙观。"天人合一"是对人与自然关系的揭示，自然与人乃息息相通的整体，人是自然界的一个环节，中国人将木材选作基本建筑材料，正是体现了它与生命之亲和关系，体现了它与人生的关系。

砖石结构建筑与木构建筑到底孰优孰劣，一些学者根据木结构形成于砖石结构之先而认为我国木构建筑系统还停留在上古的落后状态。这是一种偏见。木构建筑也有它的长处，砖石结构建筑也有短处，两者正好相对。尽管石构建筑坚固、永久、挺拔，但它笨重、结构面积大，室内空间不能自由划分，建造周期长、造价高。中国古人之所以数千年坚持选择木构架建筑系统，主要因为他们逐步克服了木结构的短处，使之远远超越了上古木构建筑的简单形式，完全担当得起在文明古国建筑文化中唱主角的重任。

## 三、建筑装饰比较

### (一)装饰色彩的差异

中国传统建筑的装饰色彩一般比较平和，体现出清醒的理性精神，具有较长时期的稳定性，并形成了一定的规则。中国传统建筑的主色是象征幸福、喜庆的红色，其次是象征永久、平和与生机的蓝绿色，宫殿建筑则用象征尊贵、威严的金黄色。如房屋的主体部分一般用"暖色"，尤其喜用朱红色，檐下阴影部分用蓝绿相配的"冷色"，门窗用朱红色。宫殿、坛庙等一些重要的纪念性建筑,多以黄色和红色为主色调,上覆黄、绿或蓝色的琉璃瓦。这些色彩涂饰在原本无色的木质材料上,起着一种既保护又美化的作用。

随着阶级的产生,中国传统建筑的装饰色彩因附着社会政治内容而成为标示等级观念的象征性符号。《周礼》记载:“以玉做六器,以礼天地四方,以苍璧礼天,以黄琮礼地,以青圭礼东方,以赤璋礼南方,以白琥礼西方,以玄璜礼北方,皆有牲币,各放其器之色。”色彩已用于政治礼仪之中。西周时色彩的正色(五色)、非正色已作为“明贵贱、辨等级”之用。

春秋时不仅宫殿建筑柱头、护栏、墙梁有彩绘,并已使用朱红、青、淡绿、黄灰、白、黑等色。秦始皇统一国家后继承了战国时的礼仪,更重视黑色,甚至变服色与旗色为黑。《史记》中“别黑白而定一尊”,黑色为主色从此开始。到了汉代,发展了周代阴阳五行理论,五色代表方位更加具体:青绿色象征青龙,代表东方;朱色象征朱雀,代表南方;白色象征白虎,代表西方;黑色象征玄武,代表北方;黄色象征龙,表示中央。这种思想一直延续到清末。汉代除民间一般砖造泥木房的室内比较朴素外,宫殿楼台极为富丽堂皇。天花一般为青绿色调,栋梁为黄、红、金、蓝色调,柱、墙为红色或大红色。盛唐时,佛教对建筑装饰色彩影响巨大,竞相攀比华贵之风盛行,色彩比以前更豪华,不但用大红、绿青、黄褐及各层晕染的间色,而且金银玉器也是必用材料。绿色、青色琉璃瓦流行,深青泛红的绀色琉璃瓦开始使用。从汉代至唐代,建筑木结构外露部分一律涂朱红,墙面用白粉,采取赤红与白色组合方式,红白衬托,鲜艳悦目,简洁明快的色感是其特点。宋代喜欢清淡高雅,重点表现品位,建筑彩作和室内装饰色调追求稳而单纯,这与宋代儒家和禅宗哲理思想是分不开的。这时期,往往将构件进行雕饰,色彩是青绿彩画、朱金装修、白石台基、红墙黄瓦的综合运用。元、明、清三代是少数民族与汉族政权更迭时期,除吸收少数民族的成就外,明代继承宋代清淡雅致传统,清代则走向华丽烦琐风格。元代室内色彩丰富,装修彩画红、黄、蓝、绿等色均有。明代色泽浓重明朗,用色于绚丽华贵中见清秀雅境。明代官方规定公主府邸正门用绿油铜环,一、二品官用绿油锡环,三至五品官用黑油锡环,六至九品官用黑门铁环。到了清代,正式规定黄色的琉璃瓦只限于宫殿,此外的王宫府第只能用绿色的琉璃瓦。于是,黄色就成为帝王之色,黎民百姓不得用之。清代油漆彩画流行,民宅色彩多为材料本色,北方以灰色调为主,南方多粉墙、青瓦,梁柱用深棕色、褐色油漆,与南方常绿自然环境协调。

西方建筑色彩主要由大理石贴面和彩色玻璃体现,以白色、灰色为主调,红、黄色为辅,产生一种迷乱、朦胧而又鲜亮辉煌和扑朔迷离的效果,给人以神秘、惶惑之感,是在不断的时代变迁中追求着装饰色彩的变幻,映射出迷狂的宗教主题。

在古希腊的建筑群中,几乎到处都能看到艳丽的色彩,从现存遗留下来的大理石顶部残物色迹推测,那里有最早的红、黄、蓝、绿、紫、褐、黑和金等色彩。神庙檐口、山花及柱头上不但有精美的雕刻,还有艳丽的色彩,如多立克式柱头上涂有蓝色和红色,爱奥尼柱式除蓝色与红色外还用金色,科林斯柱式则对金色的使用较盛行。帕提农神庙在纯白的柱石群雕上配有红、蓝原色的连续图案,还雕有金银色花圈图样,色彩十分鲜艳。古希腊建筑色彩是希腊人宗教观的反映，色彩也具有象征意义，红色象征火，青色象征大地，绿色象征水，紫色象征空气，通过色彩表现着他们的宗教信仰。在色彩使用方法上，多运用红色为底色，黑色为图案或相反使用，这种对比产生一种华贵感。

古罗马贵族爱好奢华，为了装饰宏大的公共建筑和华丽的宅邸、别墅等，各种装饰手段都予以运用。室内喜欢用华丽耀眼的色彩，如红、黑、绿、黄、金等，墙上壁画的色彩运用十分亮丽，还通过色彩在墙面上模仿大理石效果，并在上面以细致的手法绘制窗口及户外风景，常常以假乱真。当时的建筑经典《建筑十书》所介绍的建筑色彩非常丰富，有土黄色、灰黄色、胭脂色、淡红色、红褐色、鲜红色、朱红色、灰绿色、蓝绿色、深蓝色、白色、红白色、黑色、金色等色彩。

（二）装饰图案的差异

不同的文化价值观和审美趣味直接造成中西方建筑在装饰图案上的反差。

中国传统建筑的装饰图案丰富多彩，具有鲜明的东方民族情调。一方面采用丰富的动、植物图案，如植物中的松、柏、桃、竹、梅、菊、兰、荷等花草树木，动物中的龙、虎、凤、龟、狮子、鹿、麒麟、仙鹤、鸳鸯、孔雀、鹦鹉等飞禽走兽。在装饰图案中，动物图案应用得最广泛，其中又以龙为最多，并被赋予了一定的象征意义，积淀着华夏民族远古文化的历史遗韵，自然也就成为传统建筑装饰的主要图案。在人们心目中，龙不仅具有装饰效果，而且已经成为一种降妖去魔的力量化身。另一方面在装饰图案上采用多种动物、植物图案的组合。除采用单种动植物的形象外，还常常将动物、植物的多种形象完美地组合在一起，如将松树和仙鹤组成画面，寓意“松鹤延年”；龙与凤放在一起，寓意“龙凤呈祥”；等等。这些精美的组合多用作门、窗、屏风和帷帐的装饰图案，不仅美化了建筑部件，同时也寄寓着人们美好的祝愿，具有浓郁的民族色彩和鲜活的生活气息。

西方传统建筑的装饰图案远没有中国的丰富多彩，但一直处于不断的变革中，时代特征非常明显和突出。早期多以模仿自然界中的植物花叶、编织纹理作为装饰的主要图案，如草、芦苇、藤蔓等的装饰纹样。古希腊时期出现了模仿人体的多立克柱式、爱奥尼柱式以及柱头之上饰有毛莨纹样的科林斯柱式。古罗马时期又发展了塔司干柱式、混合式柱式，它们既是建筑物的承重构件，也是重要的装饰题材，由于此时受维特鲁威“适用、坚固、美观”建筑观念的影响，装饰的运用也有所节制，图案相对较少。到了教会占绝对统治地位的中世纪时期，教堂建筑装饰一改早期的简朴而雕绘缤纷，多以圣徒像或者《新约》故事为内容，作为“不识字的人的圣经”，向人们昭显教义。从本质上说，这些并不是为了满足教徒们的审美愿望而创作的，而是对宗教教义的图示说明，教堂内的装饰为创造神秘的气氛服务，是为了让人们获得某种神秘的、紧张的灵感。

（三）装饰手法的差异

中西方建筑的装饰手法，因建筑材料的不同也体现出鲜明的差异性。以石材为主要建筑材料的西方传统建筑多以包括雕刻和雕塑在内的雕饰（石雕）为主，注重块面和形体，立体感较强。石头质地坚硬，能经受风雨的剥蚀而不变形，适于雕琢成各种形状，且雕琢后仍宜于承重，这些特点也应合了西方人宗教崇拜的审美心理和宗教建筑的纪念性功能。以土木为主要建筑材料的中国传统建筑的装饰手法则围绕“土”“木”来做文章,以突出图案的线条为主,由此构成平面或浅浮雕图案,除雕饰(主要是土雕、木雕和石雕)外,还有彩饰。

中西方古建筑装饰手法的不同,也积淀着民族的审美情感。从物质层面讲,是建筑材料的不同属性所致;从精神层面看,则体现了人类对美的不懈探索和共同追求。

## 四、建筑空间比较

建筑可以分解为建筑空间和建筑实体,相应地,建筑的美也可以区分为空间的美和实体的美。任何建筑都同时具有空间的美和实体的美,但不同体系的建筑,在二者之间的侧重是有所不同的。一般来说,集中型的建筑,整体集聚成庞大的体量,外观以“三向”的“塑像体”的形式出现,构成建筑外部形象的主体,建筑的体量美、形体美起着主导作用,属于侧重实体美的表现。其建筑内部,由于室内可能有较大的空间和较复杂的空间组合,则可能具有较强的空间美的表现。西方传统建筑就是如此。而中国木构架体系建筑则与此相反,由于单体建筑体量不大,建筑组群由多座单体建筑组合成一进进的院落,内向庭院的整体空间形象成为建筑表现的主体。单体建筑不是以“三向”的“塑像体”的形式出现,而是以“二维”的“围合面”的形式出现,以诸多布局有序的单体所构成的群体组合来实现,由此来体现建筑的空间美。以相近年代建造、扩建的北京故宫和巴黎卢浮宫比较,前者是由数以千计的单个房屋组成的波澜壮阔、气势恢宏的建筑群体,围绕轴线形成一系列院落,平面铺展异常庞大;后者则采用“体量”的向上扩展和垂直叠加,由巨大而富于变化的形体,形成巍然耸立、雄伟壮观的整体。

在中国传统建筑中,除了军事建筑和佛塔建筑以外,极少有像西方那样直指苍天的高大建筑物。虽然也曾出现过高台建筑,但与西方传统建筑相比,绝对高度都不高。现在我们能见到的最为雄伟的北京故宫太和殿,连同三层基座在内也不过30多米高,根本不能与欧洲教堂建筑动辄上百米相比。但中国古代建筑并不失其威严,甚至比欧洲建筑更显恢宏壮丽,其根本原因就是中国传统建筑有自己独特的空间组合方式。

中国传统建筑在平面布局上都可归结为“间”。所谓“间”,就是四根柱子所围出的一块空间,单体建筑都是由若干这样的“间”组合而成。几栋单体建筑可以组成“院”,若干“院”又可以组成完整的建筑群。无论是高贵神圣的皇宫佛寺,还是普通平凡的客店民居,实际上都是由“间、栋、院、群”等基本元素逐级组合而构成的。据文献记载,唐代最大的庙宇章敬寺凡48院,殿堂房舍总计4130余间,假如将这4000多间房集中建成一所规整的“大房子”,肯定不会像群体组合那样多姿多态。

中国古代宫殿建筑尤其强调建筑的群体性,这是因为群体的序列有助于渲染封建王朝的威严气势,群体的布局有利于体现宗法等级的尊卑贵贱。从宫殿的平面布置方式来看,中国宫殿有着严格的主次、内外等级;而西方宫殿中各种用房的设置没有十分明显的等级差别,只是室内装修有所不同。从文化传统方面来讲,西方男女有别的封建观念较中国淡薄,因此宫殿建筑的公共活动空间较大较多；而中国宫殿建筑的公共活动空间则十分有限，这与中国数千年来君权至上的封建专制统治有着密切关系。

中国传统建筑，无论是一般民居住宅，还是宫室殿堂、寺观庙宇，基本都采用庭院化的组合方式，即由若干单座建筑和一些围墙、廊厦、照壁等环绕成的一个个庭院而组成的建筑群，如故宫三大殿、北京四合院等。这种布局一方面明显造成了君臣、长幼、男女、内外的等级差别，另一方面又表现出那种“庭院深深深几许”的空间艺术境界。

中国建筑群的组合原则是多种多样的。按照严格的等级制度强调中轴对称的原则，可以构成宫殿、坛庙、陵墓和四合院住宅；而按照不拘一格的原则可以构成“步移景异”“宛若天成”的文人私家园林。当然，还有融二者于一体的皇家园林和寺观园林。总之，中国传统建筑把简单的元素和丰富的原则巧妙地糅合在一起，构成了极为独特的建筑体系。这一体系的精髓就在于单体建筑因群体而存在，群体建筑因单体的参与而显现出力量，这种不可分割的整体感给人以高度的美的享受。

西方传统建筑无论是古代的大型神庙，还是中世纪的大教堂，抑或是近现代的摩天大楼，往往以巨大的单体建筑而取胜，在巨大的体量之中，将同一幢建筑分割为不同的空间区域、单元去完成各种各样的功能。西方建筑从整体组合来说，追求的是一种独立的审美意蕴和价值，注重的是个体的艺术效果和风格。从古希腊的三种柱式到古罗马的五种柱式，从哥特式教堂的尖顶到东正教教堂的洋葱式，都非常重视建筑的个体风貌，刻意表现出不同于其他建筑物的强烈个性。

西方也不是没有衬托性的建筑，只是形式与中国有所不同。与中国衬托性建筑相类似的西方建筑形式有两种：一种是类似中国照壁和阙的如古罗马凯旋门（图6-5）、拿破仑所建的巴黎凯旋门；另一种是类似于中国华表的方尖碑（图6-6）以及人物雕塑和动物雕塑（图6-7）等。它们一方面起着衬托主体建筑的作用，同时也表达了时代精神与审美效果。如帕提农神庙前的雅典娜神像所表现出的是雅典国家的繁荣昌盛和威力无比的时代精神，它给人的是一种平易安详而又庄严雄伟的独特审美感受。

图6-5　古罗马凯旋门

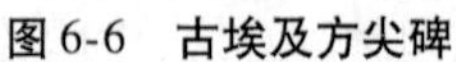

图 6-6　古埃及方尖碑

图 6-7　巴黎卢浮宫广场

# 第二节　建筑文化比较

## 一、建筑文化观比较

不同的文化没有优劣，但是相互之间的差异是客观存在的，中西方在传统文化上也是如此。

以儒、道、佛三家思想为基本组成的中国传统哲学是中国传统文化的基础，在自然经济的生产方式下，逐渐形成了以伦理道德为核心的文化价值系统，强调真、善、美的统一，且以善为核心，重人伦轻自然，重群体而轻个体，重义轻利，重道轻器。儒家思想的核心观念是“仁”，把人看作是“最为天下贵”者。在个体与集体的关系上，儒家主张修己以安人，群体原则体现于人和人的关系，就是“和”的要求。在义利、理欲关系上的价值取向，儒家主张以义为上，以道义原则抑制功利原则。在人格理想与价值目标上，儒家注重的是人格的完善和人道精神，表现为对人的尊重，而且认为仁与知总是联系在一起，无知则不仁，因此将仁与知规定为理想人格的双重品格，由此而确认了仁道原则与理性原则的统一。

由于中国文化重视敬祖先，故中国建筑以对祖先、君王、族长的崇拜与服从来取代对神灵的信奉。中国古建筑始于尊祖敬宗的观念，这种观念发端于上古时的血缘姓族制度，而后演化为长期影响中国历史的宗法制度。祖先、君王、族长秉承天意，但他们的威力仍可影响人世，他们的功德会泽及后辈，因而他们需要人们去祭祀与供奉，这就形成了相关的礼制。礼制虽然重要，但“礼不下庶人”，因而礼并不需要群众性的仪式，百姓可以在居室中立牌位，也可以进行祭祀，这说明祭祀与供奉可以通过人的居所来实现。

在祭祖中，人并非去祈求祖先永生，而是祈求祖先的功德保佑后辈的平安，后辈以忠孝来继续发扬先辈的业绩。因为祭祀活动是在人的居所中进行的，所以不论宫殿、民居都要求明敞舒适，通过建筑来营造一个空间，既适宜人居，又适宜祭祖。中国封建社会专制体制延续了数千年，一个重要的原因就是宗法制度维系的“家国同构”关系。家庭是社会构成的细胞，也是国家组织的缩影，体现在建筑上，四合院作为中国人家居的典型，就像是皇城的缩影，而皇城就像是四合院的放大，它们既满足了人居的功能追求，又适应了尊卑、长幼、男女的种种等级差别。

中国传统的宗法思想观念对建筑的影响十分深远。首先宗族观念离不开家庭赖以生活的基本要素——房子。再者，血缘的亲情关系又要求父子、亲属生活在一起，不可分散，以免削弱宗族的力量。这一思想基础就决定了建筑的基本模式，便是许多居室组合在一起的群体。在历史的发展中，“宗”又和以“忠”“孝”为内容的儒家伦理观念相结合，反映在建筑上也就是有了明显的尊卑等级划分。例如家庭的大宅，一般均以最长者居住在正房为中心，周围是儿孙、小辈住的厢房、偏房，而奴仆们住的下房就再依附于外围。北京的四合院是中国民居中的典型，它就是表现这一宗法崇拜思想的很好实例。有的大家族，人丁兴旺，但仍然要集聚在一起，四五代，甚至六七代同居一地。比如浙江东阳县卢宅，占地 15 公顷，按照十几条中轴线密密层层地排列着数千上万间房屋。

尽管在东汉以后，佛教、伊斯兰教相继传入中国，成为与儒家思想互补的古代主要思想意识，然而在建筑上，它们都采用了传统的世俗形式，很少表现出特定的宗教色彩。纵观保留到今天的各地庙宇建筑，它们的布局和形式一般均遵循着一条规律：山野村落的小庙采取当地的民居形式，有的本来就是百姓的住宅；城市中的大庙与官僚府第或衙署较为相似；再高级一些的有皇帝赐建的佛寺大观，则又多少带有宫殿建筑风格。因此，若要从思想信仰上来分析中国古代建筑艺术的内涵，那么祖宗崇拜和等级制度是很主要的一项，无论是普通的民居还是帝王的宫室殿堂，无论是一般的世俗建筑还是为信仰崇拜服务的寺观，都脱离不了它所规定的基本模式。

在传统文化中，西方人重理，是一种绝对的理性。无论是优秀的诗人、作家、作曲家还是画家，他们在作品里始终贯穿着这个主题。西方传统文化发源于地中海地区的古希腊、古罗马，而整个地中海地区气候湿润，土地肥沃，交通便利，商业发达，人民生活富裕，在这样的自然环境和生活条件下，逐渐形成了西方民族特有的自由、任性、开放，注重个体的民族性格和心理特征，强调和追求人的自由与解放，重视个性的发展和才能的发挥，强调自我发展和个人的进取心，追求个人幸福，表现出强烈的个人主义。以个人为中心的心理因素，自然造成了西方民族重视并追求理性，富有强烈的冒险精神，也造成了西方民族有强烈的创新愿望，不墨守成规，勇于开拓创新。

在西方，祖宗崇拜从来就没有形成很强的信仰力量，似乎很早就让位于神灵崇拜。古代埃及、巴比伦以及波斯国王的宫殿建筑都建有很大的神庙。比如埃及多神崇拜之中，有一个具有绝对权威的主神——太阳神，他是埃及人信仰的偶像，连法老也要借助于他的光华来巩固自己的统治。法老在军人及百姓中灌输自己是太阳神之子的教义，以增强法老的威严。从表面上看，这种崇拜似乎与我国古代称“皇帝”为“天子”有点不谋而合，但其内涵是不同的。中国称皇帝为天子，主要是因为他是全国最大的宗主；而埃及法老则是神的化身，包含有较多的神灵崇拜。正是传统文化中出于供奉神的观念，神庙建筑便成了古代西方建筑的代表。这种观念体现在建筑上,则要求坚固、永恒,让神永在,也让人们永远去供奉崇拜。对神进行崇拜,就是要祈求神对自己及后代的保佑,因此需要建筑厚重、严密。建筑既成了神保佑人的见证,又成了人崇拜神的场所,这就需要建筑宽敞宏大。

在古希腊的建筑艺术中,神庙是建筑艺术的主要载体,古罗马也是如此。到了罗马帝国晚期,皇帝承认了基督教的合法地位,多神的信仰逐步被信仰上帝一人的新型宗教所代替,于是又掀起了兴建基督教堂的热潮。到了中世纪,随着宗教热情越演越烈,各地教堂的建设久盛不衰,一直到文艺复兴运动之后,教堂建筑仍然独占鳌头,引领着西方建筑艺术的风骚。如果说,中国传统建筑的主要特性一般体现在宫殿及宗法礼制等建筑门类上,那么,西方建筑突出建筑本体、风格多样变化和指向天空的高耸艺术造型等特征,在宗教建筑上表现得最为淋漓尽致。

## 二、建筑价值观比较

在中西方不同的传统文化中,对建筑艺术影响最大的莫过于价值观念上的差异。建筑观念是人们对建筑艺术的普遍认识,它是在艺术发展过程中逐步形成的。建筑观念一旦确立之后,便具有相对的固定性,并对建筑产生巨大的反作用。总的来说,西方人对建筑较为重视,认为它是艺术门类中最重要的一种,是人类思想智慧的凝聚,在某种程度上可以说是美的化身。而我国古代的哲人和文士对建筑的看法则比较模糊,他们在宗法礼制等方面肯定其重要性,但又不将建筑作为一种能表达思想意念的重要艺术。在一般概念中,建筑和衣服、舆轿一样,只是满足人们某种生活要求的实用性技艺,正如孔子传授的六艺中就没有建筑,甚至还把宫室营造等建筑术归入百工杂艺中去。

中国建筑注重现世,而西方建筑更注重永恒。西方建筑以“神”为中心,以神庙为代表,神是永恒的,神的居所也应该是永恒的。中国建筑以“人”为中心,人是难以超过百年的短暂的有限存在物,人的居所也便无须追求永恒,中国建筑较少为子孙后代考虑,注重的是现世的居住。按照中国人的观念,人的住宅与建筑只要能满足自身一代使用的年限就够了,何必要求后代住在前人的住宅里呢?更何况后代人对前代人的住宅与建筑是否满意,尚难得知。既然如此,对于一般性建筑,还不如让后代按照他们自己的喜好营造与安排,这才是比较现实的态度。当然,对一些纪念性建筑如华表、宗教性建筑如石窟、陵寝建筑如皇陵、城堞建筑如长城等,还是要做长远打算,但这只是中国建筑的一小部分,对它们应另当别论。

西方建筑多为后代长远考虑,也为了能够在历史上永恒地留下赫赫大名。古代埃及金字塔可以说是永恒的象征,最大的胡夫金字塔始建于4600年前,10多万奴隶和工匠建了20多年。始建于3400年前的卡纳克神庙,其巨型列柱厅系400年以后所增建,它的最后一座塔门1700年后才修建完成。最为大家熟悉的文艺复兴时期建造的梵蒂冈圣彼得大教堂,由建筑大师伯拉孟特、拉斐尔、帕鲁齐、小桑迦洛、米开朗琪罗等人像接力赛一样设计和施工,前后花了120年。伦敦的圣保罗大教堂,虽然是18世纪的产物,但也建造了45年。如果算上建筑群,那么古希腊圣地——奥林匹亚宙斯神庙的建筑群,前后共经过了长达300余年的施工建造。建筑过程尚且如此耗时久远，它们的"永恒"性便可想而知了。而北京紫禁城在短短 14 年内即竣工，明代初期只用了 4 年时间就完成了北京城和太庙的改建，并修建了 10 个王府官邸共计 8350 间房屋。

为了表达永恒的纪念，西方古代建筑非常强调建筑的个性，其建筑常常有着巨大的体量与超然的尺度，它已远远超出了人们在里面举行各种活动的需要，而更多的是为了表现人与神之间的对话，达到一种纪念性。相对而言，中国传统建筑文化更强调新陈代谢，对此，梁思成先生在《中国建筑史》中有独到的见解。他认为，中国建筑与西方迥然不同之处，首先便是"不求原物长存"。

另外，中国古代建筑的修葺原物之风，远不及重建之盛。历代对前朝古物的增修拆建，往往由匠师根据当时的形式和习惯来设计施工，并不尊重建筑的原来面貌，对其创建年代和地点倒十分重视。所以许多名义上建于汉或唐的古代建筑，实际上均是后代重建的，其形制已经没有丝毫的古意了。像著名的武昌黄鹤楼（图 6-8），在宋、元、明、清四代重建了多次，每次形式均不同，而滕王阁（图 6-9）竟重建了 28 次之多。所以中国历代建筑至关重要的并不是对真实物件的保存，而是寻求木构建筑传统的维持。

图 6-8　湖北武昌黄鹤楼

图 6-9　江西南昌滕王阁

西方人的历史观念重实而轻虚，他们认为历史便是时间的真实积累，而不是徒有虚名的某个遥远的年代。因而他们对于留存的古典建筑，均尽量保持其历史的本来面貌，而不去人为加工和美化。像罗马的斗兽场、高架输水道以及雅典卫城上的神庙，都保存残迹，后人没有把它们修补一新，只是设法控制不让它们再继续损坏。今天，罗马市政当局对保留古建筑遗迹有严格规定，为了保持一座破残的拱门耸立在原地，交通干线可以改道；要是大楼的地下部分挖到古城墙的几块基石，也要将大楼修改设计，将古城墙的基石在原地保护起来，成为一种特殊的展品。西方人不忌讳古建筑的破败，在他们看来，破败才真正反映了时间的积累，才是历史的见证。正如英国诗人拜伦（G. Byron，1788—1824）在古希腊神庙的废墟前唱道："你消失了，然而不朽；倾圮了，然而伟大！"

## 三、建筑自然观比较

中西方文化的基本差异就是在人与自然的关系问题上,中国文化比较重视人与自然的和谐统一,即天人合一,以人为本。西方文化中,宗教处于核心地位,强调人要征服自然,改造自然,求得自己的生存和发展。中国文化重和谐统一,西方文化重分别和对抗。

上古时期,由于认识能力的局限,人们对自然总是充满着敬畏。但同样是敬畏和仰慕,西方人与中国人的侧重和表现是不一样的。在西方人的敬畏中,暗暗包含着一种对立和抗衡的心理,而中国人则较多地表现为对自然主动协调和适应。中国人崇尚“天人合一”,在人与自然的关系上注重二者的融合,强调的是顺应自然。西方人受神权、皇权、人权等观念的支配,在人与自然的关系上注重二者的冲突、对立,强调的是人为,讲究对自然的改造与征服。

中国建筑与自然的和谐关系对建筑布局和形象特征的影响是十分明显的。中国传统建筑以内敛的姿态依附于大地,横向铺开的形象特征表达出与自然相适应、相协调的自然观。建筑单体设计也尽量体现与自然相通的思想。中国传统建筑由于采用木结构框架体系,使墙不承受上部结构的压力,可以任意开窗,常常在通向庭院的一侧遍开一排落地长窗(即格扇),一旦打开,室内外空间便可以完全贯通在一起。在传统庭院中,主要建筑多用走廊围绕,走廊是室内空间与室外自然空间的一个过渡,是中国建筑与自然保持和谐的一个中介和桥梁。

中国传统建筑十分重视建筑、人、环境三者的关系。建筑既要适合人的居住,又要与其周围的环境相协调,还要追求自然情趣。例如,中国古典园林就非常重视周围的环境,讲究因地制宜,依形就势,叠石为山,引水为池,种花植木,修桥建亭,将大自然的美丽风光营造在自己的居住环境中,使园林富有诗情画意,具有一种山水画般的氛围。人们既可以在园中居住,也可以在园中游览,通过引景、点景、借景、藏景等方法,造园赏景,其乐融融。人们或穿林越涧,或临池俯瞰,或登山远眺,使人在居住和游览中深深感到与自然亲近与融合。从传统文化背景上看,中国人由于受“天人合一”思想的影响,十分重视自然规律,包括新陈代谢的规律。不求永恒长久,只求当世拥有;万物可生可灭,建筑亦不例外。尽管建筑常遭毁灭,但人们并不惊奇,修缮也罢,重建也罢,都能平静地接受。修缮一新乃至重建恰好是建筑的新陈代谢过程。“风水”也是中国建筑文化的重要传统观念,它对建筑的选址、方位、布局等起着非常重要的作用。它的积极作用在于使人崇尚自然,使人、建筑与自然相融合,形成别具一格的中国建筑艺术。

“天圆地方”的理念反映在建筑中,如天坛总平面北墙呈圆形,南为方形,即取此意,具有明确的礼教象征意义,使人们在情意的“顿悟”中获得伦理上的精神感受。中国建筑往往追求一种“建筑之意”,通过对建筑意境的塑造来渲染烘托气氛。如烟台的蓬莱阁,沿南面山坡两条轴线而上,经坛门到戏台再到寝宫,过亭轩才到山崖阁处。正值游人疲乏之时,眼前突然出现茫茫大海,碧波荡漾,景观先抑后扬,感受先压后放,最后达到高潮境界,令游人心旷神怡,流连忘返。正是在重情和知礼的人本精神影响下,中国古代建筑艺术与功能相辅相成,形成了尺度自然、意境独特、礼乐并行等特色。

此外,中国传统建筑以群体取胜,注重虚实结合,以内收的凹曲线与依附大地、横向展开的形象特征表达出与自然适应、相协调的艺术观念。中国古代建筑单体的规模和尺度一般较小,就连最隆重的故宫太和殿,也只不过是 11 开间 30 多米宽。但中国建筑将许多单体通过一个个庭院围廊,组成庞大的建筑群,建筑与庭院一虚一实的巧妙处理,既体现了虚实相济的古典美学思想,又表达了建筑和自然相融合的设计意念。英国著名的中国科技史学家李约瑟博士(Dr. Joseph Needham,1900—1995)在《中国建筑的精神》一文中认为:再没有其他地方表现得像中国人那样热心于体现他们伟大的设想——“人不能离开自然”的原则,这是一种对“宇宙图案”的感觉,以及作为节令、风向和星宿的象征主义。

在西方文化中,人与自然相抗衡、对立的心态十分突出,强调对自然的征服和改造,以求得人类自身的生存与发展。对人与自然的关系,西方文化将天人置于对立状态,强调人要征服自然、控制自然。为了表示出永恒的意念和与自然相抗衡的力度,西方传统建筑非常强调建筑的个性。每座建筑物都是一个独立封闭的个体,常常有着巨大的体量和尺度,它已远远超出了实际的使用需要,而纯粹是为了表现一种理念。西方建筑重视人为,强调人与自然的对立。即便巴洛克与洛可可风格中有一些自然花纹,也不过是用自然来装点人工之作而已。

在造型上,西方传统建筑更体现出与自然相对抗的态度,以纯几何形式的基本造型元素(如矩形、三角形或圆等)、凸曲线或凸曲面的外张力(特别是那些常见的巨大穹隆顶)赋予建筑一种力度,表现了人类的力量和智慧。那些纯几何形式的基本造型元素,如密实平直的厚墙、粗梁笨柱,与自然界山水林泉等柔曲的轮廓线呈现出对比和反衬。在外轮廓的处理中,有意强调建筑的几何体量,特别是那些常见的巨大穹隆顶,更是赋予一种向上与向四周扩张的气势;那些坐落于郊野或河边的建筑,往往形成一种以自然为背景的贸然孤立的空间氛围。西方代表性建筑的宫殿、陵墓、庙宇、教堂等,左右其空间构成的往往是形而上的精神要求。基于古代人有限的认知,他们把世间的万物理解为神灵的作用,因此,在建筑塑造上常把空间处理得很幽暗、神秘、压抑和威严,外观圣洁、庄重,体现出宗教主宰人们灵魂的设计意图以及对于神灵敬畏崇拜的精神内涵。

中西方建筑自然观的不同在中西方园林中表现得较为突出。西方古典园林最显著的特点是规整和有序:花园最重要的位置上一般耸立着主体建筑,建筑的轴线也同样是园林景观的轴线,园中的道路、水渠和花草树木均按照设计者的意图有序地布置着,表现出明显的理性。中国古典园林则绝然不同,园中没有强烈的轴线,没有修剪成几何形的植被花草,所有的山石、溪流、建筑廊桥以及花草树木均很妥帖适宜地布置着,显示出一种自然的、富有山林野趣的美,正如明代著名的造园家计成在《园冶》中提出的“虽有人作,宛自天开”。

## 四、建筑审美观比较

建筑的美体现于其造型,因此对称、平衡、适度的比例,质感、色彩的多样统一,整体与局部、个体与群体、内部空间和外部空间及环境的协调等形式美的原则在建筑造型中是共通的。

我们说“建筑是凝固的音乐”,就是因为符合形式美原则的建筑给人以类似于音乐的节奏感和韵律感。建筑艺术以其巨大的形体和严密的数理结构表现出所服务的精神内容,同时表现一定时代、一定民族的精神风貌、情感观念和审美理想、审美趣味等。从建筑的审美价值来看,中国的建筑着眼于信息,西方的建筑着眼于实物体。

中国传统建筑的结构,不靠计算,不靠定量分析,不用形式逻辑的方法构思,而是靠师傅带徒弟的方式,言传身教,靠实践,靠经验。对于古代建筑,尤其是对唐代以前的建筑的认识,多从文献资料上得到信息,历代帝王陵寝和民居皆按风水之说和五行相生相克原理经营,为求得与天地和自然万物和谐,以趋吉避凶,招财纳福,借山水之势力,聚落建筑,坐靠大山,面对平川。“仰观天文,俯察地理”是中国特有的一种建筑审美价值文化。

在西方,早在古希腊,毕达哥拉斯、欧几里得首创的几何美学和数学逻辑,亚里士多德奠基的“整一”和“秩序”的理性主义“和谐美论”,对整个西方文明的结构带来了决定性的影响,一切科学和艺术包括建筑艺术,它们的道路都被这种理念确定了命运。

雅典帕提农神庙的外形“控制线”为两个正方形;从罗马万神庙的穹顶到地面,恰好可以嵌进一个直径43.3米的圆球;米兰大教堂的“控制线”是一个正三角形,巴黎凯旋门的立面是一个正方形,其中央拱门和“控制线”则是两个整圆。甚至像园林绿化、花草树木之类的自然物,经过人工剪修,刻意雕饰,也都呈献出整齐有序的几何图案,以其超脱自然,驾驭自然的“人工美”,同中国园林那种“虽由人作,宛自天开”的自然情调,形成鲜明的对照。

早在两千多年前,古罗马奥古斯都时期的建筑师维特鲁威就在他的名著《建筑十书》中提出了“适用、坚固、美观”这一经典性的建筑三要素观点,被后人奉为圭臬,世代相传。17世纪初建筑师亨利·伍登提出优秀建筑物必须具备三个条件,即“坚固、实用和欢愉”。西方人把“坚固”和“实用”作为评价优秀建筑物的第一和第二原则。因而当中国古老的建筑物随着时间的流逝而被毁坏或“烟消云散”的时候,西方古希腊、古罗马、古埃及的建筑依然完好地保存着,用实物体形象演绎着自己的文化。

## 五、建筑发展观比较

美国学者拉波波特(A. Rapoport)认为:某些形式被当然地接受而历久不变,是由于它所在的社会常常是趋于传统指向的。它说明了形式和由其所生的文化间的密切联系以及某些形式固守了如此之久的事实……这个“模式”慢慢地调整,直到满足了大部分文化实质和维持方面的要求,就成了“定型”。中国古代政治与经济的发展与西方大不相同,早在商周时期,就已形成了君王集权的统一国家。秦始皇灭六国后,封建大一统的中央王朝在我国延续了2000多年,经济结构也始终以自我调节和完善的小农经济为基础,儒家学说尊重宗法和提倡中庸之道,所谓“天不变,道不变,祖宗之法不可变”,带有传统主义和稳定抗变的倾向,这些对建筑文化的发展都有着不小的影响。

中国建筑史上最早的祖宗之法是被周天子纳入礼制的《周礼·冬官》,因原书散失,汉代起便以《考工记》代之。其中规定“匠人营国,方九里,旁三门,国中九经九纬,经涂九轨,左祖右庙,前朝后市,市朝一夫”,成为历代宫殿建设和城市规划的法规。敬重祖宗、恪守祖制的思想反映在建筑立面上为台基、屋身(柱子加上斗栱)和大屋顶三段式;反映在平面上是以单体和院落沿纵深扩展,形成层层相套的院落空间。各朝代建筑虽有些变化和调整,但局部的变化还不能带来整体建筑风格的多样性。以斗栱为例,由最初的结构构件到趋于装饰化,显出汉魏的古拙、隋唐的遒劲、两宋的舒展和明清的柔和;又如大屋顶,从汉唐到明清,其坡度越来越陡,出檐越来越小。

西方人曾无视中国建筑历史,《弗莱彻尔建筑史》将中国古建筑归于不起眼的“非历史风格”一类,至 1961 年方更正。尽管石构建筑坚固、永久、挺拔,但它很笨重,结构面积大,室内空间不能自由分划,建造周期长。中国人之所以数千年坚定不渝地选择木结构建筑系统,主要是因为他们逐步克服了木结构的短处,使之远远超越了上古时代的简单形式,完全担当得起在文明古国建筑文化中唱主角的重任。他们用木材建起了覆盖数百公里的皇宫,用木材营造了各类重要的庙宇和寺院,形成了别具一格的造型艺术,表达了天人合一的自然观。另外,中国的木结构框架系统,还比较符合现代建筑运动所提出的某些原则。如结构部分与围护部分分开、门窗的自由设置、功能包容性大、施工便捷等。这一巧合使不少西方人士对古老的中国建筑文化有了新的认识,如英国建筑史学家弗兰姆普敦(K. Frampton,1930—　)在其“建构建筑学”理论中,就以中国木结构建筑体系为例做过论证。英国另一位建筑史学家安德罗·博伊德(Andrew Boyd,1920—　)对中国建筑的古老和稳定性非常推崇,他在介绍中国建筑时说:“中国文化从公元前 15 世纪的铜器时代一直到最近一个世纪,在发展的过程中始终保持连续不断、完整和统一。而中国建筑是这种文化的一个典型组成部分,它很早就发展了自己独有的性格。这个程度不寻常的体系相继地绵延着,到 20 世纪还或多或少地保持着一定的传统。”博伊德认为,中国建筑艺术不受外来干扰而独立地发展,是很了不起的。

12—15 世纪的欧洲,正处在一个漫长的宗教统治时期,基督教神学保持着绝对的思想统治地位。然而在黑暗的天边仍闪现出一片耀眼的星空,那就是令人称道的哥特式建筑。哥特式建筑最显著的特征是高耸的构图和玲珑剔透的雕饰,表达了教徒心灵向上升腾与超尘脱俗的幻觉。这种形象完全不同于古希腊、古罗马的古典柱式或穹顶,而是全新的创造。哥特式教堂内部也极具魅力,恩格斯评价道:哥特式教堂体现了“神圣的忘我……像是朝霞”。

文艺复兴建筑风格起源于 15 世纪的意大利,它是在更改的人文主义思想指导下,提倡复兴古希腊与古罗马的建筑风格,并以之取代象征基督教神权的哥特式风格。于是古典柱式再度成为建筑造型的构图主题;同时为了追求稳定感,半圆形构图和水平线被用来同哥特式的高直效果对抗。在建筑轮廓上文艺复兴时期的建筑讲求整齐、统一与条理性,而不像哥特式建筑那样参差不齐、富于自发性以及高低强烈对比。

近现代的建筑革命完成了对西方传统建筑的大胆突破,现代建筑运动之后又出现了许多建筑流派,对现代主义法则进行修正或调整,有些甚至是颠覆性的,如后现代主义、解构主义等。总之西方建筑的发展是一种“否定之否定”的螺旋式过程,在批判中创新求变。

# 结束语

艺术对象创造出懂得艺术和欣赏美的大众。

——〔德〕马克思

建筑艺术作为实用艺术，是技术与艺术的融合体，是特有的空间形态构成的艺术品。建筑创作与许多艺术门类的创造一样，是化主观于客观，化生活美为艺术美的创造过程。同其他艺术门类的欣赏一样，建筑艺术赏析也是一个美的再创造的过程。人们欣赏建筑艺术美，并不是消极与被动的，在实际存在的建筑面前，一般的或专业的欣赏者都是通过自己的思维活动，调动起长期积累的审美经验，去把握建筑带来的各种感受。真正美的建筑总保留了建筑所处的时代留给它的建筑美的印记。黑格尔曾经说过："每种艺术作品都属于它的时代和它的民族，各有特殊环境，依存于特殊的历史和其他的观念和目的。"

通过对建筑艺术的赏析，我们可以开拓一个广阔的空间，在这个空间里我们享受知识和文化的滋养，包括历史、考古、民族、风俗、宗教、伦理、政治、军事等诸多方面。如埃及金字塔、罗马斗兽场让我们了解了奴隶社会的真切历史，万里长城让我们认识了中国各封建王朝抵御战争的实物材料，索菲亚大教堂和圣彼得大教堂让我们了解了鲜活的宗教知识，等等。建筑艺术是木石写成的历史，也是社会生活的百科全书，它既是特定时代审美意识的结晶，又是文化器物、生活环境等以意象形式的存在。建筑艺术凝结着历史、生活的时间和情境，它比单纯的历史、生活、宗教、社会的知识教育更有意义，它是在丰富的现实情境中，以意象形式让我们去感受、体验、认识。这些以意象形式存在的知识和经验，成为我们知识结构的组成部分，同时又是形成能力的基础。

通过对建筑艺术的赏析，我们可以陶冶情操，接受人生价值观教育。建筑艺术以意象的形式向我们提供的人生经验、知识文化，都超越了个体私欲的层次。建筑艺术所依托的审美是超越功利的，它给人们带来精神愉悦的同时，也改变着人们对人生的态度。当我们步入并沉醉于建筑艺术的美妙境界时，对待人生的态度也会变得超脱起来。有了这种态度，便不再为单纯的功利目的所左右，而以生活实践和劳动创造本身为乐趣，摆脱一切焦虑和烦恼，追求一种自由的人生。

通过对建筑艺术的赏析，可以培养和提高包括审美素质在内的全面素质，实现人格的完善。早在200多年前，德国美学家席勒就从人道主义理想出发，提出了包括建筑艺术在内的美育在人格完善中至关重要的作用。建筑艺术以直观形象的丰富性培养人们有机的、整体的反应能力，使我们心灵在形式感受、意义领悟和价值体验中达到一种和谐而自由的状态。这种状态对人格的塑造能产生整体而全面的效应。

通过对建筑艺术的赏析，可以培养和涵育人与自然的亲切情感。人的生存和发展离不开环境，但人们并不是消极被动地依赖和适应环境，而是不断地创造和美化环境，以便更好地满足自身生存和发展的需要。环境与人之间的关系是互动的。环境对人有相当大的影响，反过来，人同样可以在创造和美化环境的实践中起到能动而积极的巨大作用。马克思说过："环境的改变和人的活动的一致，只能被看作并合理地理解为革命实践。"作为技术与艺术相融汇的建筑艺术，对促进人与自然的统一具有重要的作用。建筑艺术教育能使人们从个体性的需要、情感中超脱出来，以普遍性的同情来对待自然，而不是单方面地对自然的改造和索取，这无疑有利于人与自然的和谐。

通过对建筑艺术的赏析，可以调节人际关系，沟通人们的心灵，使人与人之间的关系和谐有序。建筑艺术培养自由超越的人生态度，能使人很顺畅地融入群体。建筑艺术能够成为一种超越任何个体的中介物，能使不同的个体相互认同，进而发自内心地自觉自愿地聚合为群体，并在这个群体中和谐地相处。瑞士心理学家荣格曾说过："只有在艺术中，人们才理解到一种允许所有的人都去交流他们情感的韵律，从而使人结合成为一个整体。"

总之，建筑艺术不仅使我们的艺术设计能力得到提高、转化为物质创造力量，从而对社会物质文明建设发挥重要作用，而且还能使全社会广大公众的艺术和审美品位得到提高，使创造和消费产生互动作用。

# 参考文献

[1] 潘谷西. 中国建筑史(第七版). 北京:中国建筑工业出版社,2015.

[2] 罗小未. 外国近现代建筑史(第二版). 北京:中国建筑工业出版社,2005.

[3] 沈福煦. 建筑概论(第二版). 北京:中国建筑工业出版社,2012.

[4] 张敕,赵洪恩. 建筑艺术教育. 北京:人民出版社,2008.

[5] 彭一刚. 建筑空间组合论(第三版). 北京:中国建筑工业出版社,2008.

[6] 陈志华. 外国建筑史(19 世纪末叶以前)(第四版). 北京:中国建筑工业出版社,2010.

[7] 侯幼彬. 中国建筑美学. 北京:中国建筑工业出版社,2009.

[8] 建筑园林城市规划编辑委员会. 中国大百科全书(建筑·园林·城市规划卷). 北京:中国大百科全书出版社,1988.

[9] [美]托伯特·哈姆林. 建筑形式美的原则. 邹德侬,译. 北京:中国建筑工业出版社,1982.

[10] [英]帕瑞克·纽金斯. 世界建筑艺术史. 顾孟潮,张百平,译. 合肥:安徽科学技术出版社,1990.

[11] [美]史坦利·亚伯克隆比. 建筑的艺术观. 吴玉成,译. 天津:天津大学出版社,2001.

[12] 刘天华. 凝固的旋律——中西建筑艺术比较. 上海:上海古籍出版社,2005.

[13] 姚美康. 建筑艺术概论及赏析. 北京:机械工业出版社,2008.

[14] 吴焕加. 20 世纪西方建筑史. 郑州:河南科学技术出版社,1998.

[15] 刘先觉. 现代建筑理论. 北京:中国建筑工业出版社,2008.

[16] 罗小未,蔡琬英. 外国建筑历史图说. 上海:同济大学出版社,1986.

[17] [美]肯尼斯·费兰姆普敦. 现代建筑:一部批判的历史. 张钦楠,译. 北京:三联书店,2004.

[18] [英]杰里米·梅尔文. 流派建筑卷. 王环宇,译. 北京:三联书店,2008.

[19] 庄裕光. 风格与流派. 北京:中国建筑工业出版社,2005.

[20] 王路. 世界建筑 20 年. 天津:天津大学出版社,2000.

[21] 楼庆西. 中国古建筑二十讲. 北京:三联书店,2001.

[22] 萧默. 古代建筑营造之道. 北京:三联书店,2008.

[23] 王小回. 中国传统建筑文化审美欣赏. 北京:社会科学文献出版社,2009.

[24] 张钦楠. 中国古代建筑师. 北京:三联书店,2008.

[25] 梁思成. 中国建筑艺术二十讲. 北京:线装书局,2006.
[26] 刘敦桢. 中国古代建筑史(第二版). 北京:中国建筑工业出版社,2008.
[27] 董豫赣. 现当代建筑十五讲. 北京:北京大学出版社,2014.
[28] 刘古岷,陈小兵. 现当代建筑艺术赏析. 南京:东南大学出版社,2011.